面向新工科专业建设计算机系列教材

数据处理实践教程

（微课版）

刘小丽 温金明 王肃 胡彦 梁里宁 杜宝荣◎编著

清華大学出版社
北京

内 容 简 介

本书参照教育部计算机基础课程实验教学的基本要求，主要介绍信息技术及其应用，从基础原理出发、以具体应用为导向进行数据处理讲解。

全书共三部分：第一部分（第 1～4 章）为数据处理基础，介绍数据获取以及基本的数据处理方法，包括使用软件、浏览器插件等工具爬取数据，Excel 电子表格数据处理和图像数据处理；第二部分（第 5～8 章）为数据可视化展示，介绍数据可视化的不同形式，包括 Word 图文报告设计、PPT 演示文稿制作、Camtasia 视频制作和 Animate 动画设计；第三部分（第 9～12 章）为编程式数据处理，介绍编程相关的数据处理，包括网页设计与制作、微信小程序开发、Raptor 算法工具介绍以及 Python 数据处理。全书提供了大量应用实例，例题大部分配备了视频，用于展示数据处理过程。

本书适合作为高等院校本科生计算机通识教育课程的教材，也可供非计算机专业有志于学习数据处理的人员参考。

图书在版编目（CIP）数据

数据处理实践教程：微课版/刘小丽等编著. —北京：清华大学出版社，2022.2（2022.10 重印）
面向新工科专业建设计算机系列教材
ISBN 978-7-302-59999-9

Ⅰ. ①数… Ⅱ. ①刘… Ⅲ. ①数据处理－高等职业教育－教材 Ⅳ. ①TP274

中国版本图书馆 CIP 数据核字（2022）第 016305 号

责任编辑：白立军 杨 帆
封面设计：刘 乾
责任校对：焦丽丽
责任印制：朱雨萌

出版发行：清华大学出版社
网　　址：http://www.tup.com.cn，http://www.wqbook.com
地　　址：北京清华大学学研大厦 A 座　　**邮　　编**：100084
社 总 机：010-83470000　　**邮　　购**：010-62786544
投稿与读者服务：010-62776969，c-service@tup.tsinghua.edu.cn
质量反馈：010-62772015，zhiliang@tup.tsinghua.edu.cn
课件下载：http://www.tup.com.cn，010-83470236
印 装 者：三河市龙大印装有限公司
经　　销：全国新华书店
开　　本：185mm×260mm　　**印　　张**：17.25　　**字　　数**：398 千字
版　　次：2022 年 2 月第 1 版　　**印　　次**：2022 年 10 月第 3 次印刷
定　　价：49.00 元

产品编号：090971-01

出版说明

一、系列教材背景

人类已经进入智能时代，云计算、大数据、物联网、人工智能、机器人、量子计算等是这个时代最重要的技术热点。为了适应和满足时代发展对人才培养的需要，2017 年 2 月以来，教育部积极推进新工科建设，先后形成了“复旦共识”“天大行动”和“北京指南”，并发布了《教育部高等教育司关于开展新工科研究与实践的通知》《教育部办公厅关于推荐新工科研究与实践项目的通知》，全力探索形成领跑全球工程教育的中国模式、中国经验，助力高等教育强国建设。新工科有两个内涵：一是新的工科专业；二是传统工科专业的新需求。新工科建设将促进一批新专业的发展，这批新专业有的是依托于现有计算机类专业派生、扩展而成的，有的是多个专业有机整合而成的。由计算机类专业派生、扩展形成的新工科专业有计算机科学与技术、软件工程、网络工程、物联网工程、信息管理与信息系统、数据科学与大数据技术等。由计算机类学科交叉融合形成的新工科专业有网络空间安全、人工智能、机器人工程、数字媒体技术、智能科学与技术等。

在新工科建设的“九个一批”中，明确提出“建设一批体现产业和技术最新发展的新课程”“建设一批产业急需的新兴工科专业”。新课程和新专业的持续建设，都需要以适应新工科教育的教材作为支撑。由于各个专业之间的课程相互交叉，但是又不能相互包含，所以在选题方向上，既考虑由计算机类专业派生、扩展形成的新工科专业的选题，又考虑由计算机类专业交叉融合形成的新工科专业的选题，特别是网络空间安全专业、智能科学与技术专业的选题。基于此，清华大学出版社计划出版“面向新工科专业建设计算机系列教材”。

二、教材定位

教材使用对象为“211 工程”高校或同等水平及以上高校计算机类专业及相关专业学生。

三、教材编写原则

(1) 借鉴 *Computer Science Curricula* 2013(以下简称 CS2013)。CS2013 的核心知识领域包括算法与复杂度、体系结构与组织、计算科学、离散结构、图形学与可视化、人机交互、信息保障与安全、信息管理、智能系统、网络与通信、操作系统、基于平台的开发、并行与分布式计算、程序设计语言、软件开发基础、软件工程、系统基础、社会问题与专业实践等内容。

(2) 处理好理论与技能培养的关系,注重理论与实践相结合,加强对学生思维方式的训练和计算思维的培养。计算机专业学生能力的培养特别强调理论学习、计算思维培养和实践训练。本系列教材以"重视理论,加强计算思维培养,突出案例和实践应用"为主要目标。

(3) 为便于教学,在纸质教材的基础上,融合多种形式的教学辅助材料。每本教材可以有主教材、教师用书、习题解答、实验指导等。特别是在数字资源建设方面,可以结合当前出版融合的趋势,做好立体化教材建设,可考虑加上微课、微视频、二维码、MOOC 等扩展资源。

四、教材特点

1. 满足新工科专业建设的需要

系列教材涵盖计算机科学与技术、软件工程、物联网工程、数据科学与大数据技术、网络空间安全、人工智能等专业的课程。

2. 案例体现传统工科专业的新需求

编写时,以案例驱动,任务引导,特别是有一些新应用场景的案例。

3. 循序渐进,内容全面

讲解基础知识和实用案例时,由简单到复杂,循序渐进,系统讲解。

4. 资源丰富,立体化建设

除了教学课件外,还可以提供教学大纲、教学计划、微视频等扩展资源,以方便教学。

五、优先出版

1. 精品课程配套教材

主要包括国家级或省级的精品课程和精品资源共享课的配套教材。

2. 传统优秀改版教材

对于已经出版、得到市场认可的优秀教材,由于新技术的发展,计划给图书配上新的教学形式、教学资源的改版教材。

3. 前沿技术与热点教材

反映计算机前沿和当前热点的相关教材，例如云计算、大数据、人工智能、物联网、网络空间安全等方面的教材。

六、联系方式

联系人：白立军

联系电话：010-83470179

联系和投稿邮箱：bailj@tup.tsinghua.edu.cn

面向新工科专业建设计算机系列教材编委会

2019 年 6 月

面向新工科专业建设计算机系列教材编委会

计算机科学与技术专业核心教材体系建设——建议使用时间

课程系列	基础系列	电类系列	程序系列	系统系列	应用系列	选修系列
四年级下						
四年级上			软件工程综合实践	计算机体系结构	计算机图形学	机器学习 物联网导论 大数据分析技术 数字图像技术
三年级下			软件工程 编译原理		人工智能导论 数据库原理与技术 嵌入式系统	
三年级上			算法设计与分析	计算机网络		
二年级下			数据结构	计算机系统综合实践		
二年级上	离散数学（下）	数字逻辑设计 数字逻辑设计实验	面向对象程序设计 程序设计实践	操作系统		
一年级下	离散数学（上） 信息安全导论	电子技术基础	计算机程序设计	计算机原理		
一年级上	大学计算机基础					

FOREWORD

前言

数据处理能力指的是搜集、整理、分析，并从大量的数据中找到对研究问题有用的信息，做出正确的判断的能力。在大数据时代，没有一家公司不是数据公司，任何一家公司都需要拥有驾驭数据的能力，学会用数据做精细化运营，利用数据驱动业务的增长。对于从事精细化运营工作的人，或者想把自己的工作变得精细化的人，数据处理和分析能力也是必不可少的。

数据处理能力的提升能够激发大学生的个性、创新性，提高大学生解决实际问题的能力。随着信息和数据迅速膨胀，当前数据处理人才越发紧缺，如果大学生能够在学校期间锻炼提高自己的数据处理分析能力，将在毕业时有助于提升就业竞争力，同时，如果能够掌握某个专业领域的数据处理技能，就业力也会更胜一筹。

由于计算机通识教育课程的学分学时比较少，要在较短的时间内向学生展示数据处理原理和处理流程，掌握常见的数据处理方法，就需要对各个知识点进行合理编排。本书的编排从实际应用出发，通过具体的案例进行分析、处理、演示，多数案例配备了视频讲解，通过扫描二维码即可观看，帮助读者快速了解数据处理过程。每章都配备了一定的综合实验，引导读者进行基本的数据处理训练。期望读者通过本书的学习能提升数据处理能力。

本书是《计算机科学基础》的配套书籍，围绕数据处理和信息新技术展开，每章首先简要介绍相关基础知识，其次通过例子进行输出处理展示，最后给出综合实验要求和辅助阅读资料。各章内容介绍如下。

第 1 章　导学——数据存储与处理概述。介绍数据的定义、存储和数据处理的基本方法，给出了实验课教学计划参考。

第 2 章　数据获取与清洗。除了介绍数据结构化的定义外，还重点展示了如何获取数据，包括八爪鱼采集器、Web Scraper 插件的使用，并通过例子演示 Python 爬虫的过程，最后介绍如何使用 Excel 电子表格进行简单数据清洗。

第 3 章　表格数据处理。首先介绍电子表格的基本概念，然后详细介绍 Excel 的基本计算、数据统计与管理和图表制作。

第 4 章　图像数据处理。介绍 Photoshop 图像处理，主要包括图像合成、图像修复和图像特效。

第5章　图文报告设计。介绍Word文字处理,主要包括排版基础、文档的批注与修订和长文档编排等。

第6章　演示文稿制作。介绍PowerPoint演示文稿制作,包括常见幻灯片元素设计、动画和放映设置等。

第7章　视频制作。介绍屏幕录制与视频编辑处理工具Camtasia,重点讲解视频剪辑和视频合成,其中包括音频处理、视频编辑、录屏和字幕制作等基本剪辑操作。

第8章　动画设计。介绍Animate动画制作。首先介绍动画相关的概念,然后分别介绍二维动画设计和手工绘制动画,其中包括逐帧动画、动作补间动画和形状补间动画及动画配乐。

第9章　网页设计与制作。首先介绍Dreamweaver网页设计基础,通过例子介绍站点管理、超级链接、页面布局和CSS样式表,然后介绍移动网页设计,并通过具体例子进行展示。

第10章　微信小程序开发。介绍小程序的概念和特点、开发过程,配有可以使用的案例,可供读者直接使用。

第11章　Raptor算法工具。介绍使用Raptor表示程序控制结构和进行子程序设计,举例使用Raptor实验迭代、枚举和递归算法。

第12章　Python数据处理。首先介绍了Python编程基础,然后介绍了Python爬虫、Python处理Excel文件和Python可视化。

本书由刘小丽规划,余宏华编写了第1章,刘小丽编写了第1～3、7、12章,温金明编写了第2、7章,杜宝荣编写了第3、6章,王肃编写了第4、8章,胡彦编写了第5、11、12章,梁里宁编写了第9、10章。其中部分章节由多人共同编写完成。除了署名作者之外,特别感谢张震对本书编写工作的大力支持,并对本书提出了许多非常有建设性的意见,也感谢关心和支持本书编写的同行,有了他们的支持,才使这本书得以出版。本书由暨南大学本科教材资助项目支持。

本书的编写因时间仓促,加之编者水平有限,书中难免有疏漏和不足之处,恳请专家和广大读者批评指正,以便今后本书的修订。

编　者

2021年11月

CONTENTS

目录

第一部分　数据处理基础

第二部分 数据可视化展示

第三部分 编程式数据处理

第一部分　数据处理基础

第1章 导学——数据存储与处理概述

智慧、决策、创新源于知识，知识源自对信息的加工和抽象。而数据是信息的载体，对数据进行采集、整理加工、存储、统计分析、展示是获取信息进而抽象为知识的有效途径。

现代计算机技术的出现，不仅大大提高了数据处理的效率，也提供了大容量、灵活方便存取的数据存储，还降低了参与数据处理人员的学识要求和技能门槛。只要有一些基本的入门知识，借助成熟的计算机应用软件，人们就可以做出图文并茂的报告、可视化的数据展示、类专业级的图像处理和视频制作等。更进一步，如果对计算机数据表示、算法及算法表示、程序设计语言有一定的理解和掌握，还可以自己动手编写程序，完成特定任务的数据处理需求。因此，计算机科学与技术基础知识、计算机应用技术也就成为各学科必修的基础课。

本书旨在帮助读者初步理解和掌握数据处理概念、数据处理过程和数据处理方法，培养读者将各种应用软件和程序开发技术灵活运用于数据处理各环节中的能力。

1.1 数据的存储

1.1.1 数据的基本概念

1. 数据与信息

数据是反映客观事物属性和行为的记录，是信息的具体表现形式。这种表现形式既可识别，也可计算、处理。数据本身没有实际含义，需要经过加工、解释后才有含义，成为信息。可见，数据和信息之间既有区别，也有联系，如表 1.1 所示。

2. 数据的构成

如图 1.1 所示是数据的构成关系，数据由多种数据对象组成，每种数据对象包含多个具体的对象（数据元素），数据元素由数据项和其他数据元素组成。

（1）数据项。数据项是数据的最小单位，不可再分割。描述数据项的数据类型也是最基本的数据类型。

表 1.1　数据和信息的对比

	数　　据	信　　息
定义	客观事物属性值和行为特征值的描述,只有类型没有含义	客观事物属性描述和行为描述
依赖关系	数据独立于信息	信息依赖于数据
分类	数据按数据类型(如数值型、字符串型、时间类型)分类	信息按含义(如身高、体重、姓名、时间)分类
加工处理	根据数据类型可进行不同的加工处理	只能对信息的载体(数据)进行加工处理,获取新的信息
语义	数据本身没有含义,赋予含义的数据就是信息	

(2) 数据元素。数据元素是由若干数据项或数据元素组合而成的,表达特定的一个数据对象。

(3) 数据对象。相同性质(形式上表现为类型相同)的数据元素集合,构成数据类。

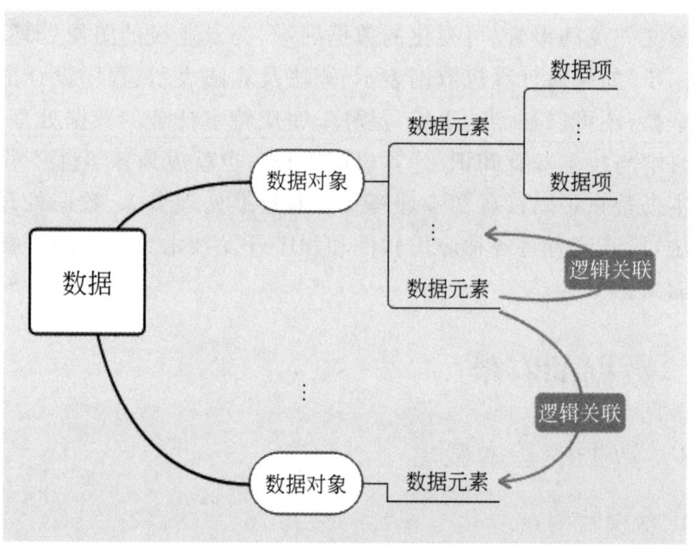

图 1.1　数据的构成关系

数据元素之间还存在一定的联系和组织方式,数据的逻辑结构是指数据使用者所看到的数据组织方式,在数据处理时按照逻辑结构进行数据访问。

1.1.2　数据存储

数据能够被输入计算机中、能够被程序处理、可以存储在存储器中是利用计算机进行数据处理的前提。计算机中数据的表现形式包括文本形式(数字、文字)和多媒体形式(图形、图像、动画、声音)。

本书的数据存储主要是将数据存储在文件中。数据存入文件的结构称为存储结构。

存储结构不仅要表达数据、同时要表达数据的逻辑结构。根据文件存储内容的不同可将文件分为单一类型文件和复合类型文件：

(1) 单一类型文件：在文件内部只存储一种数据信息，如文本文件、声音文件、图像文件等。

(2) 复合类型(面向对象)文件：文件内部保存了不同类型的数据元素，如视频、动画、Word、Excel、HTML 等文件中都包含多种类型的数据元素。

(3) 复合类型(结构化)文件：主要指基于关系数据库的数据存储。虽然文件内部包含不同类型的数据元素，但是这些类型的数据结构是同型的，可以使用通用的语言进行处理而不依赖具体的应用软件。

单一类型文件和复合类型(面向对象)文件中存储的数据都有各自的逻辑结构和存储结构，都需要专门的应用软件来处理。例如，Photoshop 处理图像文件，Camtasia 处理视频文件，Excel 处理电子表格文件，Word 处理文字、图像、表格等数据的排版等。

1.2　数据的处理

1.2.1　数据处理基本过程

1. 方案设计

根据要完成的目标确定数据来源，选择采集数据方法，设计数据存储结构、数据处理分析方法和最终成果的形态。

2. 数据采集

运用适当的数据采集工具，从不同的数据来源采集数据。采集到的数据应该满足后续的处理要求。

3. 整理加工与存储

由于数据来源不同，数据格式不一样。因此，需要对采集的数据整理加工、规范处理，保证数据结构一致、合法有效、语义完整、符合时间要求等。并按方便后续处理的结构化格式保存。

4. 数据分析

数据经整理加工和结构化后可用于数据分析。数据分析方法多种多样，如传统统计分析技术、数据仓库和数据挖掘技术、机器学习、大数据分析技术等，分析数据的相关性特征、聚类性特征、类比特征、时序特征、空间分布特征等。

5. 数据展示

以可视化的形式将数据分析的结论简明、扼要、清晰、突出地展示，让使用者非常容易就能感受结论的的幻灯片、突出结论的视频等。

1.2.2 数据处理基本方法

1. 工具法

在数据处理的每个环节,都有相应的应用软件协助完成。这些软件中,既有大型数据分析平台软件(例如,Hadoop 大数据分析平台、RapidMiner 数据挖掘解决方案等),也有用于局部环节的数据处理工具(例如,八爪鱼网页数据采集器、Office 软件、Camtasia 视频制作软件等)。书中的第一部分和第二部分使用一些容易掌握的应用软件,帮助读者快速理解和掌握数据处理概念、过程和方法。

2. 程序设计法

在对数据有较全面认识、学会使用程序设计语言、有一定能力的数据结构和算法设计的基础上,也可以考虑自己动手编写程序进行数据处理。这样做有时也是完全必要的,是对运用工具的补充。例如,用 Excel 做数据分析时,如果系统提供的功能不够,可以利用 VBA 编程来补充;用 Python 爬虫程序在指定的网页爬取特定的数据;使用移动网页和微信小程序直接采集第一手的数据;等等。书中第三部分分别介绍网页设计与制作、微信小程序开发、Raptor 算法工具和 Python 数据处理。

1.3 实验内容导析

1.3.1 实验过程导析

本书的实验目的不是全面学习、掌握软件功能,而是运用软件进行数据处理。对于每个应用软件只介绍一些与实验相关的知识点。如果需要,读者可以借助其他资源全面学习相应软件的使用。每章的实验过程都分为两个阶段,如图 1.2 所示。

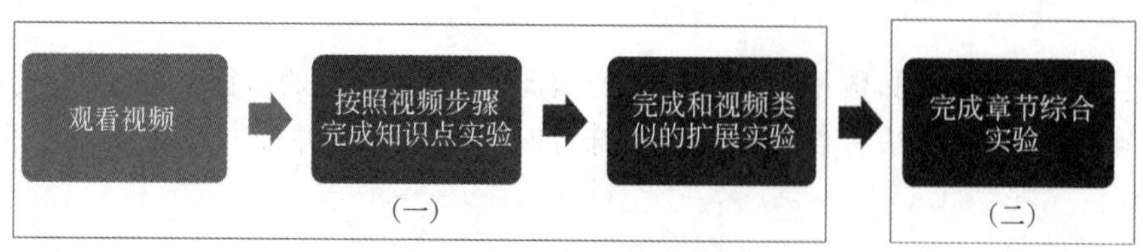

图 1.2 实验循序渐进

第一阶段:数据处理知识点的软件应用。每章有多个数据处理知识点和相应的软件应用实验。每个实验分 3 个小阶段。首先,观看视频,了解数据处理流程;其次,模仿视频过程,完成和视频演示相同的实验;最后,运用视频中的方法完成类似的数据处理实验。本阶段实验需要个人独立完成。

第二阶段:综合运用各数据处理知识点的软件应用,完成综合实验,撰写实验报告。本阶段实验可团队完成。

1.3.2　知识结构导析

本书分三个学习部分，分别是数据处理基础、数据可视化展示、编程式数据处理。从教学的角度看，三部分既有联系，又是相互独立，每部分中各章都是数据处理过程中的独立环节，可独立教学。

第一部分：数据处理基础。包括数据获取、清洗、整理，计算表示，表格数据统计分析，图表展示，图像数据处理等内容运用日常办公软件进行数据处理。其中，数据获取以八爪鱼采集器、Web Scraper、Excel 为工具，数据清洗、表格数据处理、图表展示以 Excel 为工具，图像数据处理以 Photoshop 为工具。

第二部分：数据可视化展示。除了第一部分实践的图表数据展示外，本部分实践多种形式的数据可视化展示，包括图文报告、演示文稿、视频、动画等形式的数据可视化展示。其中，图文报告以 Word 为工具，演示文稿以 PowerPoint 为工具，视频以 Camtasia 为工具，动画以 Animate 为工具。

第三部分：编程式数据处理。为特定的数据处理任务编写程序，完成数据处理工具软件无法实现的数据处理需求。其中，移动网页制作的主要目标是数据收集网络化、移动化，数据展示网络化、移动化，包括 JavaScript、HTML 实践；微信小程序开发以微信为平台设计数据收集和数据展示；Python 数据处理面向特定应用从网络或各种应用程序的文件获取数据并分析处理。

1.4　教学计划

本书既可作为教学用书，也可作为自学用书。作为教学用书，建议教学时数为 32 学时，教师可以根据教学大纲选取一定章节，形成完整的数据处理实践教学；学生可以在完成老师安排的教学任务基础上，根据自己的兴趣和需求，选取其他章节内容，按照书中的实验步骤和演示视频进行自学。以下教学计划仅供参考。

1.4.1　教学计划参考

表 1.2 所示的教学计划以第 2、3、5～8 章为重点，掌握基本数据处理方法为教学目标。

表 1.2　教学计划

章　　节	学时数	考 核 方 式
第 1 章 导学——数据存储与处理概述	自定	认真阅读
第 2 章 数据获取与清洗	4	个人模仿练习、分组作品设计
第 3 章 表格数据处理	12	个人模仿练习、分组作品设计
第 4 章 图像数据处理	自定	个人模仿练习
第 5 章 图文报告设计	4	个人模仿练习、分组作品设计
第 6 章 演示文稿制作	4	个人模仿练习、分组作品展示

续表

章　节	学时数	考核方式
第 7 章 视频制作	4	个人模仿练习、分组作品展示
第 8 章 动画设计	2	个人模仿练习、分组作品展示
第 9 章 网页设计与制作	自定	个人模仿练习、设计
第 10 章 微信小程序开发	自定	个人模仿练习、分组作品设计
第 11 章 Raptor 算法工具	自定	认真阅读
第 12 章 Python 数据处理	自定	个人模仿练习、分组作品设计

注：要求 2～5 人一个小组，以课程内容知识点为技术手段，自行设计主题，完成分组作品(注明组员分工)，建议与专业结合。可参考往年学生作品，参见"师说心语吧"公众号。

1.4.2 成绩评定

对于学习计算机通识教育课程的同学，图 1.3 给出的数据处理金字塔，具体对应的章节见表 1.2，其中第一部分要求所有人必须完成，其他部分选择完成。图 1.3 左侧标记的数据是每部分全部完成的工作量占比，实验部分完成的工作量占比之和乘以 100 即为平时实验成绩。图 1.3 中的完成工作量占比只针对计算机通识教育课程。

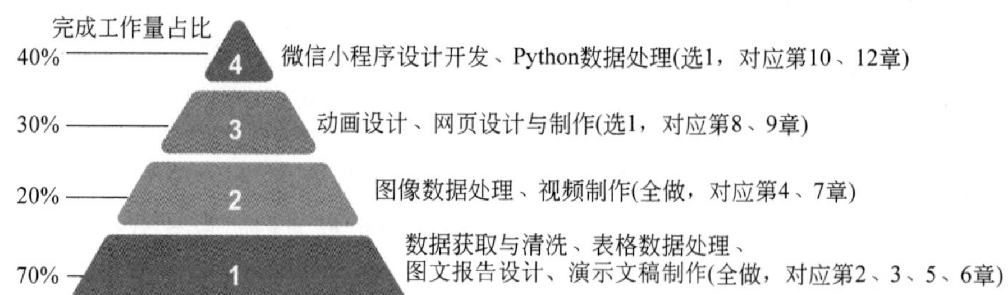

图 1.3　数据处理学习金字塔

【举例】"美羊羊"小组所有组员完成了第 2～7 章所有的个人模仿练习和分组作品设计，其小组总分为 70＋20＝90。

对于修选多媒体技术课程的同学。要求必须完成第 4～7 章的内容，选择完成第 8、9 章的内容。

对于修选信息可视化课程的同学。要求必须完成第 2～5、7、12 章的内容，选择完成第 6、9 章的内容。

第2章

数据获取与清洗

本书期望读者能够获取某个特定领域的数据并分析，得到一定的结论或者可视化产品。本章介绍数据获取与清洗的方法，由于针对的是没有数据处理基础的读者，所以只用到基础的数据处理工具，如Excel、八爪鱼采集器等。

由于杂乱无章的数据是很难被分析和展示的，所以需要对获取的数据进行基本的整理，以保证数据满足一定的组织方式。本章首先介绍数据结构化的基本概念；其次介绍数据获取的方法，包括使用Excel进行数据获取、使用八爪鱼采集器采集数据、使用Web Scraper插件和Python爬虫进行数据爬取等；最后基于Excel进行存储，并简单介绍数据清洗的基本方法。

2.1 数据结构化

在数据处理时，首先要了解数据的结构，有结构的数据才能被程序计算处理，将数据结构化是数据分析处理的第一步。结构化数据是指数据点之间具有清晰的、可定义的关系，并包含一个预定义模型的数据。对普通用户而言，结构化数据通常以表格的形式存储(表格存储的数据不一定是结构化数据)，结构化数据应该更容易通过批量计算的方式进行处理。

如果说关系表是结构化数据的表现形式，XML、JSON、日志等则是半结构化数据，图像、音频、视频属于非结构化数据(非结构化数据不仅限于这些)。非结构化数据在分析时，通常也需要一定的结构化处理，例如分析视频时，首先将视频分解成连续的图像，其次统一使用图像分解技术(纹理、轮廓、色阶等)进行维度分解，最后转成高维度的矩阵(类似表)来计算处理。本书不介绍非结构化数据处理。

从专业的角度讲，结构化数据是有结构、有预定义模型的数据，而半结构化数据是有结构、没有模式化的数据。半结构化数据没有模式的限定，数据可以自由地流入系统，还可以自由更新，这更便于客观地描述事物。在使用时模式才应该起作用，使用者想获取数据就应当构建需要的模式来检索数据。半结构化数据也是可以进行数据处理与计算的，由于不同的使用者构建不同的模式，数据将最大化被利用，这才是最自然的使用数据的方式，本书中处理的数据通常是半结构化数据，也就是有一定组织但是没有数据模式的数据。

所以,无论是什么数据,没有结构就无法批量分析。无论什么数据,我们最终的目标都是将数据(半)结构化,统一组织处理并进行计算。本书中关于数据获取、数据清洗和数据计算的数据都是半结构化数据。数据采集之后需要经过一系列的处理才能成为(半)结构化数据,如图2.1所示。

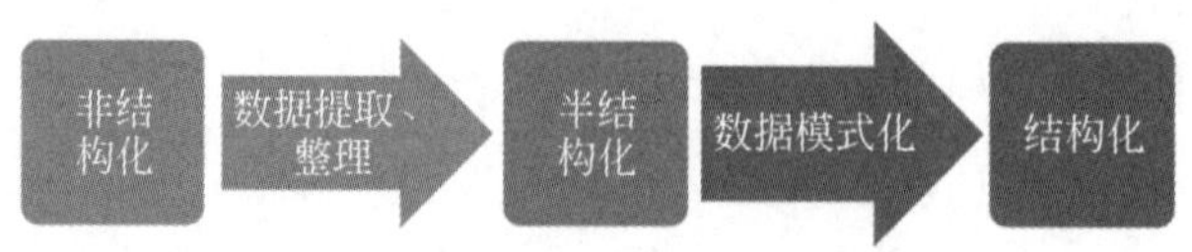

图 2.1 数据结构化

数据库中存储的数据属于结构化数据,常见的数据库文件格式有AccDB、DBF、MDF等。常见的半结构化数据文件格式有XML、JSON、HTML和CSV等,这些文件格式都有特定的规范,都可以非常方便地转换为Excel格式的数据。CSV是最通用的一种文件格式,用记事本就能打开,它可以非常容易地被导入各种计算机表格(如Excel)及数据库中。CSV文件中的一行即为数据表的一行。所以,为了便于对数据的直观展示,本书中常用Excel文件存储原始数据。

通常用以下4种方式来获取有一定结构的数据:第三方公司购买合法数据、免费的数据网站下载数据(如国家统计局官网)、通过爬虫爬取公开数据和人工收集数据(如问卷调查)等。本章的数据获取主要基于已经公开的数据进行。

2.2 基本数据获取

本节介绍基本的数据获取,也就是不需要借助额外的软件、插件或者编程语言,从网页/文件中获取格式化数据,存入Excel文件。

2.2.1 网页数据导入Excel

如果需要收集网页中的表格数据导入Excel表格,可以手工复制网页的内容,但是如果数据量太大或者数据表个数较多,手工复制的方法比较费时,而且容易多选、漏选。这里介绍一个非常方便的方法,使用Excel 2013以上版本自带的工具从网页获取数据,不仅能够快速获取数据,并且还能够做到与网页内容同步更新。

网页数据导入Excel的过程如下。

(1) 打开Excel,单击“数据”选项卡“获取外部数据”选项组中的“自Web”按钮,如图2.2所示。

(2) 在弹出的“新建Web查询”页面的地址栏中输入需要查询数据的网址,如图2.3(a)所示。页面打开后,单击页面上黄色矩形框嵌套的箭头,让它变成小勾,选中页面表格后单击页面下端的“导入”按钮导入数据,如图2.3(b)所示。

(3) 导入时Excel会提醒数据导入的区域,用户可以根据需要选择数据的放置位置,然后单击“确定”按钮,如图2.4所示。

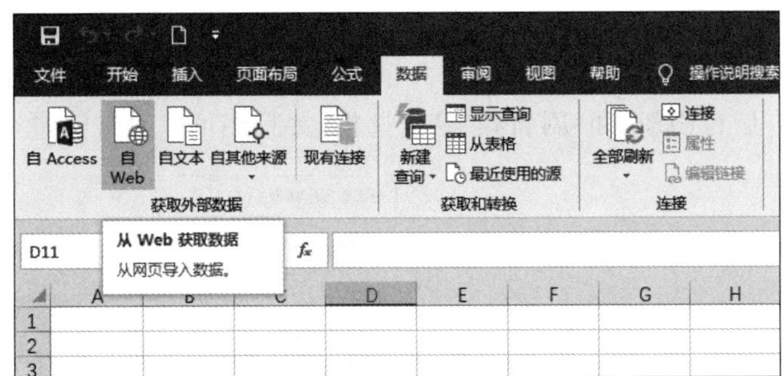

图 2.2　从 Web 获取数据

新建 Web 查询

地址(D): https://fdc.fang.com/index/　转到(G)　选项(O)...

单击(C)，然后单击"导入"(C)。

城市	样本均价(元/㎡)	环比涨跌(%)	城市
北京	43621	0.07	上海
天津	14906	-0.04	重庆
深圳	54353	0.06	广州
杭州	28699	0.41	南京
武汉	13146	0.11	成都
苏州	17814	0.05	大连
厦门	29073	0.07	西安
长沙	9061	0.13	宁波

导入(I)　取消

(a) 输入网址

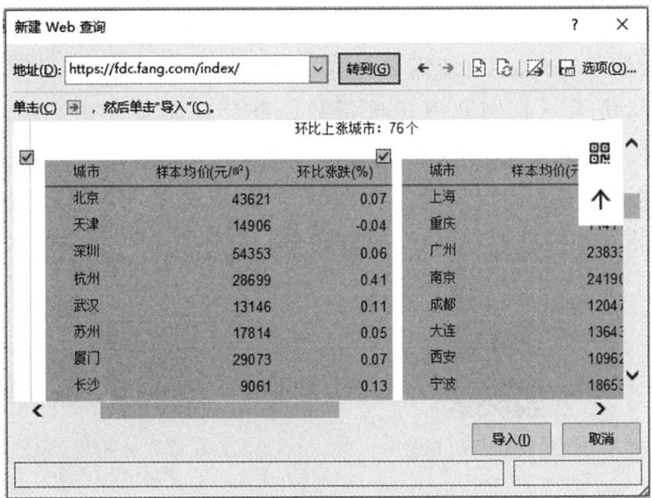

(b) 选中页面表格

图 2.3　"新建 Web 查询"对话框

(4) 网页上的数据都是实时更新的,选中需要更新的一个单元格或是一块区域右击,在弹出的快捷菜单中选择“数据范围属性”命令,弹出“外部数据区域属性”对话框,如图 2.5 所示。选中“允许后台刷新”和“刷新频率”复选框,并且还可以对时间进行调整。

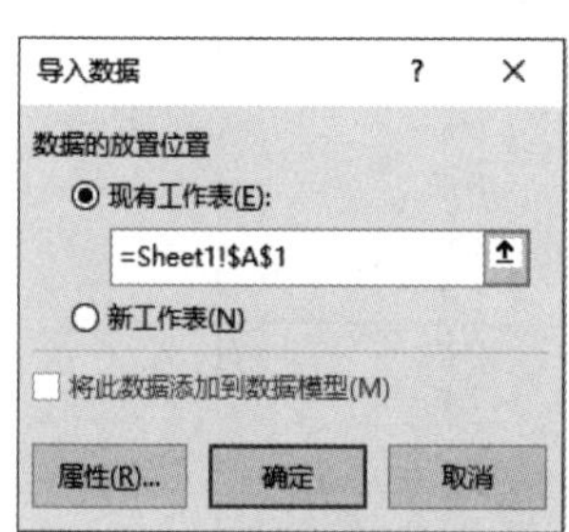

图 2.4 “导入数据”对话框

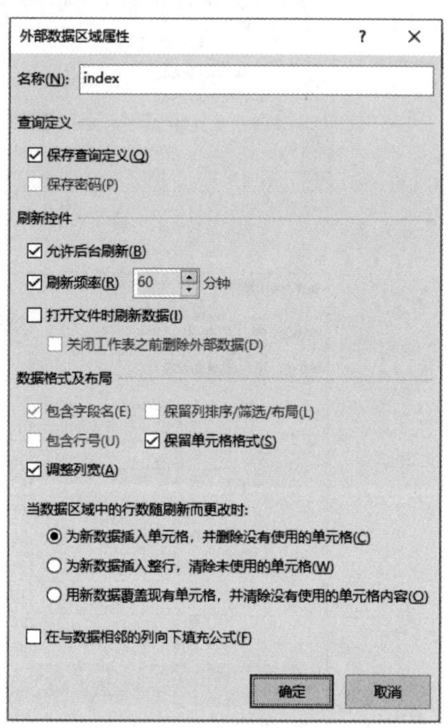

图 2.5 “外部数据区域属性”对话框

【提醒】 如果不希望数据自动更新,请不要勾选“刷新控件”下的两个复选框。

(5) 单击“确定”按钮等待数据导入,由于这个过程需要去网站读取数据,所以需要一定的时间,如果数据量较大,还可能需要等待几秒。

【例 2.1】 从房天下官网获取房价指数。整个页面有 3 个区域的数据需要导入 Excel,只需要一次导入即可,操作过程见“V2.1 获取房价指数”。

【例 2.2】 获取暨南大学招生办学官网的“暨南大学海外招生处(报名点)一览表”。需要从网页上查找相关的页面,然后再进行下载。操作过程见“V2.2 获取境外招生处”,具体步骤如下。

V2.1 获取房价指数

V2.2 获取境外招生处

(1) 从主页面上查找所需要获取数据的网页。

注意:不能跳转到浏览器。

(2) 选择表格,导入数据。

2.2.2　Access 数据导入 Excel

要想将 Access 存储的数据导入 Excel 中进行处理，首先要将 Access 原始数据保存并关闭，或者利用一个已经存在的数据库。如导入“居民消费.accdb”文件，具体过程如下。

(1) 打开 Excel，切换到一个空白工作表中，如 Sheet1 表格。将光标定位在表格的左上第一个单元格(A1 单元格)。

(2) 如图 2.6 所示，单击“数据”选项卡“获取外部数据”选项组中的“自 Access”按钮，打开“选取数据源”对话框，如图 2.7 所示。

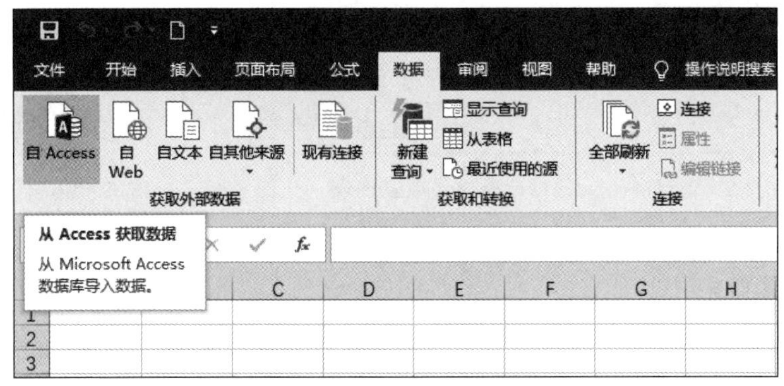

图 2.6　从 Access 获取数据

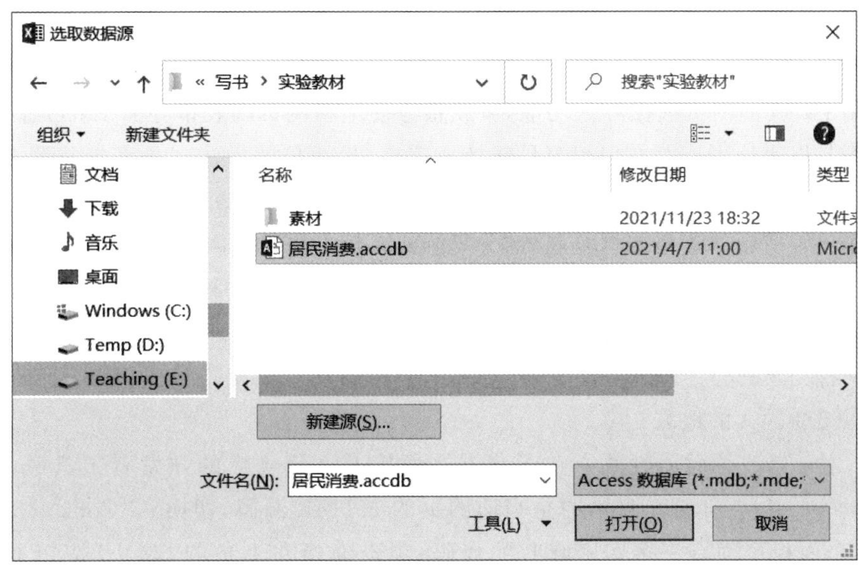

图 2.7　“选取数据源”对话框

(3) 选择需要导入的内容和导入的具体位置，可以导入基本表、查询表等，如图 2.8 所示。

(4) 完成数据导入后,可以看到 Access 的数据已经被导入 Excel 表格中,同时还自动加上了列筛选。

【例 2.3】 从 Access 数据库中导入“居民消费.accdb”,这个数据库中有 4 个基本表和 1 个查询表。

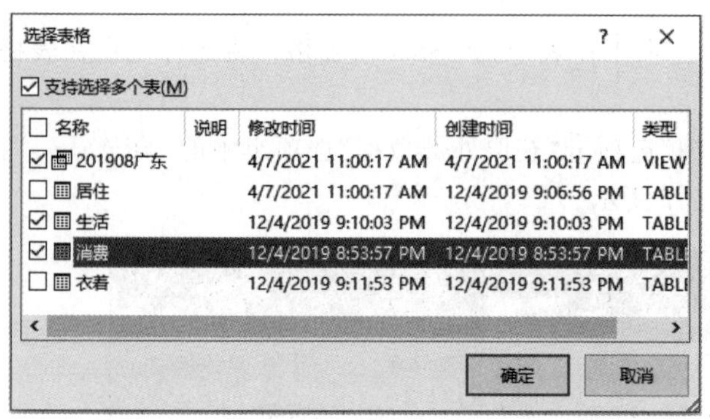

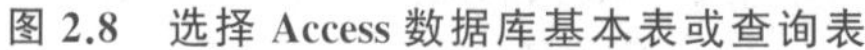
图 2.8 选择 Access 数据库基本表或查询表

V2.3 导入 Access 数据库

2.2.3 数据复制

大多数半结构化数据在网页上通常是以表格的形式进行展示的,如果页面上的内容不多,就可以直接复制下来,用复制粘贴的办法则是最直接的数据获取方式,直接选中表格的所有内容,复制到 Word 或者 Excel 中,依然是以表格的形式进行显示的。需要特别注意的是,如果有些表格存在表格嵌套的情况,这时使用 Excel 的导入功能可能会更加合适。

使用 Excel 的网页数据导入功能,可以很方便地将网页的表格导入 Excel 中,当有一些数据不是以表格形式存在但很容易转换成表格,最简单的做法就是直接复制。当页面数据较多,而用户仅仅需要其中部分内容时,使用直接复制的方法效率比较高。所以,直接复制法比较适合非表格数据复制、部分复制或者较少内容复制。

对于公开但页面禁止复制的数据,也可以通过技术手段进行数据获取。这里简单介绍两种在网页禁止复制的情况下如何复制网页文字的方法。

第一种:拖曳法。选中需要复制的文字(包括图标),直接拖曳到 Word、Excel、记事本等可以接受输入的地方。

第二种:修改页面属性法。在浏览器页面按 F12 键开启的开发者工具(macOS 按 command+option+I 键),显示的是当前网页的 HTML 源码,切换到“Console/控制台”面板,这个面板里面有许多密密麻麻的代码;单击面板左上角的“禁止”按钮清除控制台下方的代码(也可以按 Ctrl+L 键);然后在控制台输入代码 document.body.contentEditable=true 将页面内容设置为可编辑,按 Enter 键键执行代码;选中需要复制的文字,可以进行复制。

【提醒】 如果网页上面的信息是公开但禁止复制的,则可以通过这两种方法进行复制，但是如果是由于版权问题禁止复制的，请务必不要使用这方法进行复制。

【例 2.4】　修改页面属性法：从 360doc 个人图书馆复制《弦歌不辍，再谱华章——致暨南大学新闻与传播学院校友的一封信》，操作过程见"V2.4 修改页面属性法"。

V2.4 修改页面属性法

【例 2.5】　拖曳法：从山西招生考试网获取 2020 年山西省高考分数线数据，页面上数据较多，存储在一个大表中，这个页面公开但是禁止复制的，如图 2.9 所示。

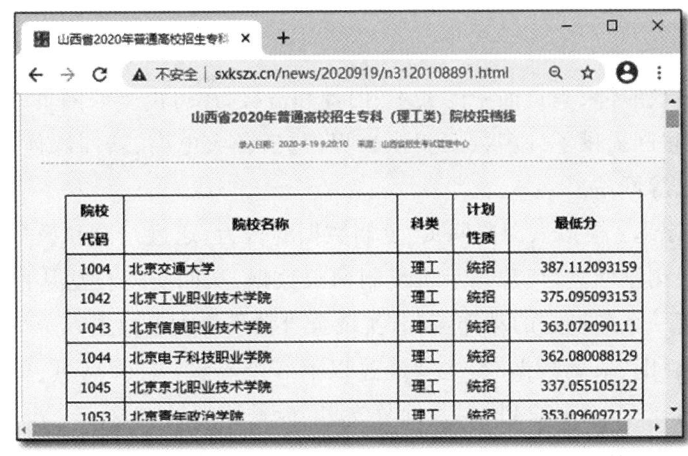

院校代码	院校名称	科类	计划性质	最低分
1004	北京交通大学	理工	统招	387.112093159
1042	北京工业职业技术学院	理工	统招	375.095093153
1043	北京信息职业技术学院	理工	统招	363.072090111
1044	北京电子科技职业学院	理工	统招	362.080088129
1045	北京京北职业技术学院	理工	统招	337.055105122
1053	北京青年政治学院	理工	统招	353.096097127

图 2.9　"山西招生考试网"页面

V2.5 部分复制——山西招生考试网 URL

【例 2.6】　拖曳法：从暨南大学官网导出"暨南大学历年录取分数情况查询"数据，如图 2.10 所示，这个表格中的数据含超级链接，期望保留超级链接内容。

普通本科类				艺术、体育类
广东省			全国各省（市、自治区）	
2006年录取分数线			2006年	2006年
2007年	文科	理科	2007年	2007年
2008年	文科	理科	2008年	2008年
2009年	文科	理科	2009年	2009年
2010年	文科	理科	2010年	2010年
2011年	文科	理科	2011年	2011年
2012年	文科	理科	2012年	2012年
2013年	文科	理科	2013年	2013年
2014年	文科	理科	2014年	2014年
2015年	文科	理科	2015年	2015年
2016年	文科	理科	2016年	2016年
2017年	文科	理科	2017年	2017年
2018年	文科	理科	2018年	2018年
2019年	文科	理科	2019年	2019年
2020年	文科	理科	2020年	2020年

图 2.10　"暨南大学历年录取分数情况查询"页面

V2.6 带格式复制——历年录取分数

2.3 网页数据爬取

网页数据爬取是指从网站上提取特定内容,如网页上的文字、图像、声音、视频和动画等。程序员或开发人员拥有编程能力,他们构建一个网页数据爬取程序非常容易。但是对于大多数没有任何编程知识的人来说,最好使用一些网络爬虫软件从指定网页获取特定内容。本节介绍八爪鱼采集器和 Web Scraper 插件,并演示 Python 爬虫案例。

2.3.1 八爪鱼采集器

八爪鱼采集器不仅可以循环采集页面中的文本、图像和链接,还可以爬取网页中和网页上的动态信息。八爪鱼官网提供了许多数据爬取教程,包括各大电商、新闻媒体、生活服务、金融征信和企业信息等网站。

八爪鱼采集器的核心原理:模拟人浏览网页、复制数据的行为,通过记录和模拟人的一系列上网行为,代替人眼浏览网页,代替人手工复制网页数据,从而实现自动从网页采集数据,然后通过不断重复一系列设定的动作流程,实现全自动采集大量数据。

八爪鱼采集器在配置规则、采集数据时,主要经过以下 8 个步骤:打开网页、单击元素、输入文本、提取数据、循环、下翻下拉列表、条件分支、鼠标悬停。针对这 8 个步骤,八爪鱼采集器内置了很多高级选项。针对具体网页的采集过程,网页结构、网页情况是不一样的,在具体使用时,要针对不同的网页进行不同的设置。

【例 2.7】 从豆瓣音乐排行榜爬取前 20 项数据。下面以豆瓣音乐排行榜为例解析采集过程,需要采集歌曲的排名、歌曲的名字、作者和关注人数等,共采集 4 部分的内容,具体采集流程如下。

(1) 下载安装八爪鱼采集器。可以直接在百度搜索八爪鱼采集器跳转到官网下载,该软件需要先进行注册才可以使用。

(2) 输入网址,设置需要采集的页面元素,单击"开始采集"按钮。

设置需要采集的页面元素:单击某个元素,如果需要采集同类的多个数据可以选择"选中全部",然后采集该链接的文本,如图 2.11(a)所示,如果需要采集下一级网页地址则需要单击"单击该链接"。选择需要采集的页面元素后,可以设置采集的数据所在的字段名称(如果有多个元素,称为提取元素),如排名、歌名等,也可以单击某个链接(称为单击元素),进入链接页面选择数据进行爬取,流程图如图 2.11(b)所示。

(3) 采集并导出数据,如图 2.12 所示。

使用八爪鱼采集器进行数据采集时,最核心的部分是采集器的设计,有时可能需要用到网页相关知识,这里不再一一介绍,如有需要更深一步的学习,可以参考八爪鱼官网的技术手册(详见 2.6 部分的辅助阅读资料)。

V2.7 八爪鱼采集器采集豆瓣音乐排行数据

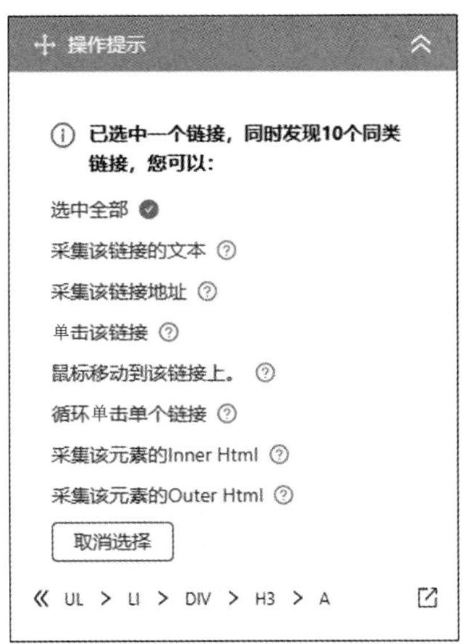

(a) 操作提示

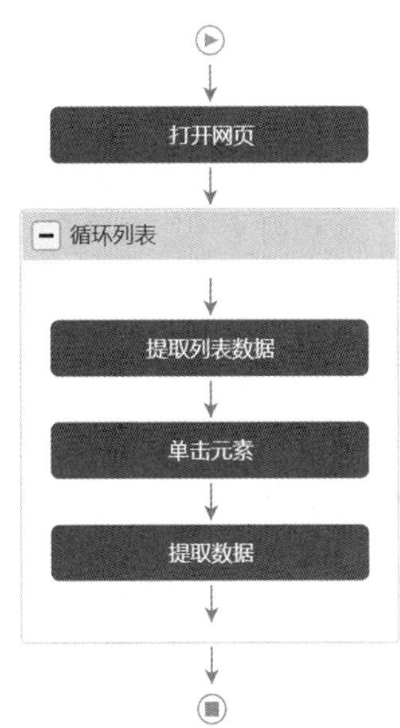

(b) 豆瓣音乐采集流程图

图 2.11　设置需要采集的页面元素

图 2.12　八爪鱼成功导出数据界面

2.3.2 Web Scraper 插件

Web Scraper 是一款简单好用的谷歌浏览器爬虫插件,适用普通用户的爬虫工具,可以通过鼠标和简单配置获取数据,例如知乎回答列表、微博热门、微博评论、电商网站商品信息、博客文章列表等。Web Scraper 能够快速、有效、准确地提取页面数据,Web Scraper 可任意选择爬取范围,同时还可以将数据转换为 CSV 文件转出。Web Scraper 插件需要安装谷歌或者火狐浏览器才能使用。

【例 2.8】 从知乎网站爬取数据,爬取回答者的昵称、赞同数和评论数等信息。使用 Web Scraper 插件爬取数据,需要先设置爬取的数据以及数据之间的关联,下面演示从知乎爬取数据的过程。

V2.8 Web Scraper 安装

V2.9 Web Scraper 爬取知乎数据

(1) 首先在谷歌浏览器中打开需要爬取的链接,按 F12 键调出开发者工具(Windows 系统使用 F12 键,macOS 系统使用 command+option+L 键),单击 Web Scraper 选项卡。

(2) 选择 Create new sitemap,填写 Sitemap name 和 Start URL,如图 2.13 所示。

图 2.13 在知乎网页打开 Web Scraper 插件

(3) 添加选择器，单击 Add new selector。

(4) 分析知乎问题的结构，如图 2.14 所示，一个问题由多个这种区域组成，一个区域就是一个回答，回答区域包括昵称、赞同数和发布时间等。方框中的部分就是要爬取的内容。爬取数据的逻辑：由入口页进入，获取当前页面已加载的回答，找到一个回答区域，提取里面的昵称、赞同数、评论数，如图 2.14 所示，之后依次向下执行，当已加载的区域获取完成，模拟向下滚动鼠标，加载后续的部分，一直循环往复，直到全部加载完毕。

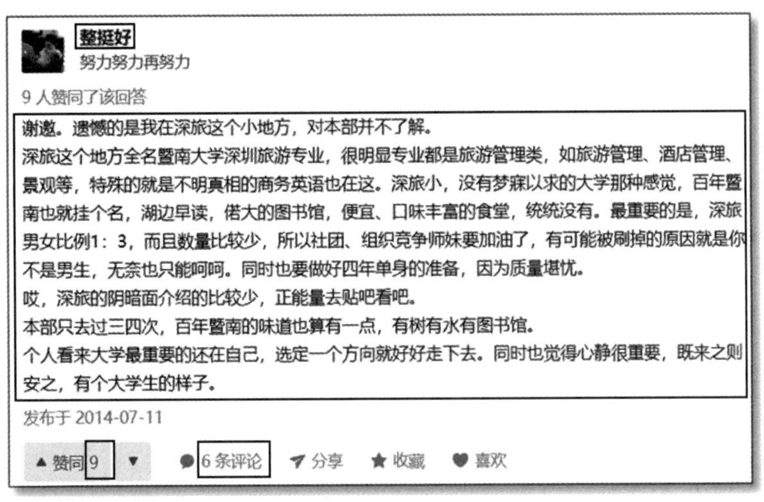

图 2.14　页面待爬取元素示例

(5) 爬取内容的拓扑结构如图 2.15 所示，_root 根节点下包含若干回答区域，每个回答区域下包含昵称、赞同数和评论数。

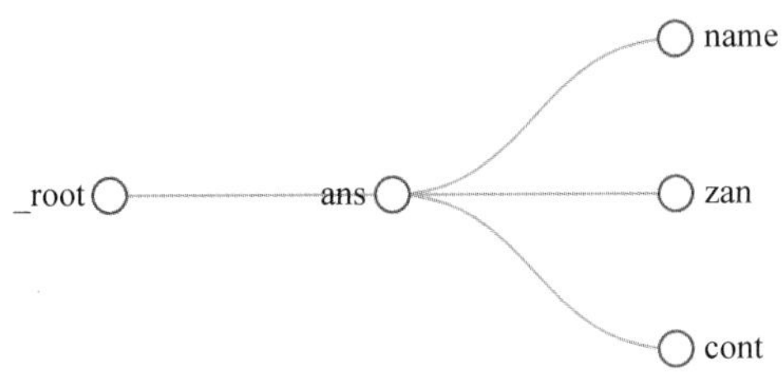

图 2.15　爬取内容的拓扑结构

(6) 按照图 2.15 创建选择器，并设置属性，如图 2.16 所示。首先填写 id 为 ans(可自行命名)，Type 选择 Element scroll down。Element 是针对大范围区域的，这个区域还要包含子元素，回答区域就对应 Element，因为要从这个区域获取所需的数据，而 Element scroll down 表示这个区域利用向下滚动的方式可以加载更多内容，是针对下拉加载的情况专门设计的。

(7) 单击 Select 按钮，将光标移到页面上，让绿色框框住一个回答区域后单击，然后移动到下一个回答区域，重复同样的操作，如图 2.17 所示。这时除了这两个回答外，其他回答区域都变成了红色框，然后单击 Done selecting，选中 Multiple 复选框保存。

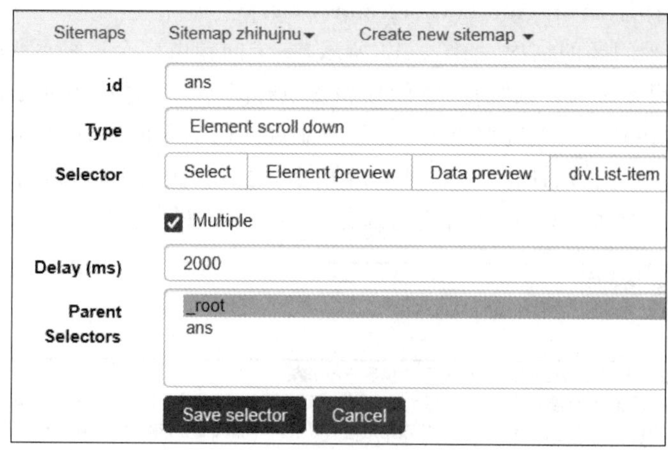

图 2.16 选择器属性设置

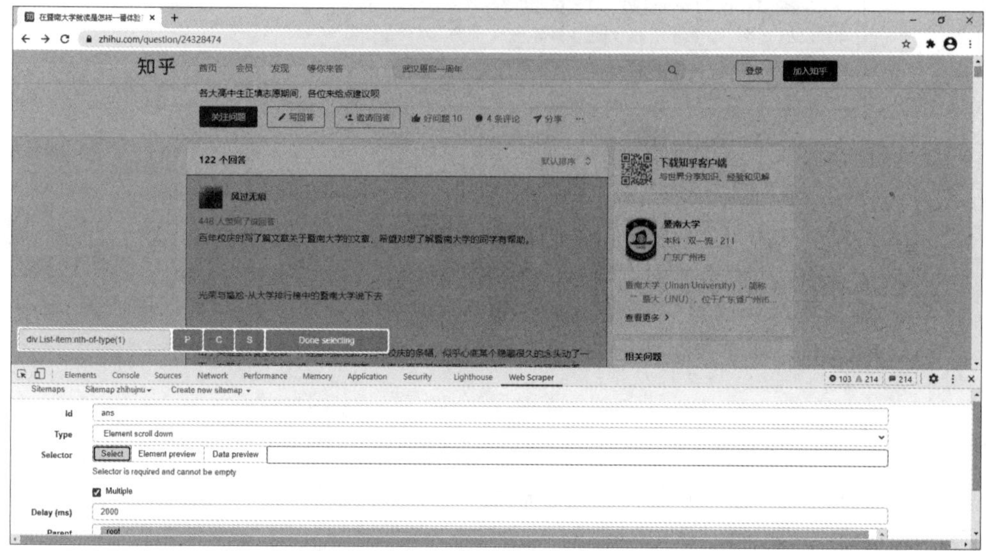

图 2.17 选中区域示例

(8) 进入刚刚创建的 ans 选择器中,创建子选择器,如图 2.18 所示。

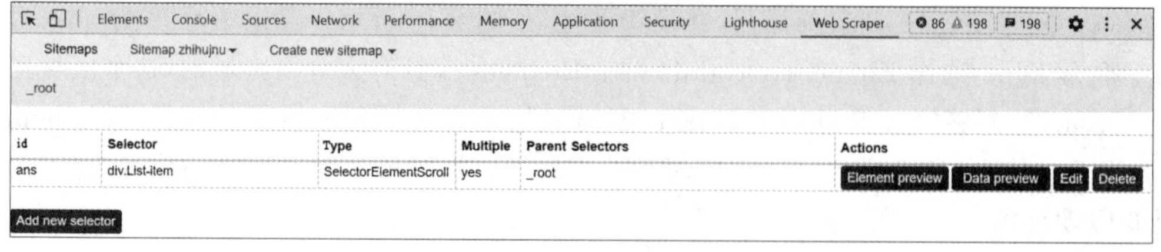

图 2.18 ans 选择器

(9) 创建昵称选择器,id 设置为 name,Type 选择 Text,Selector 选择昵称部分,选中部分显示为红色，可以按住 Shift 键选中多个，如图 2.19 所示。

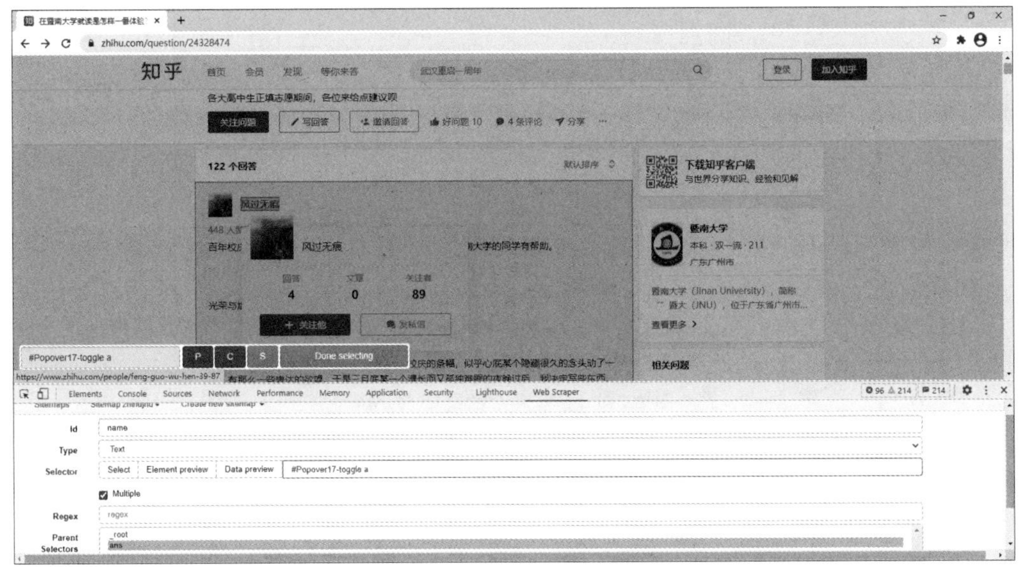

图 2.19　创建昵称选择器 name

（10）创建赞同数选择器，如图 2.20 所示。

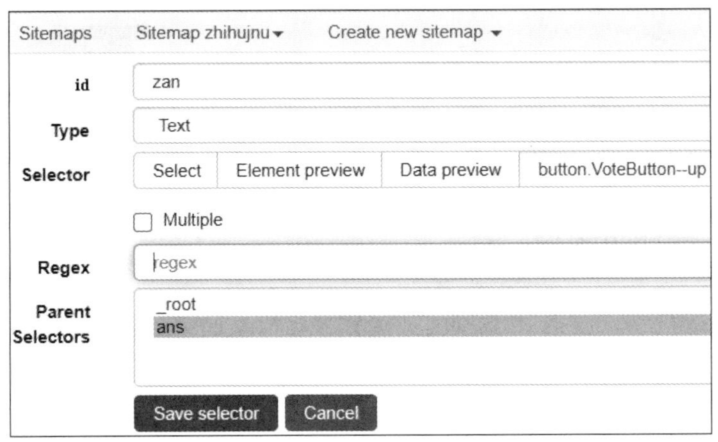

图 2.20　创建赞同数选择器 zan

（11）创建评论数选择器，如图 2.21 所示。

（12）执行爬取操作，如图 2.22 所示，由于内容较多，可能需要几分钟的时间，如果只是为了做测试，可以找一个回答内容数较少的问题。

Web Scraper 插件的优点是可以爬取动态加载的数据，只要爬取频率慢一点，被网站屏蔽的概率较小，爬取过程就像是真实的用户访问一样。Web Scraper 的缺点是爬取效率较低，无法实现并发爬取、快速切换 IP 等，所以 Web Scraper 适合轻量级的数据爬取。

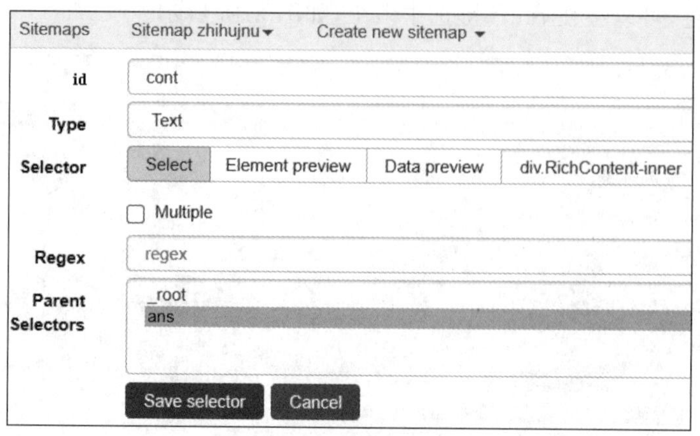

图 2.21 创建评论数选择器 cont

【例 2.9】 从豆瓣音乐排行榜爬取前 20 项数据,爬取歌曲的排名、歌曲的名字和播放次数等数据。

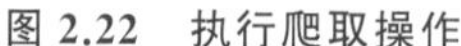

图 2.22 执行爬取操作

V2.10 Web Scraper 获取豆瓣音乐排行数据

2.3.3 Python 爬虫案例

Python 爬虫需要有一定的程序设计基础,对于没有程序设计基础的同学将会比较困难,本节仅仅演示 Python 爬虫功能,将通过一个具体的事例展示 Python 爬虫的高效率,爬虫代码如下,关于 Python 爬虫的详细介绍见第 8 章。

V2.11 Python 爬虫演示

【例 2.10】 用 Python 爬取房地产指数,爬取全国十大城市十年每月的房地产指数情况,总共爬取的数据是 1200 条。

```
import requests
import csv
from lxml import etree
import json
first_row=['月份','城市', '指数', '环比(%)', '指数', '环比(%)', '指数', '环比(%)',
'指数', '环比(%)']
```

```
with open('./XinFang_10yrs.csv', mode='w', encoding='mbcs', newline='') as
file_obj:
    file_obj=csv.writer(file_obj)
    #首行标签
    file_obj.writerow(first_row)
    for i in range(2020,2010,-1):       #2010—2021 年降序
        years=str(i)                    #转成字符串格式
        for k in range(12, 0, -1):      #11—1 月降序
            month=str(k).zfill(2)       #单数月补 0
            #接口
            url='https://fdc.fang.com/index/XinFangIndex.aspx?action=
month&month='+years+'%25u5E74'+month+'%25u6708'
            title=str(years)+'年'+str(month)+'月'
            #请求页面的值
            response=requests.get(url)
            html=json.loads(response.text)['data']
            tree=etree.HTML(html)
            #找到每个 tr
            tr_list=tree.xpath('//tr')
            for i in range(len(tr_list)):
                td=tr_list[i].xpath('.//td')
                #获取每个 td 的值
                row=[title]
                for j in range(len(td)):
                    row.append(td[j].xpath('string(.)').strip())
                file_obj.writerow(row)
```

2.4 数据清洗

数据清洗也称数据预处理，目的是将重复、多余的数据筛选并清除，将缺失的数据补充完整，将错误的数据纠正或者删除，最后整理成为可以进一步加工、使用的数据。数据清洗的一般步骤：分析数据、缺失值处理、异常值处理、去重处理、噪声数据处理。

V2.12 合并列

本书的数据处理技术主要针对较小量的数据，这里的数据清洗指的是手工的简单清洗处理，本节介绍如何使用 Excel 对爬取的数据进行整理。

1. 合并和拆分列

从外部数据源导入数据后的常见任务是将两列或多列合并为一列，或将一列拆分为两列或多列。例如，从网页上爬取数据时，可能多个字段作为一个数据项显示，就需要将其拆开；有时也可能需要将多列合并为一列，如将名字和姓氏列合并为全名列。

将两列数据合并时，可以使用 & 实现字符串的连接操作，也可以按 Ctrl＋E 键进行快速填充合并。

【提醒】 要合并的单元格区域，单击“开始”选项卡“对齐”方式选项组中右下角的对话框启动器，弹出“设置单元格格式”对话框，在“对齐”选项卡下选中“合并单元格”复选框，可以将两个单元格区域合并，如果使用该方法将多个单元格区域合并，只会保留最左侧的单元格数据。单元格区域合并通常用于数据格式化显示设置。

V2.13 拆分列

拆分数据列时可以使用函数或者快捷键填充，也可以使用分列功能，分列功能比较简便，如果数据是用分隔符分隔的，可使用分隔符分成多列，也可以使用固定长度分列的方式实现分列。具体做法：选中待分隔数据列，点击“数据”选项卡“数据工具”组中的“分列”按钮，弹出“文件分列向导”对话框，按提示步骤完成即可，如图 2.23 所示。

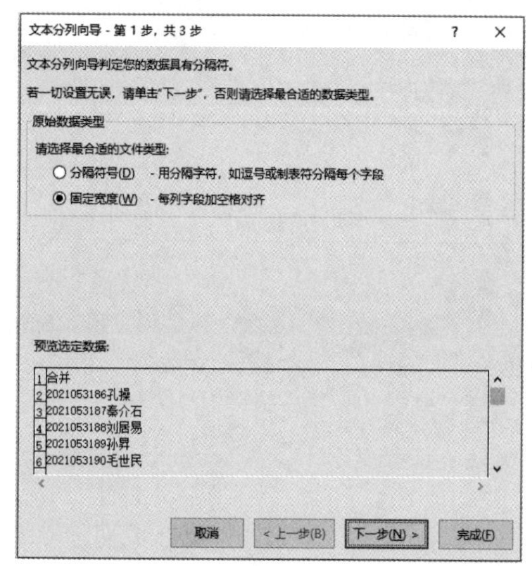

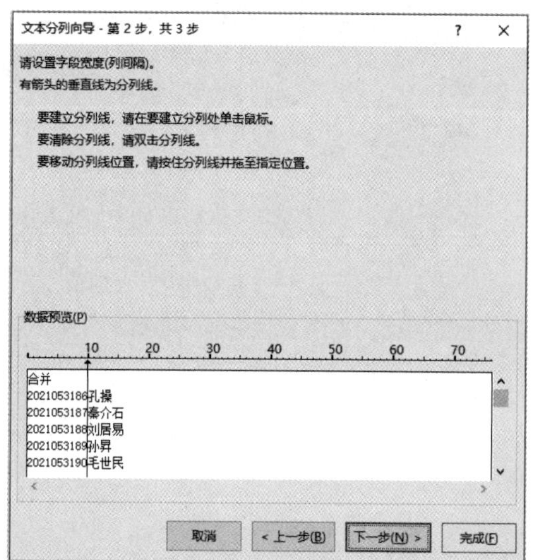

图 2.23 数据分列

2. 修复日期和时间

由于存在许多不同的日期格式，并且这些格式可能混杂有编号部件代码或其他包含斜杠标记或连字符的字符串，因此日期和时间通常需要进行转换和重新设置格式。

如果数据中日期是字符串，如 2021.12.31，可以选中日期数据，按 Ctrl＋H 键打开“查找和替换”对话框，将.全部替换为/即可转化为日期格式的数据。

V2.14 日期格式设置

日期格式显示时，选中日期数据右击，在弹出的快捷菜单中选择“设置单元格格式”命令，可在自定义选项中设置成 yyyy/mm/dd 格式，数据 2021/03/23 就会显示为 2021/03/23；如果设置成 yyyy/m/d 格式就会显示为 2021/3/23。

3. 删除重复值

导入数据时，重复行是常见问题。最好先筛选唯一值，确认结果是所需结果，再删除重复值，如图 2.24 所示。具体步骤：选中要删除重复值的列，单击“数据”选项卡“数据工具”选项组中的“删除重复值”按钮，弹出“删除重复值警告”对话框；选中“扩展选定区域”单选按钮，再单击“删除重复值”按钮，这时表格中的重复值就被删除了。

V2.15 删除重复值

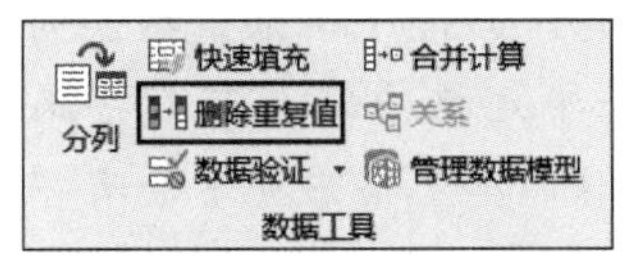

图 2.24　删除重复值

4. 查找和替换文本

如果需要删除常见的前导字符串（例如后跟冒号和空格的标签）或后缀（例如已过时或不必要的字符串结尾处的附加说明短语），可参照查找文本的实例，将其替换为无文本或其他文本。

5. 删除和填充空值

批量删除空值。首先选中要编辑的数据区域，按 Ctrl+G 键，弹出“定位”对话框，再单击“定位条件”按钮，弹出“定位条件”对话框，选中“空值”单选按钮，单击“确定”按钮后，发现空值的部分都已经显示出来，可以选择删除空行、空列或者空单元格（为了保持数据的一致性，一般不建议只删除空单元格，容易导致数据错位移动，最好删除相应的行或者列）。

V2.16 批量删除空值

V2.17 批量填充空值

批量填充空值。选中空的单元格，按 Ctrl+G 键，也可以通过直接选定的方式选择，然后输入要填充的数据，按 Ctrl+Enter 键，可以一次性填充所有单元格为相同的内容。

6. 数据类型转换

正确判断 Excel 单元格的数据类型是非常重要的。很多 Excel 函数会挑单元格的数据类型。最常用的是数字和字符之间的转换。

（1）数字存为文本。

默认在单元格中输入能够转为数字的字符串，Excel 兼容软件就会把它存为数字。

V2.18 数字转换为文本

在数字前加半角的单引号(')，即可转换成字符，在程序中读取 Excel 的数据时，不会把这个单引号读取出来。也可以使用数据分列的方法，把数字批量转换为字符。

(2) 文本存储为数字。

V2.19 文本转换为数字

如果是少量的单元格需要转换为数字，可以直接删除数字前面的单引号；如果单元格较多，可以选中需要转换的单元格，然后单击按钮，在弹出的下拉菜单中选择“转换为数字”命令。也可以使用分列的方法，把字符批量转换为数字。

【提醒】 如果单元格中既含有数字又含有字符，则无法直接转换为数字，这时的单元格中也不会有字符标识的单引号。

【例 2.11】 使用 Excel 数据清洗方法清洗豆瓣音乐排行，该数据是例 2.7 中使用八爪鱼采集器获取的数据。

V2.20 豆瓣音乐排行数据清洗

使用 Excel 进行数据清洗的步骤如下。

(1) 原始数据分析。分析待处理的数据，保证这些数据是逻辑一致的，并且数据类型符合处理的要求，如日期类型

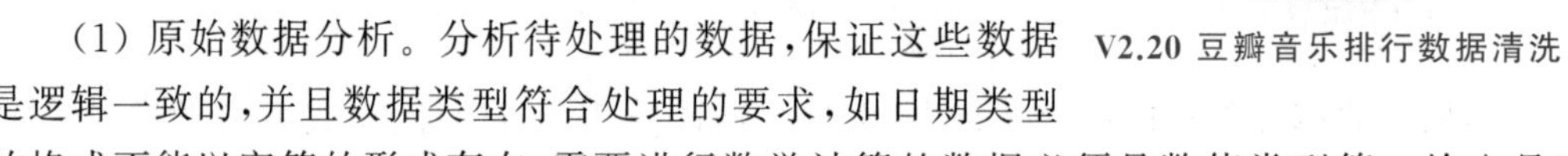

的格式不能以字符的形式存在，需要进行数学计算的数据必须是数值类型等。检查是否有多余的或者是冗余的数据，以及空单元格、空行和空列的情况。

(2) 调整格式统一。格式调整统一有助于发现数据中出现的一些问题，如数据的缺失、错误等，必要时可以借助 Word 或者记事本文件进行文本处理。

【提醒】 从网络中爬取的数据通常以半结构化形式存在，可存储在 Excel 中，但是在 Excel 中无法显示特殊的字符，如回车、换行等，这些符号在 Word 中就很容易被区分，可以充分使用 Word 里的字符串查找、替换操作进行特殊字符的处理，如替换段落标记为句号，如图 2.25 所示。

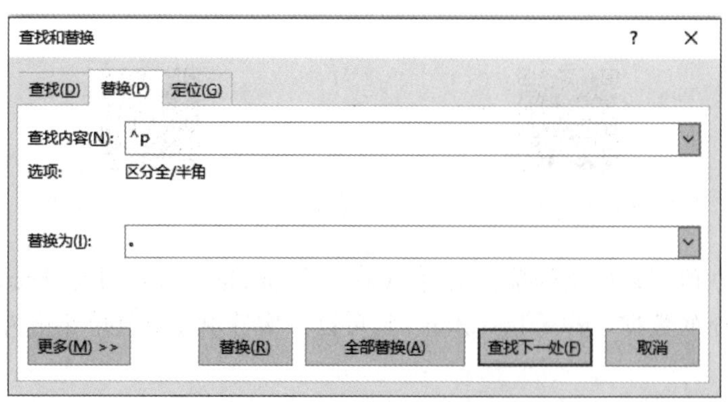

图 2.25 替换段落标记为句号

这里将八爪鱼采集器中爬取的豆瓣音乐排行榜中后 10 项的数据放入 Word 文件里面进行文本处理，主要执行这些操作：删除段落标记、删除多余空格、将空格替换成斜杠(/)作为分隔符以便在 Excel 中提取填充。

(3) 提取填充。按 Ctrl+E 键进行数据提取，提取出歌曲的名字、作者、播放次数、关注人数等信息。

(4) 查找缺失值继续爬取。后 10 项数据缺少作者的关注人数,需要再次爬取。

2.5 综合实验要求

针对自己感兴趣的领域或者是本专业的某方向进行数据的收集和整理,具体要求如下。

(1) 数据获取。

分别使用 2.2 节和 2.3 节的数据获取方法,获取至少两个工作表数据导入 Excel,命名为"×××原文件.xlsx"(其中叉号代表文件内容),要求每个表中的数据不少于 100 行、5 列。

(2) 数据清洗。

使用 2.4 节中的数据清洗方法对数据进行整理,命名为×××清洗后.xlsx,使用 Word 对比清洗前后的文件,并截屏记录清洗过程。

2.6 辅助阅读资料

2.6.1 官网地址

(1) 八爪鱼官网实战教程: https://www.bazhuayu.com/tutorial/hottutorial。

(2) Web Scraper: https://www.webscraper.io/documentation。

(3) 清理数据的十大方法: https://support.microsoft.com/zh-cn/office/清理数据的十大方法-2844b620-677c-47a7-ac3e-c2e157d1db19。

2.6.2 数据清洗内容

数据清洗需要完成以下检查。

(1) 数值型变量是否在合理范围内。

(2) 是否存在缺失数据,如空行或者空列。

(3) 是否存在无效或者无用数据。

(4) 是否已经删除重复数据,特殊值是否唯一。

(5) 数据类型是否符合要求。

第3章 表格数据处理

表格是指按所需的内容项目画成格子，分别填写文字或数字的书面材料，便于统计查看。常见的表格是二维表，通常由多个属性（维度）和多个值组成，作为最终报表方便阅读者快速掌握重要信息。

3.1 Excel 基础

3.1.1 基本术语

Microsoft Excel 是一个电子表格程序，用于记录和分析数值数据。Excel 将电子表格视为列和行表的集合。字母标签通常分配给列，而数字标签通常分配给行。列和行相交的点称为单元格。单元格的地址由表示列的字母和表示行的数字确定。

1. 工作簿

工作簿（Workbook）其实就是指 Excel 文件，一个 Excel 就是一个工作簿，有时候也会直接用 Excel 代替工作簿这个称呼。

2. 工作表

工作表（Worksheet）是将 Excel 打开后看到的底部页签栏中所显示的表格，单击页签就可以切换不同的工作表，这些表是在同一个工作簿里，在移动一些内容时可以根据“工作簿＋工作表”定位想移动的位置。

工作表是行和列的集合。工作簿是工作表的集合。默认情况下，工作簿中有一个工作表，名字为 Sheet1，新建工作表的名字为 Sheet2 和 Sheet3，以此类推。

3. 单元格

单元格用于记录数据。行号和列标是用来定位单元格的，在编辑公式等时都要用到。用行号和列标可以确定一个单元格的位置，也就可以确定该位置对应的数据，如 A1 单元格代表工作表中左上角的单元格。单元格是表格中行与列的交叉部分，是组成表格的最小单位，可拆分或者合并。单个数据的输入和修改都是在单元格中进行的。可在单元格中编辑做出各种各样的表格，单元格可以合并在一起变成更大的单元格，也可以直接调整大小，这取决于需要的表格样式。

4. 单元格区域

单元格区域指的是由单个单元格或者多个单元格组成的区域，或者整行、整列等。如果在 A 列的 1、2、3、4 行底部插入了一个求和公式"＝SUM(A1:A4)"，这个公式所包括的单元格范围就是 A1:A4 四个单元格，A1:A4 代表了单元格区域。选中一个单元格区域，然后按住 Ctrl 键再选择其他的单元格，即可选中不相邻的单元格区域。单元格区域可以不连续，如"＝SUM(A1:A4,C1:C4)"，其中参数包含了两个不相邻的单元格区域。

V3.1 工作表与单元格

3.1.2　基本数据类型

Excel 中主要的数据类型分为数值型、文本型和逻辑型 3 种。

1. 数值型数据

在 Excel 中，数值型数据是最为常见且非常重要的数据类型，是可以进行数学运算的数据类型。

数值型数据包含的符号有数字(0～9)，正负号(＋、－)，小数点(.)，科学计数法的 E 或 e，货币符号 $ 或￥，百分号(%)，分隔符(/)和千位符(,)等。以下是数字输入的基本规则。

(1) 负数：带圆括号的数字被识别为负数。例如，输入(3)和－3 都被识别为负数。

(2) 分数：输入分数时，在整数与分数之间用空格隔开。整数为 0 时不可省略，否则识别为日期。

(3) 百分数：输入百分数时，只需要在数字后再输入%即可。

当数字的整数位数超过 11 位时，系统将自动转化成科学计数法表示。数字的有效位数是 15 位，超过 15 位的部分被舍弃用 0 代替。

在 Excel 中，日期存为整数，1900 年 1 月 1 日为基准日，对应的序列号为 1，1900 年 1 月 2 日对应序列号 2，依次类推，日期数据对应的序列号将依次递增。在 Excel 中，时间存储为小数，时间数据的范围为 0:00:00～23:59:59，对应[0,1)的小数，其中 0:00:00点对应 0，23:59:59 点对应 0.99。时间数据 9:30 对应的小数可以用数学公式"＝(9＋30/60)/24"计算。如 1902-1-1 9:18:30，其对应的公式为 366＊2＋(9＋18/60＋30/60/60)/24≈732.38784722222。

V3.2 日期类型数据输入

【提示】　当时间数据参加运算时，实际上是对应的小数参加运算。

2. 文本型数据

文本型通常是指非数值型，如汉字、英文字母、符号等。在 Excel 中，有很多看上去是数字,但不具备数字的全部特点,如身份证号码、学号、门牌号、电话号码、银行卡号等,它们不需要进行数学运算。在 Excel 中,这些内容输入时就需要以文本形式存在。输入文本可以先将单元格区域选中,将单元格格式设置为“文本”,再输入数字等内容,按 Enter 键后这些内容就是文本格式了。也可以在输入的数字前面加上半角单引号('),如想输入电话号码 12345678,就输入'12345678。

按文本格式输入有一个好处,就是输入超过 15 位的数字也能全部保留,这个在输身份证号码时就可以看到。如果用“数值”或“常规”格式输入数字,15 位以上是无法保留精度的,15 位以上全部转化为 0。

默认情况下,文本型数据在单元格中左对齐。输入数据时,在数字前面加半角单引号,如'44123456,Excel 会将其转化为文本型数据,这种数据称为数字文本型数据。数字文本型数据的左上角将显示绿色的错误标记。

输入数字文本型数据时,除了在数字前面加半角单引号(')的方法外,还可在输入数据之前先选定空白单元格区域,设置数字格式为“文本”,再输入数据。在输入大批量数字文本型数据时,往往会采用第二种方法。按文本格式输入的其他非正常的数字,也会全部保留,不会被转化,如 00.1、10.100。

V3.3 将数字转化为文本

3. 逻辑型数据

逻辑型数据只有两个值,即 TRUE 和 FALSE。在 Excel 的公式中,关系表达式结果为逻辑值。如“=1>2”的结果为 FALSE。逻辑值 TRUE 和 FALSE 在公式中作为数值 1 和 0 参加运算,因此,公式“=1+True”结果为 2。

默认情况下,逻辑型数据在单元格中居中对齐,并且自动显示为大写字母。

4. 特殊值

经常用 Excel 的朋友可能都会遇到一些莫名其妙的错误值信息:#N/A!、#VALUE!、#DIV/0! 等。出现这些错误的原因有很多种,如果公式不能计算正确结果,Excel 将显示一个错误值。例如,在需要数字的公式中使用文本、删除了被公式引用的单元格,或者使用了宽度不足以显示结果的单元格。表 3.1 为 Excel 中常见的特殊值。

V3.4 特殊值的处理方法

表 3.1 Excel 中常见的特殊值

特殊值	原 因	错误例子	解决办法
#####!	如果单元格所含的数字、日期或时间比单元格宽,或者单元格的日期时间公式产生了一个负值,就会产生#####! 错误	(显示错误)	调整列宽或者修改数据
#VALUE!	当使用错误的参数或运算对象类型时,或者当公式自动更正功能不能更正公式时,将产生错误值#VALUE!	=1+"jnu"	=1&"jnu"

续表

特殊值	原　因	错误例子	解决办法
#DIV/0!	当公式被零除时，将会产生错误值#DIV/0!	=1/0	=1/1
#NAME?	在公式中使用了 Excel 不能识别的文本时将产生错误值#NAME?	=IFF(x>y,x,y)	=IF(x>y,x,y)
#N/A	当在函数或公式中没有可用数值时，将产生错误值#N/A	= VLOOKUP (A11, 学生成绩, 3, FALSE)	= IFNA(VLOOKUP(A11, 学生成绩, 3, FALSE), 0)
#REF!	当单元格引用无效时将产生错误值#REF!		
#NUM!	当公式或函数中某个数字有问题时将产生错误值#NUM!	=123^345	=12^34
#NULL!	当试图为两个并不相交的区域指定交叉点时将产生错误值#NULL!，即读取数据为空	使用了不正确的区域运算符或不正确的单元格引用	

3.1.3　数据的输入

Excel 并没有规定必须从哪个单元格开始输入数据，为方便起见，通常都从工作表的左上角开始。输入或修改数据时应首先单击某个单元格使其成为当前工作单元格，然后才可以向该单元格输入数据或者修改数据。输入的内容会显示在编辑栏中。一般数据的输入方法在 3.1.2 节介绍数据类型时已有说明。

大量相同的数据或有规律的数据（例如，等差序列、等比序列）自动输入指定单元格的过程也称自动填充。对这些数据可以采用填充技术，让它们自动输入一系列指定的单元格中。当前工作单元格或选定的单元格区域的右下角黑色小方块称为填充柄，光标靠近时会变为小十字，自动填充功能就是通过填充柄或者“序列”对话框来实现的，如图 3.1、图 3.2 所示。

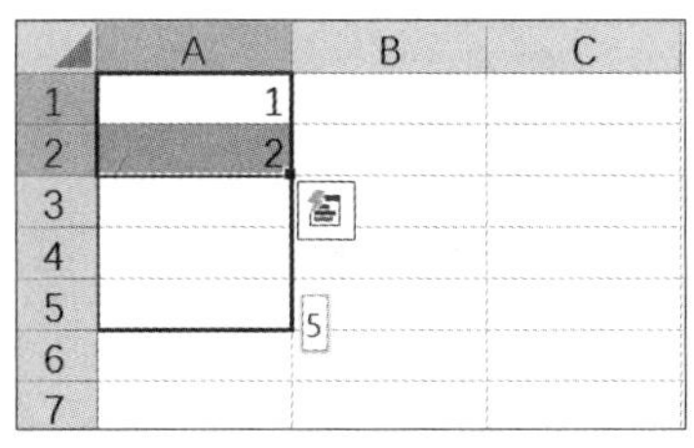

图 3.1　填充柄

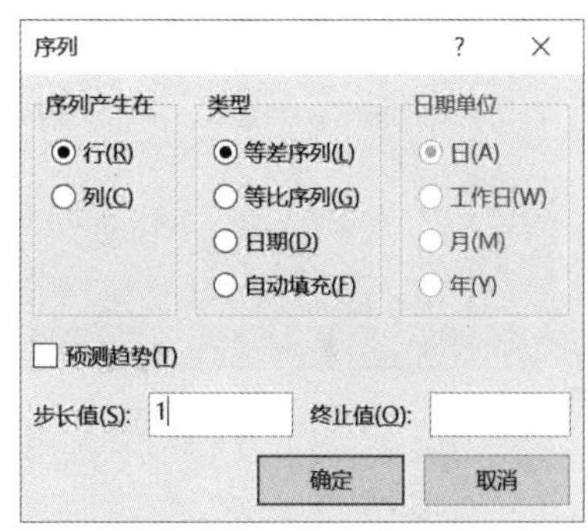

图 3.2　填充序列设置

3.1.4 数据的显示

输入数字时,Excel 默认数字格式显示其内容。在多数情况下,设置为“常规”格式的数字即以输入的方式显示。然而,如果单元格的宽度不够显示整个数字,则常规格式将对带有小数点的数字进行四舍五入。常规格式还对较大的数字(12 位及以上)使用科学计数(指数)法。同理,输入文本型数据、逻辑型数据系统也都使用默认格式显示。

数据输入后,为使工作表数据排列整齐、重点突出、外观更加符合要求,可以通过设置单元格格式完成。在设置单元格格式之前必须先选定单元格或者单元格区域,然后使用下列方法之一,根据实际需要进行设置。数据显示设置方法如下。

(1) 单击“开始”菜单,使用工具栏上的按钮进行设置。

(2) 单击“开始”菜单“字体”“对齐方式”“数字”3 个选项组中任一项右下角的对话启动器(本书中选择的是“数字”选项组),打开“设置单元格格式”对话框,如图 3.3 所示,这时就可以根据选定的单元格或者单元格区域中数据的类型,从“设置单元格格式”对话框中选择不同的选项卡进行格式设置了。

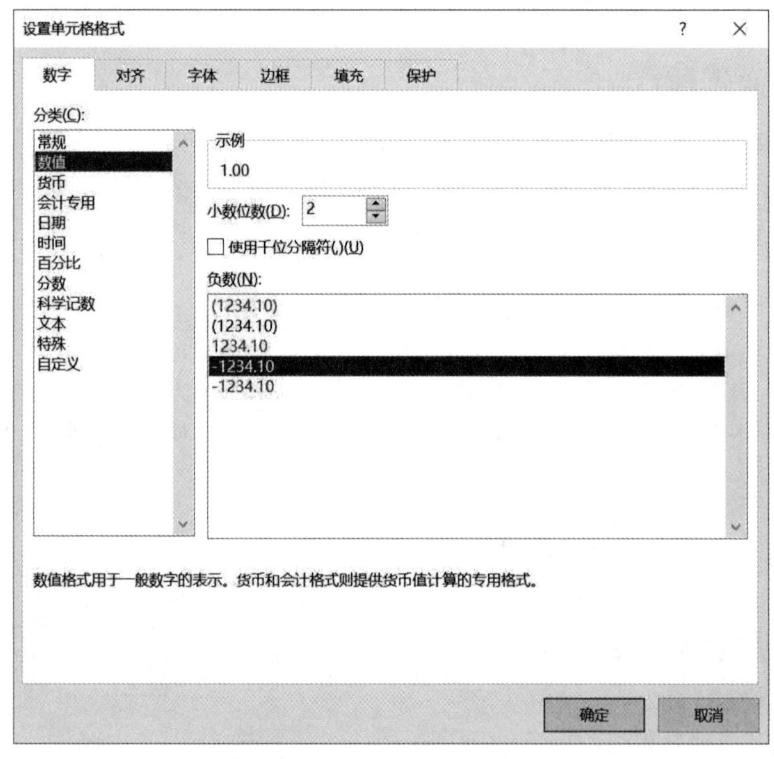

图 3.3 “设置单元格格式”对话框

(3) 右击选定的单元格或者单元格区域,在弹出的快捷菜单中选择“设置单元格格式”命令,打开“设置单元格格式”对话框进行单元格格式设置。

3.2　基本计算

3.2.1　运算符

运算符表明了对运算对象进行的操作，运算对象有常量（如数字、文本等）、单元格地址或单元格区域所包含的单元格内容、函数等。Excel 的运算符有 4 种类型，分别是算术运算符、比较运算符、文本连接运算符和引用运算符。如表 3.2 所示，设 A1 单元格内容为 8，A2 单元格内容为 1，B1 单元格内容为 1，B2 单元格内容为 5。

V3.5 运算符混合使用举例

表 3.2　Excel 的运算符

运算符类型	运算符	功　　能	举　　例	结　　果
算术运算符	＋	加法运算	＝7＋4 或＝A1＋B2	11 或 13
	－	减法运算	＝7－3 或＝A1－B2	4 或 3
	*	乘法运算	＝7 * 4 或＝A1 * B2	28 或 40
	/	除法运算	＝7/4 或＝A1/B2	1.75 或 1.6
	%	百分比运算	＝7%或＝A1%	0.07 或 0.08
	^	乘幂运算	＝7^3 或＝A1^2	343 或 64
比较运算符	＝	等于	＝1＝1 或＝A1＝A2	TRUE 或 FALSE
	＞	大于	＝1＞2 或 A1＞A2	FALSE 或 TRUE
	＜	小于	＝1＜2 或 A1＜A2	TRUE 或 FALSE
	＞＝	大于或等于	＝1＞＝2 或 A1＞＝A2	FALSE 或 TRUE
	＜＝	小于或等于	＝1＜＝2 或 A1＜A2	TRUE 或 FALSE
	＜＞	不等于	＝1＜＞2 或 A1＜＞A2	TRUE 或 TRUE
文本连接运算符	&	用于连接多个文本，生成一个新的文本	＝"123"&"你好" 或 ＝A1&B2	"123 你好" 或 "85"
引用运算符	：（冒号）	特定区域引用运算	＝SUM（A1：B2）	15
	，（逗号）	联合多个特定区域引用运算	＝SUM（A1：A2，B1）	10
	（空格）	交叉运算，对两个引用区域中共有的区域进行运算	＝ SUM（A1：A2　A1：B1）	8

说明：在 Excel 中输入计算公式时，必须以等号（＝）开头；公式中的文本（字符串）要使用双引号括起来。

如果一个公式中包含了上述若干运算符，就必须按照 Excel 规定的优先级次序进行计算，如表 3.3 所示。

表 3.3 运算符优先级

优先级	运 算 符	说 明
1	:(冒号)、,(逗号)、(空格)	引用
2	-	负数
3	%	百分比
4	^	乘幂
5	*、/	乘法、除法
6	+、-	加法、减法
7	&	文本连接
8	>、<、>=、<=、<>、=	比较

3.2.2 坐标引用

Excel 单元格地址引用分为相对地址引用(简称相对引用)、绝对地址引用(简称绝对引用)和混合地址引用(简称混合引用)三大类。

1. 相对引用

系统默认使用的是相对引用,即当公式所在单元格地址发生变化时,公式中的单元格地址也会相应地发生改变。例如,单元格 C1 的内容是公式"=A1+B1",表示单元格 C1 的值是单元格 A1 和 B1 中的数值之和。如果将公式复制到单元格 D1,则单元格 D1 的公式就自动变为"=B1+C1"。

2. 绝对引用

公式中引用的单元格或单元格区域,无论公式复制到任何地方,该单元格或单元格区域的地址都不会改变。绝对引用格式是在单元格地址的列标和行号前面各增加一个 $(美元符号)。例如,单元格 C1 的内容是公式"=$A$1+$B$1",如果将公式复制到单元格 D1,则单元格 D1 的公式为"=$A$1+$B$1"。

V3.6 相对引用与绝对引用

3. 混合引用

公式中单元格或单元格区域地址中既有相对引用又有绝对引用。例如,单元格地址 $B2、B$2 或单元格区域地址 $C2:$F5、C$2:F$5。当公式复制或移动时,凡是地址的列标或行号前面有 $ 表示该部分地址不变,没有 $ 表示该部分地址按照相对引用方式自动改变。例如,单元格 C1 的内容是公式"=$A1+B$1",如果将公式复制到单元格 D1,则单元格 D1 的公式为"=$A1+C$1"。

如果公式中引用的单元格或单元格区域不在当前工作表或也不在当前工作簿,那么其地址格式为[工作簿名]工作表名!单元格地址。例如,单元格 C2 的公式功能是把当前工作表中的单元格 A1 加上“C:\Excel 示例\aa.xlsx”Sheet1 工作表中的单元格 B2，其公式为“＝A1＋'C:\Excel 示例\[aa.xlsx]Sheet1'!B2”。系统进行计算时，就会直接读入磁盘中指定位置上存在的、未被打开的 Excel 工作簿文件内的数据，再加上单元格 A1 内容作为当前单元格的值。当然前提是该文件必须存在、对应单元格内有数据，并且该用户具有读取该文件内这些位置的数据的权限。

3.2.3　工作表的创建与数据输入实验

1. 实验目的

(1) 掌握创建工作表及维护工作表操作。

(2) 掌握数据的输入、编辑和单元格格式设置的基本操作。

2. 实验内容

启动 Excel，在工作簿 1 的工作表 Sheet2 中输入如图 3.4 所示的数据，完成后以你的学号和姓名保存。

A	B	C	D	E	F	G	H	I	J	K	L	M
学号	姓名	性别	籍贯	出生日期	各科分数情况					住校否	手机号码	Email
					语文	数学	英语	选考	总分			
2020050001	郑含因	女	广东广州	2003-2-6	75	74	61	78	288.0	TRUE	13373875220	4033633@qq.com
2020050002	李伯仁	男	湖南长沙	2002-6-16	65	66	64	69	264.0	TRUE	13945211056	5554307@qq.com
2020050003	陈醉	男	辽宁沈阳	2003-6-12	85	90	83	96	354.0	TRUE	13613812614	2250147@163.com
2020050004	夏雪	女	广西玉林	2002-5-18	91	87	100	90	368.0	TRUE	13533832771	4172530@163.net
2020050005	魏文鼎	男	湖南株洲	2003-4-16	80	88	62	68	298.0	FALSE	13855212261	9350315@qq.com
2020050006	李文如	女	山东青岛	2003-2-23	71	73	86	60	290.0	TRUE	15162418676	705034@163.com
2020050007	古琴	女	广东广州	2003-8-15	72	57	66	73	268.0	FALSE	15273113442	1647683@qq.com
2020050008	冯雨	男	北京	2004-12-12	80	100	98	55	333.0	TRUE	15960679688	3098114@162.com
2020050009	丁秋宜	女	广西桂林	2003-1-19	95	84	91	72	342.0	TRUE	13576194938	2401920@qq.com
2020050010	雷鸣	男	北京丰台	2003-10-20	75	62	85	51	273.0	FALSE	13736048345	8250667@163.com
2020050011	陈小东	男	山西太原	2004-8-13	95	100	96	58	349.0	TRUE	13974197678	2532865@qq.com

图 3.4　学生表数据

3. 要点提示

(1) 学号、手机号码为字符型常量，出生日期为数值型常量。

(2) 住校否为逻辑型常量，TRUE 表示住校、FALSE 表示未住校。

(3) 总分为公式，其计算规则为各科分数之和且保留一位小数。

(4) 表格外框为实线、内框为虚线，记录间使用不同填充颜色，除了 B 列左对齐外，其余列均为居中对齐。

(5) 将当前工作表名称命名为“数据输入及格式设置”，将其余工作表删除。

【操作提示】　学号、手机号码可使用引导符方式输入，或先设置单元格格式为文本，然后再输入。

3.2.4 常用函数

V3.7 Round 函数的使用

函数实际上是一类特殊的、事先编写好的程序,以解决某种特定的数据处理问题。函数通常表示为

```
函数名([参数 1],[ 参数 2],[ 参数 3],…)
```

说明:圆括号中的参数可以有多个,中间用逗号分隔;用方括号括起来的参数表示可选参数,使用时方括号不要输入,而没有方括号的参数表示是必需的;有的函数没有参数,使用时外面的圆括号不能省略;参数可以是常量、单元格或单元格区域地址、已定义的名称、公式、函数等。

Excel 提供了大量的内置函数供用户使用,并按照其功能进行分类。2016 版本提供的函数有 13 类,下面介绍函数的输入方法和常用函数。

1. 函数的输入与编辑

1)公式记忆式输入

在单元格输入=和函数的开始字母时,系统将在单元格下方显示包含该字母开头的所有有效函数的下拉列表,此时用户可以从列表中单击函数名查看该函数的联机帮助信息再双击所需函数即可。如果该功能被关闭,则可通过下述方法启用。

单击"文件"选项卡中的"选项"按钮,打开"Excel 选项"对话框,单击"公式"选项,选中"公式记忆式键入"复选框。

2)通过"函数库"选项组输入

当知道所需函数属于哪一类别时,可采用该方法。单击"公式"选项卡,从系统提供的"函数库"选项组中单击所需函数所在类别的下拉箭头,从打开的下拉列表中选择所需函数,打开"函数参数"对话框,如图 3.5 所示。按照"函数参数"对话框中的提示输入或选择

函数参数
SUM
Number1 D2:F2 = {75,74,61}
Number2 = 数值
= 210
计算单元格区域中所有数值的和
Number1: number1,number2,... 1 到 255 个待求和的数值。单元格中的逻辑值和文本将被忽略。但当作为参数键入时,逻辑值和文本有效
计算结果 = 210
有关该函数的帮助(H)
确定 取消

图 3.5 "函数参数"对话框

参数，最后单击“确定”按钮。单击左下角的“有关该函数的帮助”选项可进一步了解有关信息。

3）通过“插入函数”按钮输入

选中需要输入公式的单元格，单击编辑工具栏上的 fx 按钮，打开“插入函数”对话框，如图 3.6 所示。在“或选择类别”下拉列表中选择函数类别或在“搜索函数”框中输入与该函数名相关的字母，单击“转到”按钮，然后从“选择函数”列表中选择所需函数，最后单击“确定”按钮。

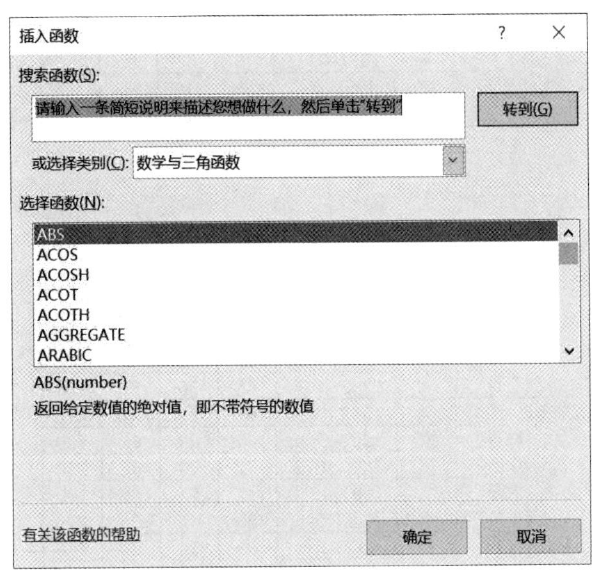

图 3.6　插入函数

2. 常用函数简介

1）求和函数

语法格式：

```
SUM(number1,[ number2],…)
```

函数功能：把 number1，number2，…相加求和。

参数说明：至少包含一个参数 number1。参数可以是常量、单元格、单元格区域、公式等。

【例 3.1】 公式“＝SUM(A1，B2：C5)”，表示将单元格 A1 及区域 B2：C5 中所有单元格的数值相加；公式“＝SUM(1＋2，3，D3)”的作用等价于公式“＝1＋2＋3＋D3”。如图 3.7 所示，如果需要求出每个学生的总分，可以在 G2 单元格中输入“＝SUM(D2：F2)”，然后利用填充柄自动填充功能把 G2 的公式复制到区域 G3：G13 中(具体操作：将光标置于 G2 单元格的填充柄上双击)，如图 3.8 所示。

K14						
姓名	性别	出生日期	语文	数学	英语	总分
夏雪	女	1993-3-31	75	74	61	
李海儿	男	1993-9-6	65	66	64	
石惊	女	1993-4-30	85	90	83	
钟成梦	男	1993-1-31	91	87	100	
林寻	女	1992-5-25	80	88	62	
申旺林	男	1993-10-26	71	73	86	
古琴	女	1993-12-3	72	57	66	
王晓宁	女	1993-2-5	80	100	98	
张越	女	1993-5-4	95	84	91	
王克南	男	1992-9-11	75	62	85	
陈醉	男	1992-8-3	95	100	96	
卢植茵	女	1993-12-12	75	57	42	

图 3.7 原成绩单

G2 =SUM(D2:F2)						
姓名	性别	出生日期	语文	数学	英语	总分
夏雪	女	1993-3-31	75	74	61	210
李海儿	男	1993-9-6	65	66	64	195
石惊	女	1993-4-30	85	90	83	258
钟成梦	男	1993-1-31	91	87	100	278
林寻	女	1992-5-25	80	88	62	230
申旺林	男	1993-10-26	71	73	86	230
古琴	女	1993-12-3	72	57	66	195
王晓宁	女	1993-2-5	80	100	98	278
张越	女	1993-5-4	95	84	91	270
王克南	男	1992-9-11	75	62	85	222
陈醉	男	1992-8-3	95	100	96	291
卢植茵	女	1993-12-12	75	57	42	174

图 3.8 计算总分后的成绩单

2) 条件求和函数

语法格式:

```
SUMIF(range,criteria,[sum_range])
```

函数功能:对指定区域中符合指定条件的单元格求和。

参数说明:

range:条件所在的区域。

criteria:求和的条件。其形式可以是数值、表达式、单元格、文本或函数。

注意:除数值、函数外,文本或含有逻辑或数学符号的条件都必须使用半角双引号("")括起来。条件中可以使用通配符,? 匹配任意单个字符,* 匹配任意一串字符。

【例 3.2】 如图 3.9 所示,公式“=SUMIF(D2:D13,">80")”,表示将区域 D2:D13 中单元格大于 80 的数值相加;公式“=SUMIF(B2:B13,"男",G2:G13)”,表示将区域 B2:B13 中单元格等于“男”与区域 G2:G13 中对应单元格的数值相加,即把所有男生总分相加。

L2 =SUMIF(B2:B13,"男",G2:G13)

	A	B	C	D	E	F	G	H
1	姓名	性别	出生日期	语文	数学	英语	总分	排名
2	夏雪	女	1993-3-31	75	74	61	210	
3	李海儿	男	1993-9-6	65	66	64	195	
4	石惊	女	1993-4-30	85	90	83	258	
5	钟成梦	男	1993-1-31	91	87	100	278	
6	林寻	女	1992-5-25	80	88	62	230	
7	申旺林	男	1993-10-26	71	73	86	230	
8	古琴	女	1993-12-3	72	57	66	195	
9	王晓宁	女	1993-2-5	80	100	98	278	
10	张越	女	1993-5-4	95	84	91	270	
11	王克南	男	1992-9-11	75	62	85	222	
12	陈醉	男	1992-8-3	95	100	96	291	
13	卢植茵	女	1993-12-12	75	57	42	174	

J	K	L	M	N
男生人数	女生人数	男生总分	女生总分	总人数
		1216		

科目	语文	数学	英语	总分
最高分				
最低分				
平均分				
男平均				
女平均				

图 3.9 成绩单数据

3）多条件求和函数

语法格式：

```
SUMIFS(sum_range,criteria_range1,criteria1,[criteria_range2,criteria2],…)
```

函数功能：对指定区域中符合多个指定条件的单元格求和。

参数说明：

sum_range：求和所在的区域。

criteria_range1：指定的条件 1 所在区域。

criteria1：指定的条件 1。

criteria_range2,criteria2：可选项。最多可以允许 127 个区域及对应的条件。

注意：每个 criteria_range 参数区域所包含的行数和列数必须与 sum_range 参数相同。

【例 3.3】 如图 3.9 所示，公式"=SUMIFS(G2:G13,B2:B13,"男",F2:F13,">80")"，表示若区域 B2:B13 中单元格等于"男"且区域 F2:F13 中对应单元格的数值大于 80，则把区域 G2:G13 中对应单元格的数值相加，即把所有男生中英语成绩大于 80 分的总分相加。

4）数值单元格计数函数

语法格式：

```
COUNT(value1,[value2],…)
```

函数功能：统计指定区域中包含数字的单元格的个数。

参数说明：至少包含一个参数，最多可包含 255 个参数。

【例 3.4】 如图 3.9 所示，公式"=COUNT(G2:G13)"，表示统计区域 G2:G13 中包含数字的单元格的个数，即学生人数，结果为 12；公式"=COUNT(A2:A13)"，表示统计区域 A2:A13 中包含数字的单元格的个数，结果为 0。

5) 非空单元格计数函数

语法格式:

```
COUNTA(value1,[value2],…)
```

函数功能:统计指定区域中非空单元格的个数。

参数说明:至少包含一个参数,最多可包含 255 个参数。

【例 3.5】 如图 3.9 所示,公式"=COUNTA(A2:A13)",表示统计区域 A2:A13 中非空单元格的个数,即学生人数,结果为 12;公式"=COUNTA(G2:G13)",表示统计区域 G2:G13 中非空单元格的个数,结果为 12。

6) 条件统计函数

语法格式:

```
COUNTIF(range,criteria)
```

函数功能:统计指定区域中满足指定条件的单元格的个数。

参数说明:

range:条件所在的区域。

criteria:指定的条件。

【例 3.6】 如图 3.9 所示,公式"=COUNTIF(B2:B13,"女")",表示统计区域 B2:B13 中单元格等于"女"的个数,即统计女生人数;公式"=COUNTIF(D2:D13,">80")",表示统计区域 D2:D13 中单元格大于 80 的个数,即统计语文成绩大于 80 分的人数。

7) 多条件计数函数

语法格式:

```
COUNTIFS(criteria_range1,criteria1,[criteria_range2,criteria2],…)
```

函数功能:统计指定区域中符合多个指定条件的单元格的个数。

参数说明:

criteria_range1:指定的条件 1 所在区域。

criteria1:指定的条件 1。

criteria_range2,criteria2:可选项。最多可以允许 127 个区域及对应的条件。

【例 3.7】 在图 3.9 中,公式"=COUNTIFS(B2:B13,"女",E2:E13,">80")",表示统计区域 B2:B13 中单元格等于"女"且区域 E2:E13 中对应单元格大于 80 的个数,即女生中数学成绩大于 80 分的人数。

8) 平均值函数

语法格式:

```
AVERAGE(number1,[ number2],…)
```

函数功能:求 number1,number2,…的算术平均值。

参数说明：至少包含一个参数，最多可包含 255 个参数。如果参数包含文本、逻辑值或空单元格，则这些值将被忽略，但包含零值的单元格会被计算在内。

【例 3.8】　在图 3.9 中，公式"=AVERAGE(D2:D13)"，表示对区域 D2:D13 中的数值求平均值，即求语文平均分。

9）条件平均值函数

语法格式：

```
AVERAGEIF(range,criteria,[sum_range])
```

函数功能：对指定区域中符合指定条件的单元格求算术平均值。

参数说明：

range：条件所在的区域。

criteria：指定求算术平均值的条件。

注意：除数值、函数外，文本或含有逻辑或数学符号的条件都必须使用半角双引号括起来。条件中可以使用通配符，? 匹配任意单个字符，* 匹配任意一串字符。

【例 3.9】　在图 3.9 中，公式"=AVERAGEIF(B2:B13,"男",D2:D13)"，表示将区域 B2:B13 中单元格等于"男"与区域 D2:D13 中对应单元格的数值求算术平均值，即求出所有男生的语文平均分。

10）多条件求平均值函数

语法格式：

```
AVERAGEIFS(average_range,criteria_range1,criteria1,[criteria_range2,
criteria2],…)
```

函数功能：对指定区域中符合多个指定条件的单元格求算术平均值。

V3.8 常见统计函数

参数说明：

average_range：求平均值所在的区域。

criteria_range1：指定的条件 1 所在区域。

criteria1：指定的条件 1。

criteria_range2,criteria2：可选项。最多可以允许 127 个区域及对应的条件。

注意：每个 criteria_range 参数区域所包含的行数和列数必须与 average_range 参数相同。

【例 3.10】　在图 3.9 中，公式"=AVERAGEIFS(G2:G13,B2:B13,"男",F2:F13,">80")"，表示若区域 B2:B13 中如果单元格等于"男"且区域 F2:F13 中对应单元格的数值大于 80，则把区域 G2:G13 中对应单元格的数值计算出算术平均值，即把所有男生中英语成绩大于 80 分的总分计算出平均分。

11）最大值函数

语法格式：

```
MAX(number1,[ number2],…)
```

函数功能：求出给定的一组数值或者指定区域中的最大值。

参数说明：至少有一个参数且必须是数值，最多可以有 255 个参数。

【例 3.11】 公式"=MAX(12,34,23,76)"的结果是 76；在图 3.9 中，公式"=MAX(G2:G13)"，表示从区域 G2:G13 中求出最大值，即求出总分最高分。

12）最小值函数

语法格式：

```
MIN(number1,[ number2],…)
```

函数功能：求出给定的一组数值或者指定区域中的最小值。

参数说明：至少有一个参数且必须是数值，最多可以有 255 个参数。

【例 3.12】 公式"=MIN(12,34,23,76)"的结果是 12；在图 3.9 中，公式"=MIN(G2:G13)"，表示从区域 G2:G13 中求出最小值，即求出总分最低分。

13）排位函数

语法格式：

```
RANK(number,ref,[order])
```

函数功能：求出一个数值在指定数值列表中的排位。如果有多个相同的数值，则求出其实际排位。

参数说明：

number：要确定其排位的数值。

ref：指定数值列表所在位置。

order：可选项。指定数值列表的排序方式，order 取值为 0(默认)时表示降序，order 取值不为 0 时表示升序。

【例 3.13】 在图 3.9 中，公式"=RANK(G2,G2:G13)"，表示求出 G2 中的数值在区域 G2:G13 各单元格存储的数值中的排位，即求出夏雪的总分在 12 个学生总分中的排名。如果要把所有学生的总分排名都求出，要先将 G2 中的区域地址修改为绝对地址，即"=RANK(G2,$G$2:$G$13)"，然后利用填充柄自动填充就可以求出每个学生的总分排名。

14）绝对值函数

语法格式：

```
ABS(number)
```

函数功能：求出给定数值的绝对值。

参数说明：参数是必需的。

【例 3.14】 公式“=ABS(−3)”,表示求−3 的绝对值,结果为 3;公式“=ABS(K2)”,表示求单元格 K2 中的数值的绝对值。

15）向下取整函数

语法格式：

```
INT(number)
```

函数功能：求出给定数值向下取整为最接近的整数。

参数说明：参数是必需的。

【例 3.15】 公式“=INT(2.53)”表示求 2.53 向下取整为最接近的整数,结果为 2;公式“=INT(−2.53)” 表示求−2.53 向下取整为最接近的整数,结果为−3。

16）四舍五入函数

语法格式：

```
ROUND(number,num_digits)
```

函数功能：按指定的位数对数值进行四舍五入。

参数说明：

number：要确定四舍五入的数值。

num_digits：当 num_digits 大于 0 时,表示对 number 的小数部分进行四舍五入;当 num_digits 等于 0 时,表示 number 只保留到整数;当 num_digits 小于 0 时,表示对 number 的整数部分进行四舍五入。

【例 3.16】 公式“=ROUND(235.567,2)”的结果为 235.57;公式“=ROUND(235.567,0)”的结果为 236;公式“=ROUND(235.567,−1)”的结果为 240。

17）随机数函数

语法格式：

```
RAND()
```

函数功能：产生一个范围在[0,1)的随机小数。

参数说明：没有参数。

注意：虽然没有参数,但圆括号不能省略。

【例 3.17】 公式“=RAND()”的结果为 0.6119117。(每次运行的结果不同)

18）指定范围内的随机整数函数

语法格式：

```
RANDBETWEEN(bottom,top)
```

函数功能：产生一个指定范围的随机整数。

参数说明：

bottom：返回的最小整数。

top：返回的最大整数。

【例 3.18】 公式“＝RANDBETWEEN(1,100)”的结果为 46(每次运行的结果不同)。

19) 求余数函数

语法格式：

```
MOD(number,divisor)
```

函数功能：求出两个数相除的余数,结果的符号与除数相同。

参数说明：

number：被除数。

divisor：除数,应不能为零。

【例 3.19】 公式“＝MOD(7,3)”的结果为 1。

20) 截取字符串函数

语法格式：

```
MID(text,start_num,num_chars)
```

函数功能：从指定的文本中按照指定位置开始截取指定个数的字符。

参数说明：

text：指定进行截取的文本。

start_num：要截取的第一个字符在 text 中的位置,text 中第一个字符的位置为 1。

num_chars：指定截取字符的个数。

【例 3.20】 公式“＝MID(A5,4,5)”,表示从 A5 单元格的文本中第 4 个字符开始共提取 5 个字符。

21) 左侧截取字符串函数

语法格式：

```
LEFT(text,[num_chars])
```

函数功能：从指定的文本最左边开始截取指定个数的字符。

参数说明：

text：指定进行截取的文本。

num_chars：可选项,指定截取字符的个数。num_chars 必须大于 0,若省略,该参数默认值为 1。

【例 3.21】 公式“＝LEFT(A5,4)”,表示从 A5 单元格的文本左边第 1 个字符开始共提取 4 个字符;公式“＝LEFT("ABC",2)”的结果为 AB;公式“＝LEFT("ABC")”的结果为 A。

22) 右侧截取字符串函数

语法格式：

```
RIGHT(text,[num_chars])
```

函数功能：从指定的文本从最右边开始截取指定个数的字符。

参数说明：

text：指定进行截取的文本。

num_chars：可选项，指定截取字符的个数。num_chars 必须大于 0，若省略，该参数默认值为 1。

【例 3.22】　公式"=RIGHT(A5,4)"，表示从 A5 单元格的文本右边第 1 个字符开始共提取 4 个字符；公式"=RIGHT("ABC",2)"的结果为 BC；公式"=RIGHT("ABC")"的结果为 C。

V3.9 字符串函数使用举例

23）计算字符串长度函数

语法格式：

```
LEN(text)
```

函数功能：计算指定的字符串包含的字符个数。

参数说明：

text：指定进行计算的字符串。

【例 3.23】　公式"=LEN(A5)"表示计算 A5 单元格中包含的字符个数。

24）当前系统日期和时间函数

语法格式：

```
NOW()
```

函数功能：返回当前计算机系统的日期和时间。

参数说明：

没有参数。

【例 3.24】　假设当前计算机系统日期为 2021 年 5 月 26 日，时间为 11 点 13 分，那么公式"=NOW()"的结果为 2021-5-26 11:13(显示内容与单元格格式设置有关)。

25）当前系统日期函数

语法格式：

```
TODAY()
```

函数功能：返回当前计算机系统的日期。

参数说明：没有参数。

【例 3.25】　假设当前计算机系统日期为 2021 年 5 月 26 日，那么公式"=TODAY()"的结果为2021-5-26。

26）获取年份函数

语法格式：

```
YEAR(serial_number)
```

函数功能：返回指定日期中的年份，返回值为 1900～9999 的整数。

参数说明：

serial_number：一个日期值(数值)。

【例 3.26】 假设当前计算机系统日期为 2021 年 5 月 26 日，那么公式“=YEAR(NOW())”的结果为 2021。

27) 获取月份函数

语法格式：

```
MONTH(serial_number)
```

函数功能：返回指定日期中的月份，返回值为 1～12 的整数。

参数说明：

serial_number：一个日期值(数值)。

【例 3.27】 假设当前计算机系统日期为 2021 年 5 月 26 日，那么公式“=MONTH(NOW())”的结果为 5。

28) 获取日期中的日的函数

语法格式：

```
DAY(serial_number)
```

函数功能：返回指定日期中的日的数值，返回的值为 1～31 的整数。

参数说明：

serial_number：一个日期值(数值)。

【例 3.28】 假设当前计算机系统日期为 2021 年 5 月 26 日，那么公式“=DAY(NOW())”的结果为 26。

29) 指定日期函数

语法格式：

```
DATE(year,month,day)
```

函数功能：返回指定的日期。

参数说明：

year：表示年份的整数，范围是 1900～9999。

month：表示月份的整数，范围是 1～12，若大于 12，则系统自动将年份加 1。

day：表示第几天的整数，范围是 1～31，若超出范围，则系统自动将月份加 1。

【例 3.29】 公式“=DATE(1998,6,12)”的结果为 1998-6-12；公式“=DATE(1998,13,33)”的结果为 1999-2-2。

30) 计算两个日期之间相隔的天数、月数或年数的函数

语法格式：

```
DATEDIF(start_date,end_date,unit)
```

函数功能：返回两个指定日期之间相隔的天数、月数或年数。

参数说明：

start_date：是一个日期值(数值)。

end_date：是一个日期值(数值)。

unit：返回值的类型。

具体内容如表 3.4 所示。

表 3.4 DATEDIF 函数第三个参数的设置与返回值

参数	函数返回值
"y"	返回两个日期值间隔的整年数
"m"	返回两个日期值间隔的整月数
"d"	返回两个日期值间隔的整天数
"md"	返回两个日期值间隔的整天数(忽略日期中的年和月)
"ym"	返回两个日期值间隔的整月数(忽略日期中的年和日)
"yd"	返回两个日期值间隔的整天数(忽略日期中的年)

【例 3.30】 假设当前系统日期为 2021 年 5 月 26 日，A1 单元格的内容为日期值 1993 年 8 月 21 日，那么公式"=DATEDIF(A1,NOW(),"y")"的结果为 28。也就是说，如果 A1 单元格表示的是某人的出生日期，那么上述公式的结果就是其年龄。

注意：该函数没有系统自动提示功能，但不影响使用。

31) 逻辑"与"函数

语法格式：

```
AND(logical1,[logical2],…)
```

函数功能：仅当所有参数的计算结果都为 TRUE 时，函数返回 TRUE，否则返回 FALSE。

注意：较少单独使用，当同时有多个条件需要描述时，表示条件之间的关系。

32) 逻辑"或"函数

语法格式：

```
OR(logical1,[logical2],…)
```

函数功能：仅当所有参数中有一个条件的计算结果为 TRUE 时，函数返回 TRUE，否则返回 FALSE。

注意：较少单独使用，当同时有多个条件需要描述时，表示条件之间的关系。

33) 条件函数

语法格式：

```
IF(logical_test,[value_if_true],[value_if_false])
```

函数功能：如果指定的条件值为 TRUE，函数将返回第二个参数的值，否则函数将返回第三个参数的值。

参数说明：

logical_test：指定的条件。

value_if_true：可选项。当条件为 TRUE 时将返回的值。

value_if_false：可选项。当条件为 FALSE 时将返回的值。

注意：一个 IF 函数只能判断两个条件，超过两个条件的情况下，就要使用多个 IF 函数相互嵌套才能对所有条件进行判断。

【例 3.31】 如图 3.10 所示，评价学生成绩单中的总分。具体规则：如果"总分"大于或等于 255，"评价"为"优秀"；如果"总分"大于或等于 200 但小于 255，"评价"为"良好"；"总分"在 200 以下的"评价"为"一般"。公式如下：

=IF(G2>=255,"优秀",IF(G2>=200,"良好","一般"))

当然也可以利用逻辑"与"函数来完成，尽管这不是一个好的表达方式。公式如下：

=IF(AND(G2>=200,G2<255),"良好",IF(G2<200,"一般","优秀"))

I2 =IF(G2>=255,"优秀",IF(G2>=200,"良好","一般"))

	A	B	C	D	E	F	G	H	I
1	姓名	性别	出生日期	语文	数学	英语	总分	排名	评价
2	夏雪	女	1993-3-31	75	74	61	210	9	良好
3	李海儿	男	1993-9-6	65	66	64	195	10	一般
4	石惊	女	1993-4-30	85	90	83	258	5	优秀
5	钟成梦	男	1993-1-31	91	87	100	278	2	优秀
6	林寻	女	1992-5-25	80	88	62	230	6	良好
7	申旺林	男	1993-10-26	71	73	86	230	6	良好
8	古琴	女	1993-12-3	72	57	66	195	10	一般
9	王晓宁	女	1993-2-5	80	100	98	278	2	优秀
10	张越	女	1993-5-4	95	84	91	270	4	优秀
11	王克南	男	1992-9-11	75	62	85	222	8	良好
12	陈醉	男	1992-8-3	95	100	96	291	1	优秀
13	卢植茵	女	1993-12-12	75	57	42	174	12	一般

图 3.10 评价学生成绩单中的总分

34）垂直查找函数

语法格式：

```
VLOOKUP(lookup_value,table_array,col_index_num,[range_lookup])
```

函数功能：搜索指定区域的第一列，然后返回该区域相同行上指定单元格中的值。

参数说明：

lookup_value：指定在区域第一列中要搜索的值。

table_array：要查找的数据所在的区域。

col_index_num：最终返回数据所在列的序号(第一列序号为 1)。

range_lookup：可选项，为逻辑值。TRUE(默认)表示查找时按近似匹配比较，

FALSE 表示查找时按精确匹配比较。

【例 3.32】 如图 3.10 中数据，假设 B15 中有公式“＝VLOOKUP(A15,A2:I13,7,FALSE)”，它表示根据单元格 A15 内容(假设输入了查询的姓名)采用精确匹配方式在“姓名”列中查找与 A15 相等的姓名，返回其对应的“总分”字段显示在 B15 单元格。如果想通过输入“姓名”查看其“语文”“数学”“英语”“总分”“排名”等信息，那么公式中单元格、区域的地址就要使用绝对引用，请读者思考应如何修改此公式。

3.2.5　函数与公式计算实验

1. 实验目的

(1) 熟练掌握 Excel 的常用函数的应用。
(2) 熟练掌握数学公式在 Excel 中的表示。
(3) 掌握公式中坐标引用的方法。

2. 实验内容

打开工作簿文档“函数与计算.xlsx”，完成有关函数和公式的计算操作后按原名保存。

3. 要点提示

1) 公式书写：在工作表 Sheet1 中操作

函数 F(X,Y)由下面数学表达式给出，在区域 C2:C9 中输入相应的公式，根据 X、Y 的值求出各个函数值(四舍五入保留两位小数)。

$$F(X,Y)=\frac{X+Y+\sqrt[3]{X^2+Y^4}}{XY}$$

结果如图 3.11 所示。

【操作提示】 表示立方根运算时应该使用圆括号。

2) 函数练习：在工作表 Sheet2 中操作

在区域 C2:C9 中输入适当的公式，使其结果为所在行左侧数据的一个注明，其中要包含姓氏、称谓信息，如 C2 单元中的值为“郑女士”，C3 单元中的值为“李先生”等。结果如图 3.12 所示。

	A	B	C
1	X	Y	F(X,Y)
2	87	61	0.07
3	47	73	0.12
4	48	61	0.12
5	53	50	0.11

图 3.11　公式计算

	A	B	C	D
1	姓名	性别	称呼	
2	郑含因	女	郑女士	
3	李海儿	男	李先生	
4	陈　静	女	陈女士	

图 3.12　判断函数使用

【操作提示】 使用条件函数、字符串函数及文本连接运算。

3) 绝对引用：在工作表 Sheet3 中操作

已知学生的总评成绩为平时、期中、期末乘以各自所占的比例后相加所得，在区域

E3:E12 中输入适当的公式(不得出现常量),求每个学生的总评成绩,保留一位小数,结果如图 3.13 所示。

	A	B	C	D	E
1	比例:	0.2	0.3	0.5	
2	姓名	平时	期中	期末	总评
3	李伯仁	75	80	92	85.0
4	王斯雷	75	85	81	81.0
5	魏文鼎	70	71	75	72.8
6	吴心	75	73	55	64.4
7	高展翔	85	73	61	69.4
8	张越	95	72	81	81.1
9	宋城成	95	88	83	86.9
10	丁秋宜	85	86	96	90.8
11	伍宁	95	90	67	79.5
12	赵敏生	75	70	52	62.0

图 3.13 绝对引用

【操作提示】 公式中有些单元格需要使用绝对引用。

4) 统计函数:在工作表 Sheet4 中操作

对于所有人为打分的情况,其最后得分的计算规则:去掉一个最高分和一个最低分后,取其余评委打分的平均分,要求四舍五入保留一位小数。根据最后得分从高到低的顺序,用函数计算出各选手最后的名次。结果如图 3.14 所示。

	A	B	C	D	E	F	G	H	I	J	K
1	极限运动大奖赛										
2	选手号码	评委1	评委2	评委3	评委4	评委5	评委6	评委7	评委8	最后得分	名次
3	A01	90	97	83	91	85	99	79	94	90.0	3
4	A02	77	81	76	83	83	84	85	94	82.2	8
5	A03	90	93	95	93	96	95	99	96	94.7	1
6	A04	83	91	83	94	90	78	93	96	89.0	4
7	A05	82	78	88	94	75	95	88	80	85.0	6
8	A06	94	77	85	87	88	75	92	79	84.7	7
9	A07	85	93	90	78	88	85	85	76	85.2	5
10	A08	90	91	89	90	94	92	94	92	91.5	2
11	A09	75	79	78	85	82	90	79	87	81.7	9

图 3.14 名次计算

【操作提示】 根据题意使用 SUM、MAX、MIN 和 RANK 函数。

5) IF 函数:在工作表 Sheet5 中操作

在 C2:C11 中输入公式,使每个公式的结果为根据其左边 A 列单元中的值不小于 80、小于 80 但不小于 60、小于 60 这 3 种情况分别取值为 Good、Pass 和 Fail。

【操作提示】 根据题意至少使用一个 IF 函数且互相嵌套。

6) 统计函数:在工作表 Sheet6 中操作

根据工作表中的数据,按照提示要求,使用函数统计各种数据。

【操作提示】 根据题意使用统计、条件统计函数,计算平均值时可以使用总和除以人数的方法。

3.3　数据统计与管理

Excel 的数据管理采用关系数据库方式，工作表中数据的组织方式与二维表相似。一个数据表由若干行、若干列组成，数据表中第一行为各列的标题，从第二行开始是具体的数据。数据表中的每列称为一个字段，列标题称为字段名，每行称为一条记录。同时规定表中没有空行、空列及重复记录，每列数据类型相同，如图 3.15 所示。

	A	B	C	D	E
1	单位	姓名	性别	职称	年龄
2	工学院	申国栋	男	副教授	52
3	商学院	肖静	女	讲师	35
4	文学院	李柱	男	教授	46
5	文学院	李光华	男	副教授	47
6	理学院	陈昌兴	男	教授	53
7	工学院	吴浩权	男	教授	57
8	文学院	蓝静	女	教授	58
9	工学院	廖剑锋	男	讲师	41

图 3.15　分类汇总

Excel 的数据管理操作包括数据查询、排序、分类汇总、筛选等，这些操作基本上都可以通过“数据”选项卡完成。

3.3.1　排序

排序是指按指定字段的值对无序的记录重新调整其顺序，这个指定的字段称为关键字。对数据进行排序有助于快速直观地组织、查找所需数据，可以对一列或多列中的数据按数值大小，文本首字母升序、降序方式进行排序，也可以按自定义序列进行排序。

1. 单个关键字排序

如果只对单个关键字进行排序，只需要单击关键字所在列的任意位置，然后单击“开始”选项卡“编辑”选项组中“排序和筛选”下拉箭头，在弹出的下拉菜单中选择“升序”或“降序”命令；或者单击“数据”选项卡“排序和筛选”选项组中的“升序”或“降序”按钮。

2. 多个关键字排序

如果对多个关键字进行排序，可以通过“排序”对话框进行操作。

【例 3.33】　如图 3.15 所示，如果需要分别按照“性别”“单位”“年龄”字段进行升序排列，先单击数据表所在任意位置，然后单击“数据”选项卡“排序和筛选”选项组中的“排序”按钮，打开“排序”对话框。注意选中“数据包含标题”复选框，单击“主要关键字”下拉列表框，选择“性别”。单击“添加条件”按钮，如图 3.16 所示。然后在“次要关键字”下拉列表框按照上述操作方法分别选择“单位”“年龄”，最后单击“确定”，结果如图 3.17 所示。如果需要进一步设置排序条件，可单击“排序”对话框的“选项”按钮，打开“排序选项”对话框，根据实际需要进行设置。例如，对英文字母排序时可区分大小写，对中文可以按姓氏笔画排序等。

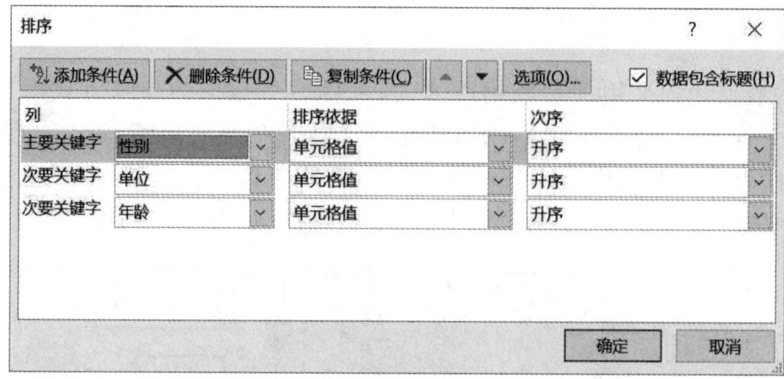

图 3.16 “排序”对话框

	A	B	C	D	E
1	单位	姓名	性别	职称	年龄
2	工学院	廖剑锋	男	讲师	41
3	工学院	申国栋	男	副教授	52
4	工学院	吴浩权	男	教授	57
5	理学院	陈昌兴	男	教授	53
6	文学院	李柱	男	教授	46
7	文学院	李光华	男	副教授	47
8	商学院	肖静	女	讲师	35
9	文学院	蓝静	女	教授	58

图 3.17 各个关键字排序结果

3. 自定义序列排序

在上述排序中,若关键字为文本,则系统默认按照首字母升序(A～Z顺序)进行排序。但是在现实中,很多时候需要按照指定的顺序进行排列。例如,按照学历的高低排序、按照职位的高低排序、按照地域排序、单位按照指定序列排序等,上述方法都无法实现这些排序的结果。下面以单位字段按照指定的“文学院”“理学院”“工学院”“商学院”的顺序排列为例,说明自定义序列排序的操作方法。

V3.10 自定义序列排序

【例 3.34】 以图 3.17 所示数据为例,单击“数据”选项卡“排序筛选”选项组中的“排序”按钮,打开“排序”对话框,单击“主要关键字”下拉列表框,选择“单位”,单击“次序”下拉列表框,选择“自定义序列”,打开“自定义序列”对话框,如图 3.18 所示。

在“输入序列”文本框中分别输入“文学院”“理学院”“工学院”“商学院”,每个关键字独占一行(也可以放在一行,用英文的逗号分隔),然后单击“添加”→“确定”按钮,返回到“排序”对话框,单击“确定”按钮,就可以看见记录中“单位”字段已经按照指定的顺序排列了,如图 3.19 所示。

【提示】 如果要取消排序,即让数据恢复到排序前的顺序,可以排序前在数据表最后增加一个“记录号”字段,内容依次为 1、2、3、…。以后无论如何排序,想恢复到排序前的状态,只需对“记录号”按升序排序。

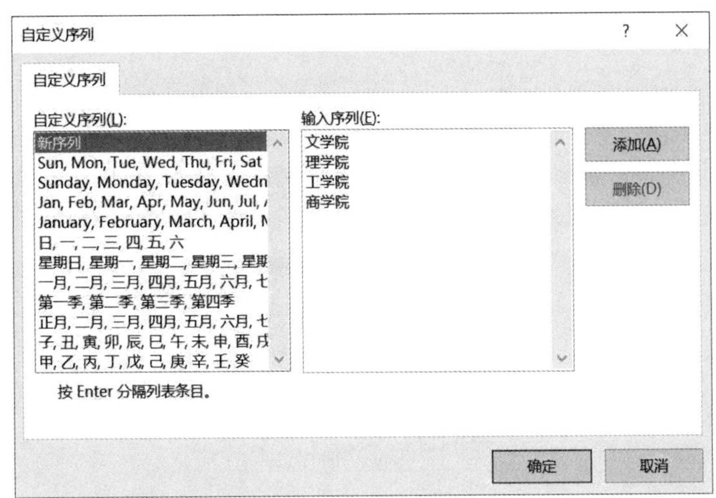

图 3.18　自定义序列

	A	B	C	D	E
1	单位	姓名	性别	职称	年龄
2	文学院	李柱	男	教授	46
3	文学院	李光华	男	副教授	47
4	文学院	蓝静	女	教授	58
5	理学院	陈昌兴	男	教授	53
6	工学院	申国栋	男	副教授	52
7	工学院	吴浩权	男	教授	57
8	工学院	廖剑锋	男	讲师	41
9	商学院	肖静	女	讲师	35

图 3.19　自定义序列排序结果

3.3.2　分类汇总

分类汇总是将数据表中的数据先依据一定的要求分组，再对同组数据应用分类汇总菜单(实际是函数)得到相应的统计结果。

分类之前必须先对要汇总的数据按照统计要求进行排序，再进行汇总操作，否则无法得出正确的汇总结果。

V3.11 分类汇总

【例 3.35】　如图 3.19 所示，如果需要对这些数据统计各类职称的人数，那么就要先对数据表中的“职称”关键字按升序或降序排列，然后单击“数据”选项卡“分组显示”选项组中的“分类汇总”按钮，打开“分类汇总”对话框，如图 3.20 所示。

在“分类字段”下拉列表框中选择“职称”作为汇总依据，在“汇总方式”下拉列表框中选择“计数”统计方式(统计函数)，在“选择汇总项”列表框中选中要进行汇总计算的字段“职称”复选框(统计人数时，该项可以任意选择)。

注意：如果还需要在此基础上做进一步统计，如对已经汇总的“职称”再按“性别”统计男女人数，可以重复上述过程，添加更多分类汇总。前提是数据表已经把关键字按统计顺序排序。为避免覆盖现有分类汇总结果，应在“分类汇总”对话框中取消勾选“替换当前分类汇总”复选框。

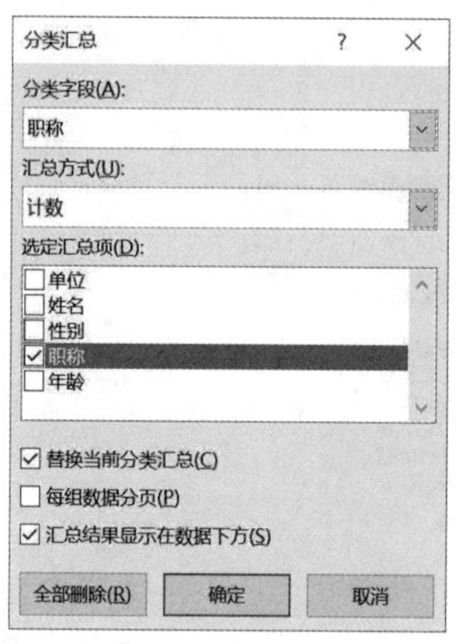

图 3.20　分类汇总

如果不再需要已进行分类汇总的结果,可以在“分类汇总”对话框中单击“全部删除”按钮,原始数据还保留。

3.3.3　数据透视表

数据透视表是一种可以从源数据表中快速提取并汇总大量数据的交互式表格。利用它可以汇总、分析、浏览数据及汇总结果,以达到深入分析数值数据,或者从不同角度查看数据,对相似的数据进行对比的目的。

因为数据透视表是根据源数据表生成的,所以要创建数据透视表就要先建立好数据表。本节只讨论源数据表的格式与上述数据表格式相同的情况。以图 3.21 所示源数据表为例,创建一个按性别统计各类职称人数的数据透视表。

V3.12 数据透视表制作

	A	B	C	D	E
1	单位	姓名	性别	职称	年龄
2	工学院	申国栋	男	副教授	52
3	商学院	肖静	女	讲师	35
4	文学院	李柱	男	教授	46
5	文学院	李光华	男	副教授	47
6	理学院	陈昌兴	男	教授	53
7	工学院	吴浩权	男	教授	57
8	文学院	蓝静	女	教授	58
9	工学院	廖剑锋	男	讲师	41
10	文学院	蓝志福	男	副教授	47
11	理学院	古琴	女	副教授	49
12	工学院	王克南	男	助教	30
13	工学院	刘国敏	男	讲师	37
14	理学院	陈永强	男	讲师	33
15	文学院	李文如	女	讲师	30
16	文学院	肖毅	女	助教	28
17	商学院	朱莉莎	女	副教授	36
18	工学院	李莉	女	副教授	45
19	工学院	吴擎宇	男	副教授	46
20	文学院	朱泽艳	女	副教授	36
21	商学院	钟尔慧	女	讲师	42

图 3.21　源数据表

1. 使用“推荐的数据透视表”菜单创建数据透视表

将光标置于数据表中任意单元格(例如 A1 中),单击“插入”选项卡“表格”选项组中的“推荐的数据透视表”按钮,打开“推荐的数据透视表”对话框,从推荐列表中选择一个合适的样式,如果都不符合要求,可单击“空白数据透视表”按钮,然后单击“确定”按钮,系统就会在新工作表中创建一个数据透视表,如图 3.22 所示。

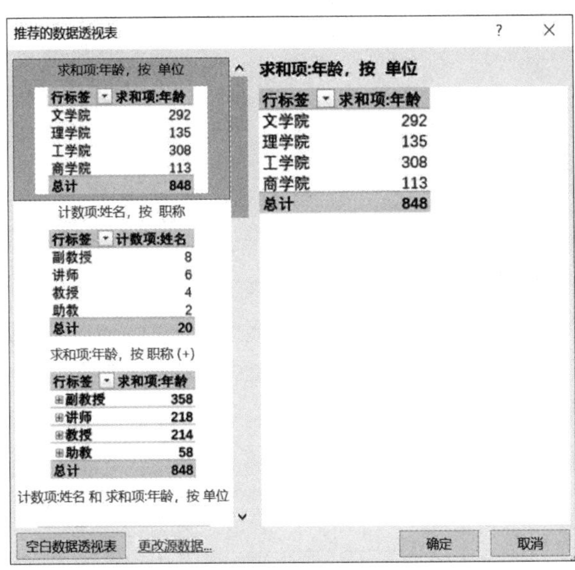

图 3.22　“推荐的数据透视表”对话框

2. 自行创建数据透视表

将光标置于数据表中任意单元格(例如 A1 中),单击“插入”选项卡“表格”选项组中的“数据透视表”按钮,打开“创建数据透视表”对话框,如图 3.23 所示。

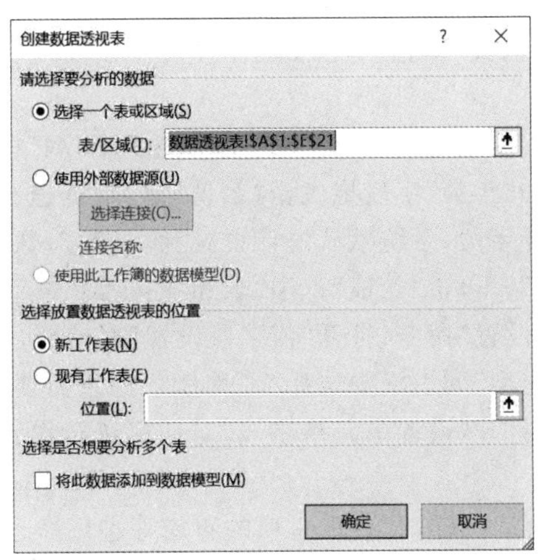

图 3.23　“创建数据透视表”对话框

在“选择一个表或区域”项下的“表/区域”框中显示当前系统已选中的数据源区域(默认),可以根据实际需要重新选择数据源。同时系统默认数据透视表存放在新工作表中,若选择“现有工作表”,就要在“位置”框中指定放置数据透视表所在区域左上角单元格地址。单击“确定”按钮,系统在新工作表中创建空白的数据透视表,并在窗口右侧显示“数据透视表字段”窗格,如图 3.24 所示。

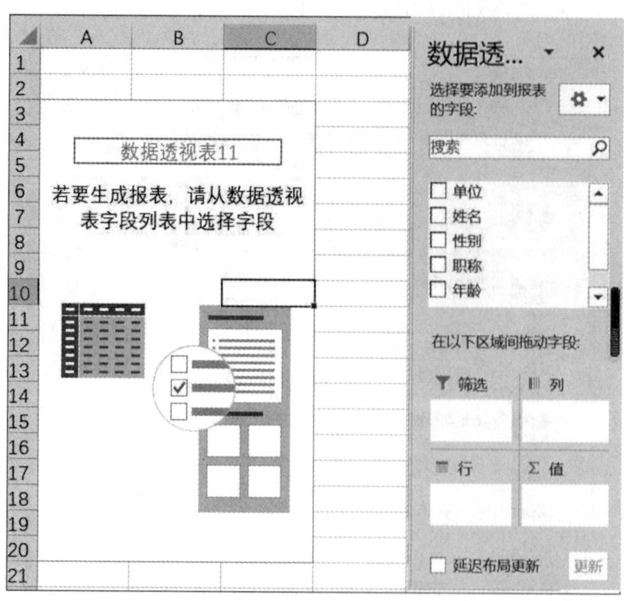

图 3.24 数据透视表设计

按照下面说明将字段添加到相应的框中。

- “列”“行”框存放作为统计依据的关键字字段。
- “Σ值”框存放统计字段。
- “筛选”框存放作为筛选条件的字段。

添加/删除框中字段方法:选中字段名前面的复选框,如果系统自动添加的位置不正确,可选中该字段并将其拖曳至目标位置;或者直接在字段列表框中将字段名拖曳至目标框。

现将“性别”和“职称”字段拖曳至“行”框(也可拖曳至“列”框,不影响统计结果,只是显示方式不同),“姓名”和“年龄”字段拖曳至“Σ值”框,数据透视表立即就可以看到统计结果。文本数据作为统计字段,系统默认统计方式为“计数”,数值数据作为统计字段,系统默认统计方式为“求和”。单击“Σ值”框中“求和项:年龄”选项旁边下拉箭头,从弹出的下拉菜单中选择“值字段设置”命令,打开“值字段设置”对话框,如图 3.25 所示。在“值汇总方式”选项卡的“计算类型”列表框中选择“平均值”,如果需要进一步设置显示格式,可以单击“数字格式”按钮,打开“设置单元格格式”对话框进行设置。单击“确定”按钮完成修改。

如果需要对数据透视表的样式、各汇总项的布局等进行修改,可以将光标置于数据透视表内任意位置,单击“数据透视表工具-设计”选项卡,从提供的各种样式、布局等选择合适的选项。也可以右击数据透视表,在弹出的快捷菜单中选择“数据透视表选项”命令,打开“数据透视表选项”对话框,如图 3.26 所示,根据实际需要选择“布局和格式”“汇总和筛选”选项卡,从中选择符合需要的选项。

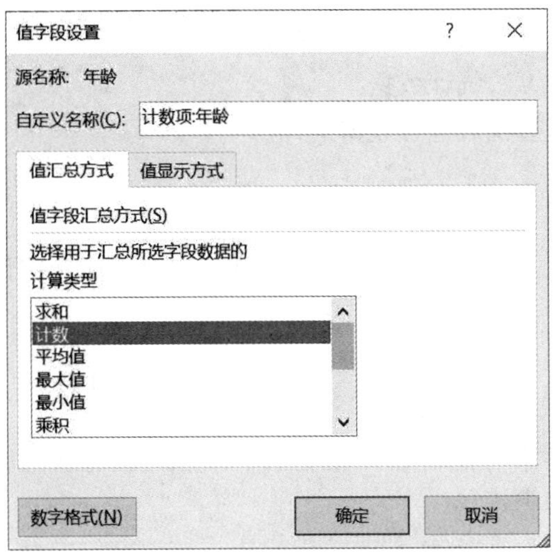

图 3.25　“值字段设置”对话框

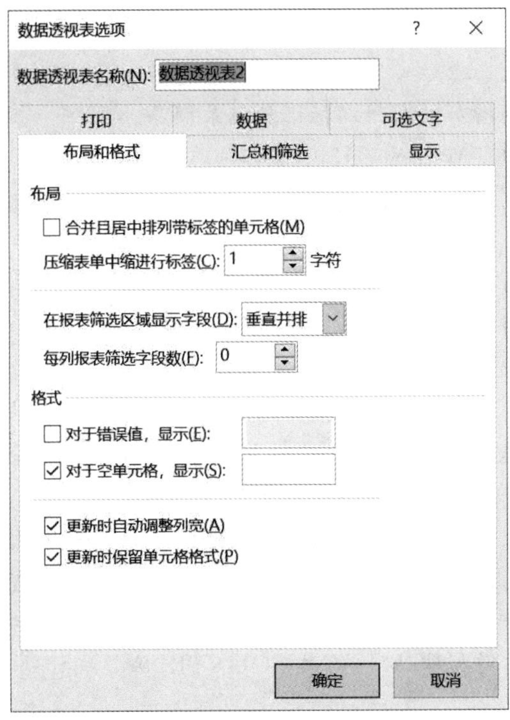

图 3.26　“数据透视表选项”对话框

3.3.4 排序、分类汇总与数据透视表实验

1. 实验目的

(1) 掌握数据常规排序及非常规排序操作。
(2) 掌握分类汇总方法统计数据。
(3) 掌握使用数据透视表进行数据统计。

2. 实验内容

打开工作簿文档“排序与分类汇总.xlsx”,完成有关排序和统计操作后按原名保存。

3. 要点提示

1) 排序:在工作表 Sheet1 中操作

对工作表中的记录按金牌数从多到少排序,金牌数相同按银牌数从多到少排序,银牌数相同按铜牌数从多到少排序。

2) 多关键字排序:在工作表 Sheet2 中操作

按“单位”的升序排列,“单位”相同按“职称”的降序排列,“职称”相同按“性别”的降序排列,“性别”相同按“年龄”的升序排列。将最终排序结果复制到新建工作表“排序结果-1”中(将该工作表移至 Sheet2 工作表后),然后把 Sheet2 工作表的记录顺序恢复到原来顺序。

【操作提示】 考虑增加辅助列以标记原记录顺序。

3) 自定义排序:在工作表 Sheet3 中操作

对工作表中的数据根据“职称”字段的内容按照“教授”“副教授”“讲师”“助教”的顺序排序。

【操作提示】 使用自定义序列方式。

4) 辅助列排序:在工作表 Sheet4 中操作

根据每个人的身份证信息,按照他们每年生日的先后顺序重新排列记录。例如,出生日期为 1990 年 8 月 23 日的记录就应排在出生日期为 1991 年 3 月 12 日的后面。

【操作提示】 考虑增加辅助列,并使用 MID 函数求出每个人出生的月份和日。

5) COUNTIF 函数:在工作表 Sheet5 中操作

对工作表中的记录按三门功课成绩全部及格的记录排在前面,然后是有两门功课成绩及格的记录,再然后是只有一门功课成绩及格的记录,最后是所有成绩都不及格的记录。

【操作提示】 考虑增加辅助列,使用 COUNTIF 函数统计每个学生三门课程成绩及格情况。

6) 分类汇总:在工作表 Sheet6 中操作

根据工作表中的数据,使用分类汇总菜单完成统计各单位中各种职称、学历的男女人数及平均年龄,并保持汇总状态。

【操作提示】 先按照统计要求的次序对关键字进行排序，然后再进行汇总操作。

7）数据透视表：在工作表 Sheet7 中操作

根据工作表中的数据，使用数据透视表统计各单位中各种职称、学历的男女人数及平均年龄，把统计结果存放在新工作表“数据透视表统计结果”中。

3.3.5　筛选

通过筛选功能，可以快速从数据列表中查找符合条件的数据，筛选的条件可以是数值、文本，也可以是单元格颜色（这里不讨论）等需要特别构建的复杂条件。对数据筛选后，就会仅显示那些满足指定条件的记录，隐藏那些不需要显示的记录。对于筛选的结果，可以直接复制、编辑、设计格式、制作图表和打印。

1. 自动筛选

【例 3.36】 以图 3.17 中的数据为例，用自动筛选方法筛选出单位为“工学院”、年龄为 40～50 的记录，具体方法如下。

V3.13 自动筛选

（1）光标置于数据表中任意位置，单击“数据”选项卡“排序和筛选”选项组中的“筛选”按钮，此时可见数据表中每个字段名旁边都出现一个下拉箭头。

（2）单击“单位”字段旁边下拉箭头弹出下拉列表，列表显示当前字段包含的值。如果字段中的数据为文本时，将显示“文本筛选”命令（“单位”字段数据为文本），如果为数值时显示“数字筛选”命令，分别如图 3.27 和图 3.28 所示。

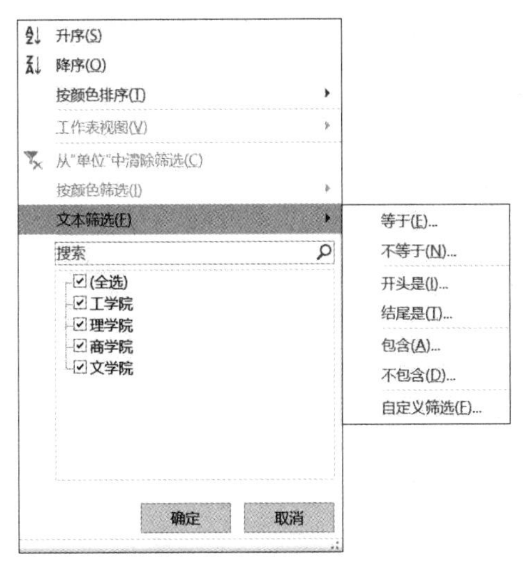

图 3.27　文本筛选

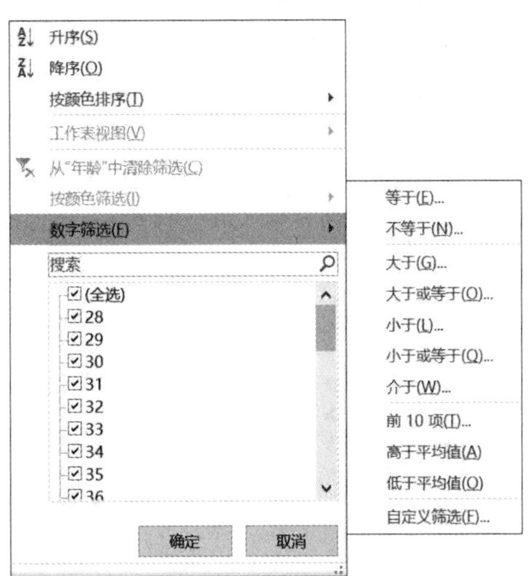

图 3.28　数字筛选

选择下列方法，在数据表中搜索或选择要显示的数据。

- 在“搜索”框中搜索时，可以使用通配符星号（*）和问号（?）。
- 在“搜索”框下方的列表框中指定（选中）要搜索的数据。
- 按指定的条件筛选数据：将光标指向“数字筛选”或“文本筛选”命令，在弹出的快捷菜单中设定一个条件,或者单击菜单最一项“自定义筛选”命令,将会打开如图 3.29 所示的“自定义自动筛选方式”对话框,在其中设定筛选条件即可。

自定义自动筛选方式
显示行:
年龄
大于或等于 40
与(A) 或(O)
小于或等于 50
可用 ? 代表单个字符
用 * 代表任意多个字符
确定 取消

图 3.29 “自定义自动筛选方式”对话框

注意:自动筛选时对各字段之间设置的筛选条件为“与”的关系,即要求所有条件必须同时为真时才满足筛选条件,例如例 3.36;如果要表达字段之间“或”的关系,只能使用辅助列方法,或者使用高级筛选方法。

2. 高级筛选

使用高级筛选是在数据表所在区域外建立一个存放筛选条件的区域(简称条件区域),用户通过它设置各种复杂的筛选条件对记录进行筛选。

条件区域由筛选条件和标题行组成。筛选条件可以是表达式构成的一般条件,也可以是公式构成的计算条件。由于标题行的创建与筛选条件表示方式有关,因此这里只介绍一般条件的方法,即标题行由字段名构成,如图 3.30 所示。

	A	B	C	D	E	F	G	H	I
1	单位	姓名	性别	职称	年龄		①	性别	职称
2	工学院	申国栋	男	副教授	52			女	副教授
3	商学院	肖静	女	讲师	35			男	教授
4	文学院	李柱	男	教授	46				
5	文学院	李光华	男	副教授	47		②	职称	年龄
6	理学院	陈昌兴	男	教授	53			教授	
7	工学院	吴浩权	男	教授	57				>45
8	文学院	蓝静	女	教授	58				
9	工学院	廖剑锋	男	讲师	41		③	姓名	
10	文学院	蓝志福	男	副教授	47			李*	
11	理学院	古琴	女	副教授	49				
12	工学院	王克南	男	助教	30		④	年龄	年龄
13	工学院	刘国敏	男	讲师	37			>=40	<=50
14	理学院	陈永强	男	讲师	33				
15	文学院	李文如	女	讲师	30				
16	文学院	肖毅	女	助教	28				
17	商学院	朱莉莎	女	副教授	36				
18	工学院	李莉	女	副教授	45				
19	工学院	吴擎宇	男	副教授	46				
20	文学院	朱泽艳	女	副教授	36				
21	商学院	钟尔慧	女	讲师	42				

图 3.30 高级筛选选择条件设置

V3.14 高级筛选

筛选条件中，同一行的条件表示“与”的关系，不同行的条件表示“或”的关系，条件区域中的标题一定要与数据表中的字段名一致(用复制、粘贴方法)。如图 3.30 中的 4 个条件区域表示的条件分别如下。

(1) 条件区域(H1:I3)：性别为女且职称为副教授或性别为男且职称为教授。

(2) 条件区域(H5:I7)：职称为教授或年龄大于 45。

(3) 条件区域(H9:H10)：所有姓李的。

(4) 条件区域(H12:I13)：年龄为 40～50。

注意：条件区域与数据表之间至少空出一行或一列方便后续操作。

条件区域建立好就可以进行高级筛选了，以第(1)条件为例，操作方法如下。

【例 3.37】 如图 3.30 所示，将光标置于数据表中任意位置，单击“数据”选项卡“排序和筛选”选项组中的“高级”按钮，打开“高级筛选”对话框，如图 3.31 所示。

“列表区域”一般系统默认，如需要可以重新选择；光标置于“条件区域”框内，在数据表中选择区域 H1:I3，系统自动将地址填入(也可以自行输入)并转换为绝对引用方式表示。单击“确定”按钮得到如图 3.32 所示的满足条件记录的筛选结果，从行号可以看出，不满足条件的记录已经被隐藏起来，因此记录号是不连续的。

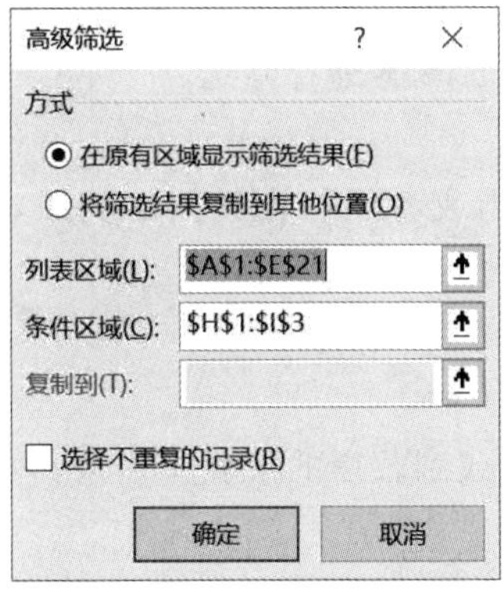

图 3.31　“高级筛选”对话框

	A	B	C	D	E
1	单位	姓名	性别	职称	年龄
4	文学院	李　柱	男	教　授	46
6	理学院	陈昌兴	男	教　授	53
7	工学院	吴浩权	男	教　授	57
11	理学院	古　琴	女	副教授	49
17	商学院	朱莉莎	女	副教授	36
18	工学院	李　莉	女	副教授	45
20	文学院	朱泽艳	女	副教授	36

图 3.32　高级筛选结果

如果需要将满足条件的记录复制到其他地方，可以在图 3.31 中单击相应的选项，如果想清除筛选结果话，单击“数据”选项卡“排序和筛选”选项组中的“删除”按钮。

3.3.6　自动筛选和高级筛选实验

1. 实验目的

(1) 熟练掌握自动筛选记录操作。

(2) 掌握高级筛选记录操作。

2. 实验内容

打开工作簿文档“记录筛选.xlsx”，完成有关筛选操作后按原名保存。

3. 要点提示

1) 原地筛选：在工作表 Sheet1 中操作

在给定的数据中筛选出单位为工学院或文学院、职称为教授且年龄为 50 以上的记录,并保持筛选状态。

2) 复制筛选：在工作表 Sheet2 中操作

筛选出年龄最小的前三名人员的记录,将筛选出的所有记录复制到以 Sheet7!A1 为左上角单元的区域中。

【操作提示】 考虑出生日期与年龄之间的关系,然后对记录排序。

3) 辅助列筛选：在工作表 Sheet3 中操作

筛选出所有不到 51 岁但不小于 45 岁的男性人员,将筛选出的所有记录复制到以 Sheet8!A1 为左上角单元的区域中。

【操作提示】 考虑使用辅助列计算出每人的年龄。

4) 高级筛选：在工作表 Sheet4 中操作

筛选出所有不超过 25 岁的女性人员和不超过 30 岁的男性人员,将筛选出的所有记录复制到以 Sheet9!A1 为左上角单元的区域中。

【操作提示】 考虑使用高级筛选方法,先创建条件区域再进行筛选。

5) 高级筛选：在工作表 Sheet5 中操作

从给定的数据中筛选出年龄为 50～60、学历为博士或者职称为教授的记录,并保持筛选状态。

【操作提示】 考虑使用高级筛选方法。

6) 多条件筛选：在工作表 Sheet6 中操作

在给定的数据中筛选出在 11 月出生且职称为教授或副教授的女教工记录,并保持筛选状态。

【操作提示】 考虑使用辅助列先求出每人出生的月份再进行筛选。

3.4 图表制作

图表是使用图形格式来显示数值数据,是数据的一种可视化表示形式。图表对数据的表现是动态的、实时的,一旦图表所依赖的数据发生了变化,图表也会随之自动更新。Excel 提供了丰富的图表功能,用户可以根据自己的需要使用系统菜单灵活选择。图表中包含了许多的元素,如图 3.33 所示。在默认情况下不同的图表其显示出来的元素都不尽相同,其他元素可以根据需要通过系统菜单添加。

创建的图表可以嵌入数据所在的工作表中,也可以通过“目录工具-设计”选项卡“位置”选项组中“移动图表”按钮把它单独存放在一张工作表。

3.4.1 基本图表

【例 3.38】 根据个人消费数据,生成折线图。打开工作簿文档 basicdata.xlsx,按以

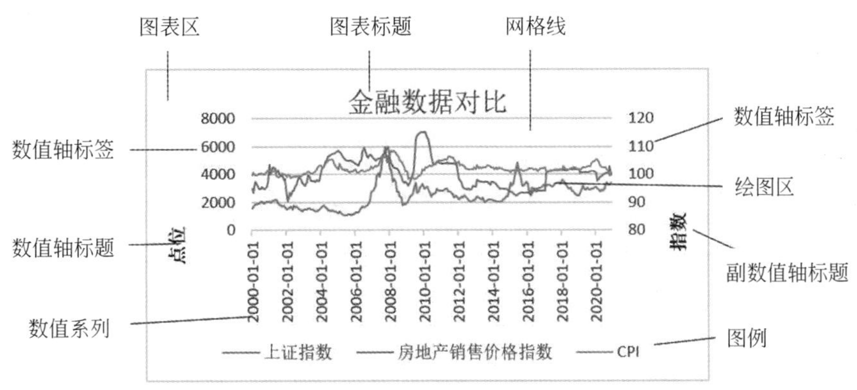

图 3.33　图表中的基本元素

下要求完成相应操作。

V3.15 折线图

(1) 选择所有的数据,单击“插入”选项卡“图表”选项组中的“折线图”按钮,插入折线图。

(2) 设置折线的粗细、标记点的形状、颜色等信息。设置 y 坐标轴的颜色。

(3) 选中整个图表,设置图像背景的填充色,包括填充方式。

(4) 选中某个重点标记(这里选择最大值,标记为红色),设置属性,标记为特殊值。

【模仿制作提醒】 对素材 basicdata.xlsx 中 Sheet1 的数据制作简单图表,如图 3.34 所示,具体要求如下。

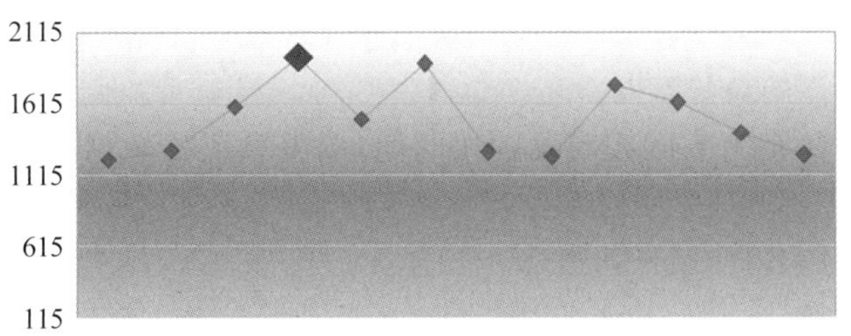

图 3.34　个人消费情况统计

(1) 设置好背景:渐变或者图片填充,不要求一模一样,但是要做出相似背景,设置标记(marker)的形状和颜色。

(2) 设置 y 轴范围,并标记不同颜色([红色][>2000]0;[蓝色][<1500]0;0)。

(3) 设置最大值所对应的点的颜色、形状和大小。

【例 3.39】 根据慕课观看情况数据,生成重叠柱状图,具体步骤如下。

(1) 选择所有的数据,单击“插入”选项卡“图表”选项组中的“柱形图”按钮,插入柱形图。

(2) 选中整个柱状图,设置柱状图的间隙宽度,调整为重叠柱状图。

(3) 设置重叠柱状图的渐变填充、透明度、颜色、梯度等。

【模仿制作提醒】 对素材 basicdata.xlsx 中 Sheet2 的数据制作简单图表,效果如图 3.35 所示,具体要求如下。

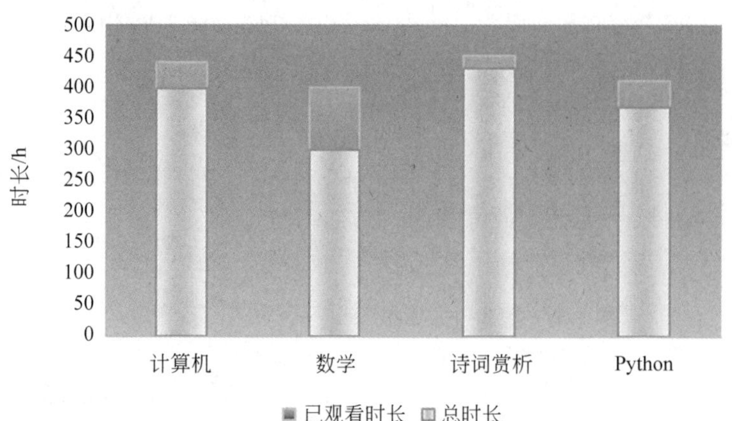

图 3.35 慕课观看情况统计

V3.16 重叠柱状图

(1) 设置背景的线性渐变。

(2) 将两个数据列重叠,将较大的数据列设置为半透明,设置较小的数据列为渐变黄色填充。

【例 3.40】 教师年龄结构对比,打开工作簿文档 basicdata.xlsx,对 Sheet3 中的教师年龄数据制作图表,具体步骤如下。

(1) 选择所有的数据,单击"插入"选项卡"图表"选项组中的"条形图"按钮,插入条形图。

(2) 调整条形图的条状宽度。

(3) 将男女教师对比条形数据设置在两侧,调整条形的颜色和背景颜色,设置间隔框线。

(4) 插入条形图名称,结果如图 3.36 所示。

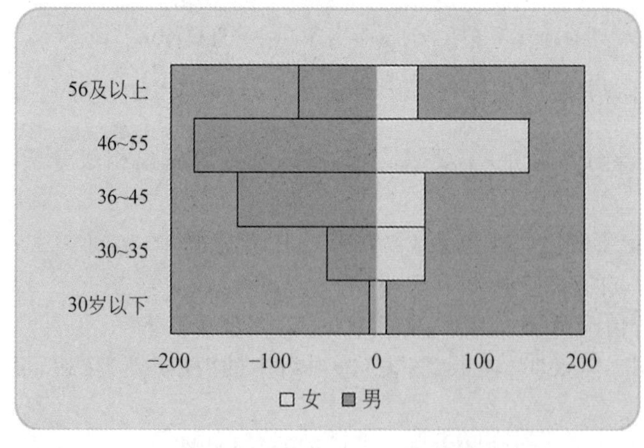

图 3.36 教师年龄结构对比分析

V3.17 条形图

3.4.2　复合图表

【例 3.41】　对 house.xlsx 中的数据进行图表化操作，制作如图 3.37 所示的图表。根据图例信息选择相应的信息。要求添加副坐标轴并设置相应的刻度，设置好颜色信息，x 轴坐标信息要求与下图一致，最后将两个图表组合在一起。具体步骤如下。

V3.18 复合图表

（1）选择时间、房地产销售价格指数、上证指数和 CPI，单击“插入”选项卡“图表”选项组中的“折线图”，插入折线图。

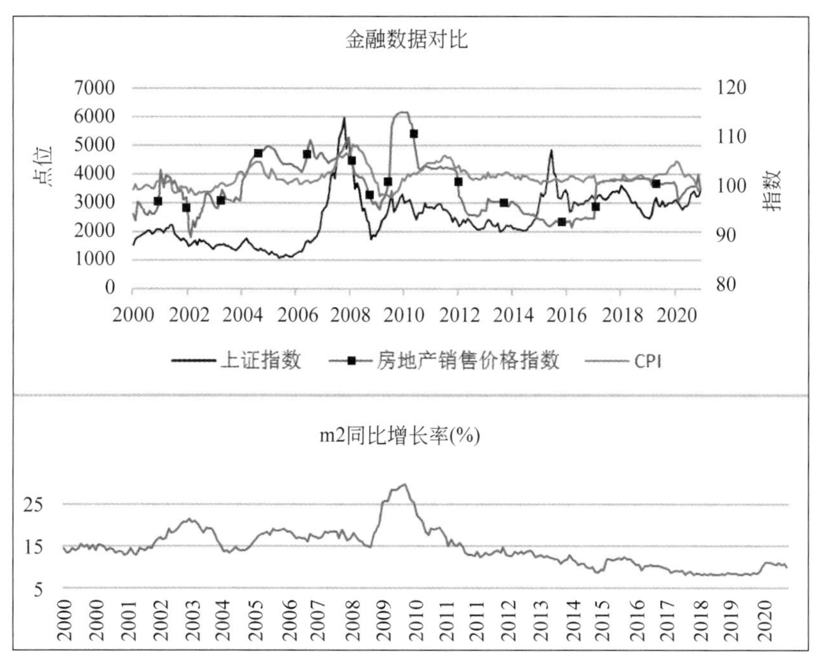

图 3.37　复合图表

（2）选中折线图的右纵坐标，设置坐标轴的范围，使得折线的波动幅度比较大。

（3）插入折线图，设置折线的粗细。

（4）调整横坐标时间的间距，使折线更紧凑。

（5）选择时间、m2 同比增长率，单击“插入”选项卡“图表”选项组中的“折线图”按钮，插入第二个折线图。

（6）删除第二个折线图的横坐标，调整使得与第一个折线图对齐。

（7）调整第二个折线图的颜色。

3.4.3　动态图表

Excel 的动态图表是指用于作图表的数据一旦被修改，图表也会自动修改。因此，可以在工作表指定位置设置一个控件，用于修改作图表的数据，使得图表随之自动更新。图 3.38 显示的是静态图表。

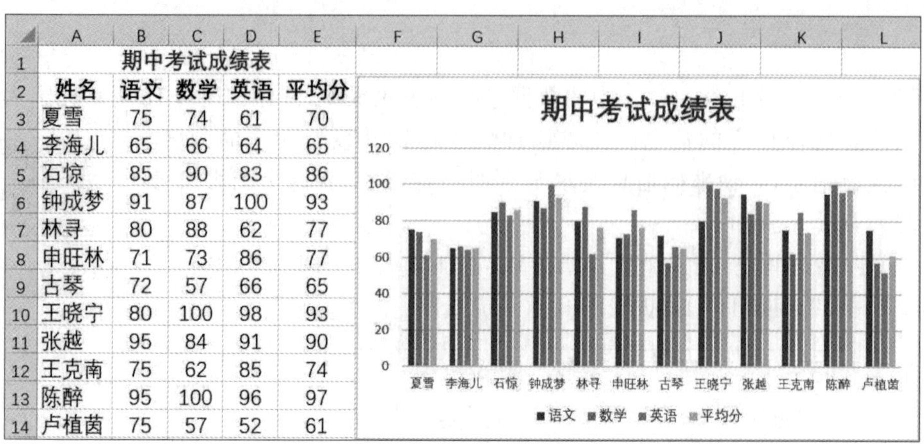

期中考试成绩表				
姓名	语文	数学	英语	平均分
夏雪	75	74	61	70
李海儿	65	66	64	65
石惊	85	90	83	86
钟成梦	91	87	100	93
林寻	80	88	62	77
申旺林	71	73	86	77
古琴	72	57	66	65
王晓宁	80	100	98	93
张越	95	84	91	90
王克南	75	62	85	74
陈醉	95	100	96	97
卢植茵	75	57	52	61

图 3.38 静态图表

显然，图 3.38 适合展现考生之间各门课程成绩的对比，如果想在图表上每次只查看一个人的成绩，这时可以使用动态图表来实现。具体操作如下。

V3.19 动态图表

(1) 单击图表将它移到以 G4 为左上角区域，把区域 A2:E2 复制到区域 G2:K2。

(2) 选中单元格 G3，单击“数据”选项卡“数据工具”选项组中的“数据验证”按钮，打开“数据验证”对话框，单击“允许”列表框下拉箭头从中选择“序列”项，在“来源”框中输入区域 A3:A14，单击“确定”按钮。

(3) 单击单元格 H2，输入公式“=VLOOKUP($G$3,$A$3:$E$14,COLUMN(A3)+1,FALSE)”，并将公式复制到区域 I3:K3。

(4) 右击图表任意位置，在弹出的快捷菜单中选择“选择数据”命令，打开“选择数据源”对话框，选择区域 G2:K3，然后单击“确定”按钮，此时即可看见图表已经修改为显示个人成绩了，如图 3.39 所示。

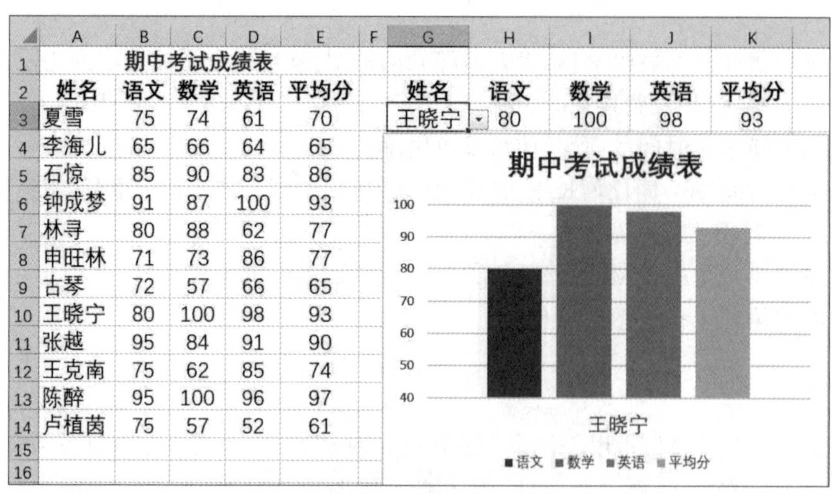

期中考试成绩表				
姓名	语文	数学	英语	平均分
夏雪	75	74	61	70
李海儿	65	66	64	65
石惊	85	90	83	86
钟成梦	91	87	100	93
林寻	80	88	62	77
申旺林	71	73	86	77
古琴	72	57	66	65
王晓宁	80	100	98	93
张越	95	84	91	90
王克南	75	62	85	74
陈醉	95	100	96	97
卢植茵	75	57	52	61

姓名	语文	数学	英语	平均分
王晓宁	80	100	98	93

图 3.39 动态图表：成绩查询

（5）用户可以通过单击"姓名"字段旁边的下拉箭头，从中选择考生的姓名后，图表自动就会更新为该考生的成绩。

3.4.4　图表的创建与编辑实验

1. 实验目的

（1）熟练掌握图表的创建操作。

（2）熟练掌握图表的编辑操作。

2. 实验内容

打开工作簿文档"图表的创建与编辑.xlsx"，完成有关筛选操作后按原名保存。

3. 要点提示

1）条形图：在工作表 Sheet1 中操作

根据工作表中的数据，在当前工作表中创建如图 3.40 所示的图表，要求外观大致相似、图表区采用预设渐变色、绘图区采用纹理填充。

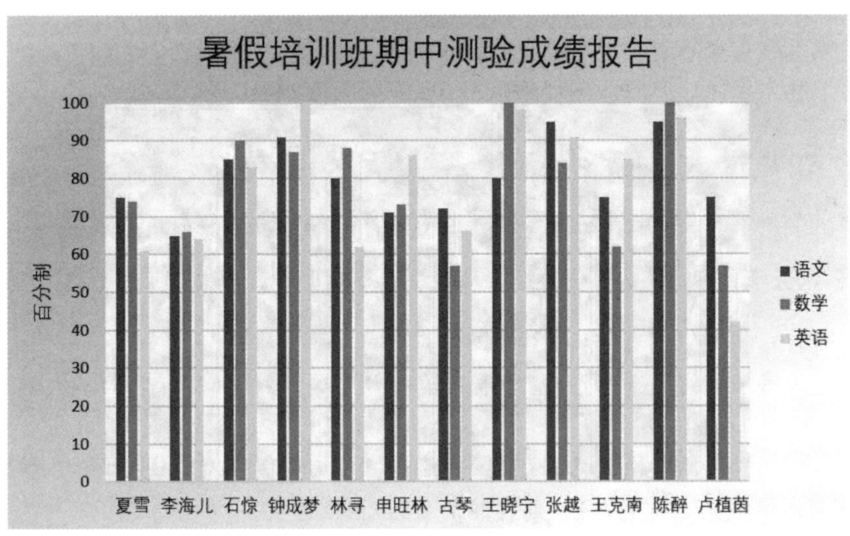

图 3.40　条形图

2）折线图：在工作表 Sheet2 中操作

将第（1）题所作的图表复制到当前工作表中，并将它修改为如图 3.41 所示的样式，完成后把图表移到单独的工作表"图表修改结果"中。

【操作提示】　重新选择作图数据和图表类型。

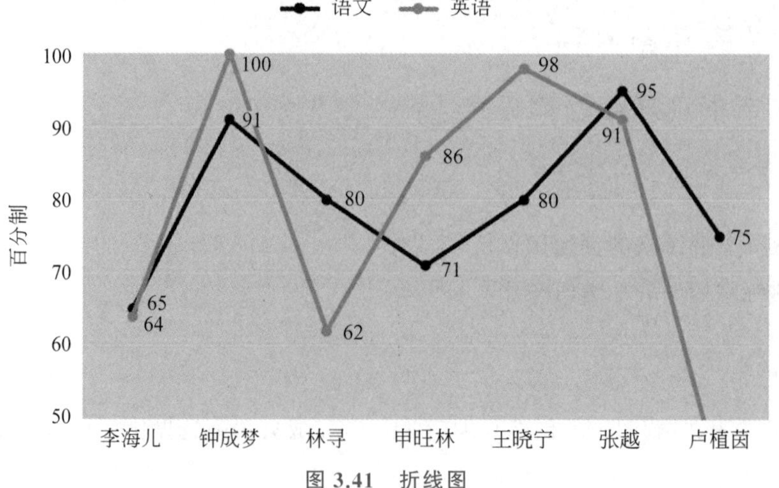

图 3.41 折线图

3.5 综合实验

1. 实验目的

(1) 熟练掌握函数、公式的综合应用。

(2) 熟练掌握排序及其应用操作。

2. 实验内容

打开工作簿文档“综合实验.xlsx”,完成有关操作后按原名保存。

3. 要点提示

1) 数据输入:在工作表 Sheet1 中操作

(1) 完成对学号的填充,第一位学生的学号为文本 2020050001,后面学生的学号是连续递增的,增量值为 2。

(2) 根据各学生的身份证号码信息,使用公式自动填写他们的性别和出生日期。如果身份证号码倒数第二位是奇数,则其性别为男,否则为女。

(3) 依据学生的出生日期,计算出他们的年龄,且年龄会随系统日期的改变而自动调整。

【操作提示】 先使用字符截取函数将每个人的出生日期从身份证截取出来,利用 DATE 函数将其转换为日期,然后使用 DATEDIF 函数计算年龄。

(4) 用公式计算每位学生的总分和排名;如果总分大于 340,评价为优秀;总分大于 280 但小于或等于 340,评价为良好;总分大于或等于 240 但小于或等于 280,评价为及格;总分小于 240,评价为不及格;排名的规则就是按照总分的降序排列。

【操作提示】 使用 IF 函数和 RANK 函数。

(5) 使用函数或公式完成各类数据的统计：百分比指的是高于平均分人数与总人数的百分比；优良率是指四门课程成绩都高于80分的人数占总人数的百分比。

2) 数据填充：在工作表Sheet3中操作

根据Sheet2工作表中的数据，把各科目的成绩填写到Sheet3工作表对应的记录中。

【操作提示】 可以对两个工作表中的记录共同字段按升序排序；使用VLOOKUP函数。

3) 数据填充：在工作表Sheet4中操作

由于“职工信息简况表”的记录较多，想快速查看某个职工的信息不方便，现建立一个简单查询功能，在L3单元格中输入公式，使得当用户在M2单元格选择了需要查询的职工编号后，就能在指定的位置显示该职工的信息。

【操作提示】 使用VLOOKUP函数。

3.6 辅助阅读资料

3.6.1 数据输入小技巧

(1) 需要在某个范围内输入相同的数据时，可以选中该区域并输入数据，然后同时按Ctrl+Enter键。

(2) 输入分数时，先输入0和空格，再输入分数。

(3) 需要输入一个差值为1的等差序列时，输入完第一项后，按Ctrl键同时拖曳该单元格的填充柄至目标单元格；否则，先输入完序列前两项，然后同时选中这两个单元格并拖曳其填充柄至目标。

(4) 按“Ctrl+;”键可以输入当前日期，按“Ctrl+Shift+;”键可以输入当前时间。

(5) 在单元格中输入数据时如果需要换行，可按Alt+Enter键；也可以输入数据完后，通过选中“设置单元格格式”对话框的“对齐”选项卡中的“自动换行”复选框实现。

3.6.2 数据验证

使用数据验证功能，可为单元格指定数据输入的规则、限制输入数据的类型和范围，防止用户输入无效数据。此外，还可以利用数据验证功能制作下拉菜单式输入或生成屏幕提示信息。

如图3.37所示，为确保输入这三门课程成绩时在[0,100]范围，可以使用数据验证方法，操作步骤如下。

(1) 选中区域D2:F13，单击“数据”选项卡“数据工具”选项组中的“数据验证”按钮，打开“数据验证”对话框，如图3.42所示。

(2) 单击“允许”下拉列表框，从中选择“整数”选项。

(3) 在“最小值”框中输入0，在“最大值”框中输入100，单击“确定”按钮。

如果想在输入性别数据时采用列表框方式方便用户选择，可执行以下操作。

(1) 选中区域B2:B13，单击“数据”选项卡“数据工具”选项组中的“数据验证”按钮，

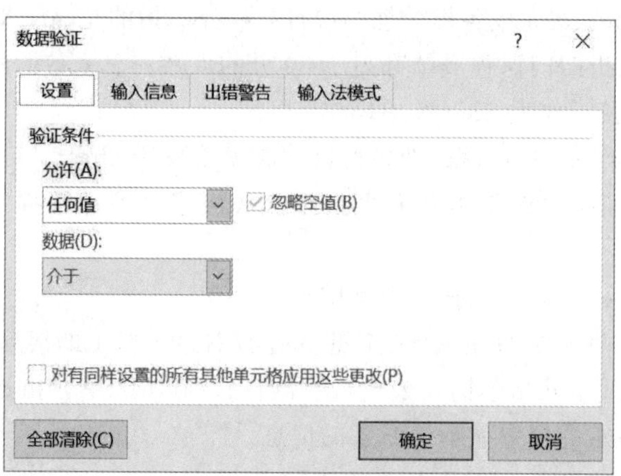

图 3.42　数据验证设置

打开“数据验证”对话框。

(2) 单击“允许”框下拉列表,从中选择“序列”选项。

(3) 在“来源”框中输入“男,女”(注意使用的是英文逗号),单击“确定”按钮。

当用户需要按照自己制定的条件对输入的数据进行验证时,可在“数据验证”对话框的“允许”下拉列表框中选择“自定义”,然后在“公式”框中输入条件。

3.6.3　参考网站

微软中文官方网站:https://support.microsoft.com/zh-cn/office。

第4章 图像数据处理

图像作为一种多媒体数据表现形式，在计算机和网络中被广泛使用和传播，是人类感知世界的视觉基础，是人类获取信息、表达信息和传递信息的重要手段。图像处理一般指数字图像处理。数字图像是指用相机、摄像机、扫描仪等设备经过拍摄得到的一个大的二维数组，该数组的元素称为像素，其值称为灰度值。本章我们将学习如何对数字图像进行处理，主要包括图像编辑、图像合成、图像修复及图像特效制作等。

4.1 图像合成

有时候我们拍摄的图像并不是真正想要的，还需要进行图像合成，即将多个图像组合成一个新的图像。图像合成是一种常用的图像处理操作，通常是利用一种或多种选择工具将一幅图像中的部分区域选中，通过复制、粘贴等操作，将其合成到其他的图像中，并进行变换和处理，使不同的图像能够无缝拼接成一幅新的图像，并达到以假乱真的效果。

4.1.1 图像选取

在进行图像合成或图像编辑时，经常要对图像中的部分像素进行处理，此时就需要将这部分图像区域单独选择出来。图像中被选择的区域称为选区。选区是封闭的区域，可以是任何形状。在 Photoshop 中，选区是一个封闭的虚线区域，因为虚线又像是一群小蚂蚁，所以又称蚂蚁线。被蚂蚁线包围的区域是可编辑区域，蚂蚁线之外的部分则无法编辑。在图像中选取了选区之后，就可以对选区进行移动、复制、粘贴、变换、删除等操作。图像选区一般包括规则选区和不规则选区。Photoshop 中有两组工具可以进行选区选择，包括选框工具组和套索工具组，如图 4.1 所示。

1. 选取规则选区

规则选区是指所有能被形状定义的选区，包括矩形、椭圆形、多边形等。

(1) 矩形选框工具：用于建立矩形选区。在图像左上角按住鼠标左键拖动到右下角松开，即可形成矩形选区。在建立矩形选区的时候，按住 Shift 键，建

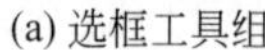
(a) 选框工具组

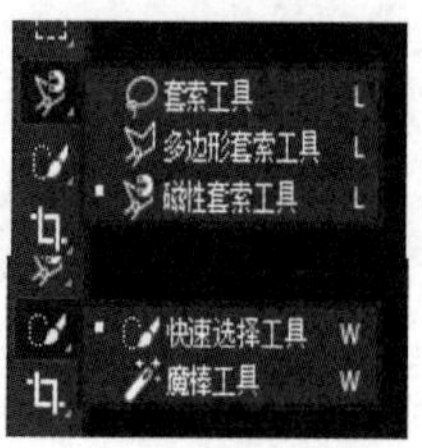

(b) 套索工具组

图 4.1　选区选择工具

立的选区是正方形选区。

(2) 椭圆选框工具：用于建立椭圆选区。在图像左上角按住鼠标左键拖动到右下角松开，即可形成椭圆选区。在建立椭圆选区的时候，按住 Shift 键，建立的选区是圆形选区。

(3) 多边形套索工具：用于建立规则的多边形选区。在图像中单击，前后两个点之间形成一条直线，直到最后一个点与第一个点重合，即可形成多边形选区。

2. 选取不规则选区

不规则选区是指除规则选区之外，没有特定形状的选区。

(1) 套索工具：用于建立自由形状的选区。在图像中，按住鼠标左键任意拖动，松手后即可建立一个沿拖动轨迹形成的选区。

(2) 磁性套索工具：用于给边缘比较明显的图像建立选区。在图像中，单击第一个开始的点，然后光标根据物体的轮廓进行移动，光标经过的区域会像磁铁一样吸附在物体轮廓上，直到返回到第一个开始点，轮廓会自动闭合形成选区。

(3) 魔棒工具：对于一些分界线比较明显的图像，通过魔棒工具可以快速地将部分图像选中，魔棒的作用是可以知道单击的那个地方的颜色，并自动获取附近区域相同的颜色，使它们处于被选中的状态。

4.1.2　合成新图

图像选取之后，可以将选取部分进行复制，并粘贴到另一幅图像中，进行相应的图像变换和处理，合成为一幅新的图像。

【例 4.1】 打开第 4 章实验素材下的图像 pic1-1.jpg 和 pic1-2.jpg，参照样张 1(见图 4.2)，将 pic1-1.jpg 中的人物合成到 pic1-2.jpg 中，保存为新的图像例 4.1.jpg。

具体操作步骤如下。

(1) 在 Photoshop 中打开图像 pic1-1.jpg 和 pic1-2.jpg。

(2) 选择选区：单击“椭圆选框工具”，在 pic1-1.jpg 中合适位置拖曳出椭圆选区。

(3) 选区调整：如果选区位置和大小不合适，可以选择“选择”→“变换选区”命令，此时，选区四周出现小方块拖动柄，拖动小方块可以调整选区大小及位置。选区调整完毕，单击右上角“提交变换”按钮或者按 Enter 键确定。

V4.1 人物相框

图 4.2　样张 1

（4）图像合成：选择“编辑”→“复制”命令，打开 pic1-2.jpg，选择“编辑”→“粘贴”命令，将人物复制到相框中。

（5）图像调整：选择“编辑”→“自由变换”命令，调整人物的大小和位置，合成到相框中。

（6）图像保存：选择“文件”→“存储为”命令，保存类型选择 JPEG，文件名为“例 4.1.jpg”，单击“保存”按钮，弹出“JPEG 选项”对话框，设置图像品质如图 4.3 所示，单击“确定”按钮。

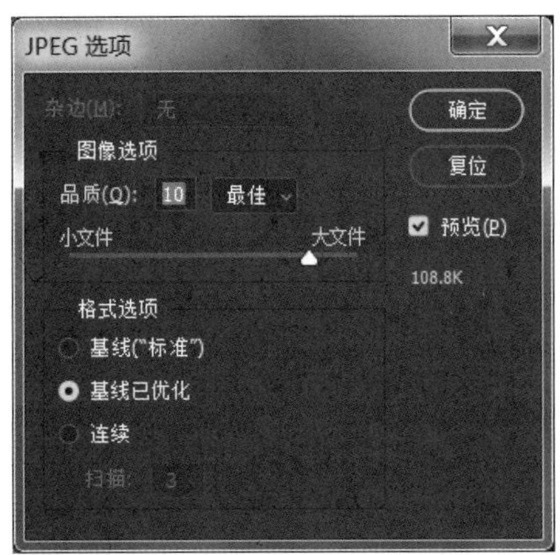

图 4.3　“JPEG 选项”对话框

【例 4.2】　打开第 4 章实验素材下的图像 pic2-1.jpg 和 pic2-2.jpg，参照样张 2（见图 4.4），将 pic2-1.jpg 中的小鱼合成到 pic2-2.jpg 中，保存为 Photoshop 文件“例 4.2.psd”。

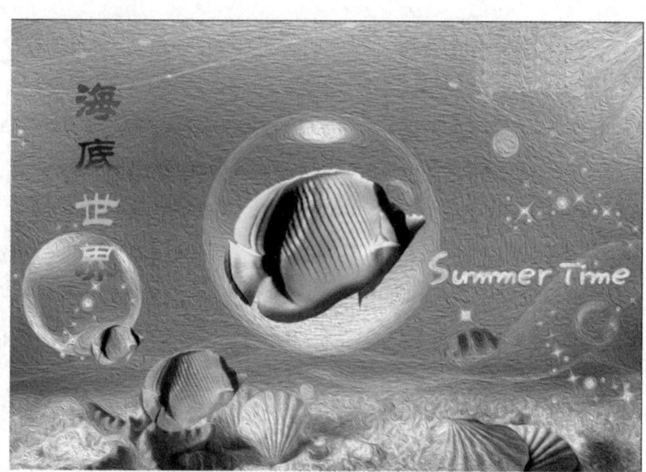

V4.2 海底世界

图 4.4 样张 2

具体操作步骤如下。

(1) 在 Photoshop 中打开图像 pic2-1.jpg 和 pic2-2.jpg。

(2) 选取小鱼:选择“魔棒工具”,设置容差为 15。容差是魔棒在自动选取相似选区时的近似程度。容差越大,被选取的区域也可能越大,所以适当的设置容差是很必要的。在 pic2-1.jpg 中单击白色背景,白色背景被选中。选择“选择”→“反选”命令,此时,小鱼被选中。

(3) 图像合成和调整:复制小鱼,打开 pic2-2.jpg,粘贴两次,就可以复制两条小鱼。

注意:此时两条小鱼重叠在一起,可以使用移动工具改变小鱼的位置,并使用自由变换工具调整小鱼的大小。

(4) 图像保存:选择“文件”→“存储为”命令,文件名输入“例 4.2.psd”,单击“保存”按钮,保存为 Photoshop 文件格式,可以再次打开该文件进行图像处理。

4.1.3 图层操作

图层是一张背景透明的电子画布,其中灰白相间的方格图案表示透明区域。在图层面板上,图层按照顺序排列,上面的图层覆盖下面的图层,图像就是各个图层上下叠加后形成的。

图层操作是 Photoshop 中的基础操作,也是重要操作。图层操作繁多,包括新建图层、图层重命名、图层复制、图层删除、显示或隐藏图层、更改图层顺序、图层混合模式、图层样式等。

【例 4.3】 打开例 4.2 保存的“例 4.2.psd”,参照样张 2(见图 4.4),设置小鱼的图层不透明度为 65%,大鱼的图层样式为斜面和浮雕,深度为 135%,大小为 30 像素,保存为 Photoshop 文件“例 4.2.psd”。

具体操作步骤如下。

(1) 在 Photoshop 中打开“例 4.2.psd”。

(2) 图层透明透设置：在右下方的图层面板中，选中小鱼所在的图层，“不透明度”设置为 65%，如图 4.5 所示，双击小鱼图层的名称，把图层名字改为“小鱼”。

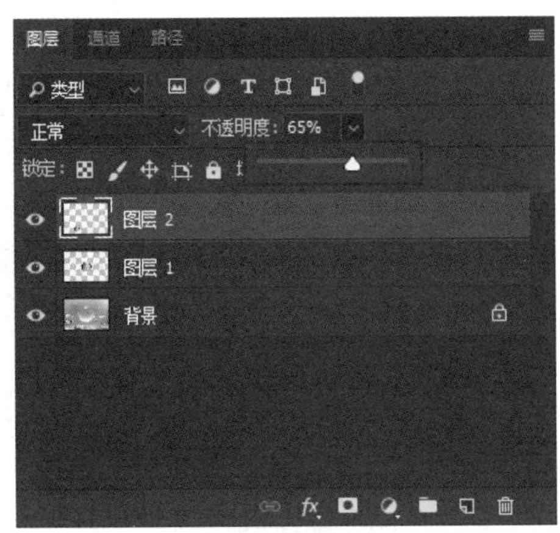

图 4.5　图层面板

(3) 图层样式设置：选中大鱼所在的图层，双击大鱼图层的名称，把图层名字改为“大鱼”。选择“图层”→“图层样式”→“斜面和浮雕”命令，弹出“图层样式”对话框，设置“深度”为 135%，“大小”为 30 像素，如图 4.6 所示。

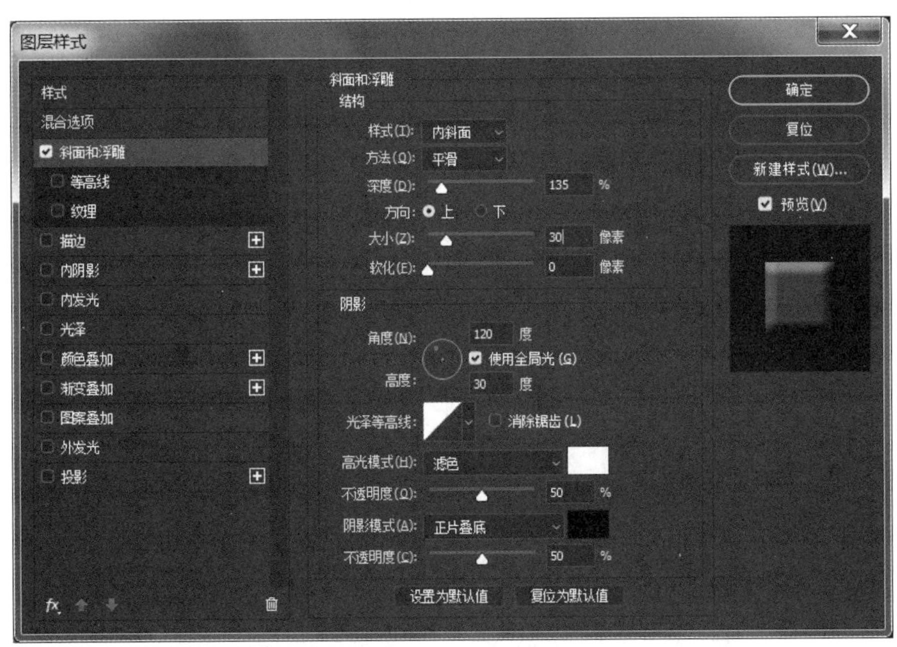

图 4.6　“图层样式”对话框

(4) 图像保存：选择“文件”→“存储”命令，保存文件。

【例 4.4】　打开第 4 章实验素材下的图像 pic4-1.jpg 和 pic4-2.jpg，参照样张 3(见图 4.7)，将 pic4-1.jpg 中的北极熊合成到 pic4-2.jpg 中，适当调整大小、方向和位置；为北极熊添加“外发光”图层样式,不透明度为100%,大小为25像素,保存为Photoshop文件“例4.4.psd”。

V4.3 保护北极熊

图4.7 样张3

具体操作步骤如下。

(1) 在Photoshop中打开图像pic4-1.jpg和pic4-2.jpg。

(2) 选取北极熊:打开图像pic4-1.jpg,单击“磁性套索工具”,在北极熊身体的边缘单击,然后光标沿着北极熊身体的轮廓慢慢移动,光标经过的区域会像磁铁一样吸附在北极熊轮廓上。

注意:在边界图像和背景图像区别不明显的位置,可以单击,手工建立一个选取点。光标沿北极熊身体移动一周,回到第一个选取点,此时会形成一个闭合选区,选中北极熊,如图4.8所示。

图4.8 北极熊选区

(3) 图像合成和调整:复制北极熊,打开pic4-2.jpg,粘贴北极熊,并调整位置和大小,单击“编辑”→“变换”→“水平翻转”命令,如图4.7所示。

(4) 图层样式设置：选中北极熊所在的图层，选择“图层”→“图层样式”→“外发光”命令，设置“不透明度”为 100%，“大小”为 25 像素。

(5) 图像保存：选择“文件”→“存储为”命令，文件名输入“例 4.4.psd”，单击“保存”按钮，保存为 Photoshop 文件格式。

4.1.4　文字工具

文字是图像的重要组成部分，图文搭配可以让人们更容易读懂图像所传达的信息，而且经过美化的文字可以增强图像的美观性，因此在图像中添加文字并进行再加工是数字图像处理中的重要操作，如制作海报。

Photoshop 中包括 4 个文字工具，分别是横排文字工具、直排文字工具、直排文字蒙版工具和横排文字蒙版工具，如图 4.9 所示。

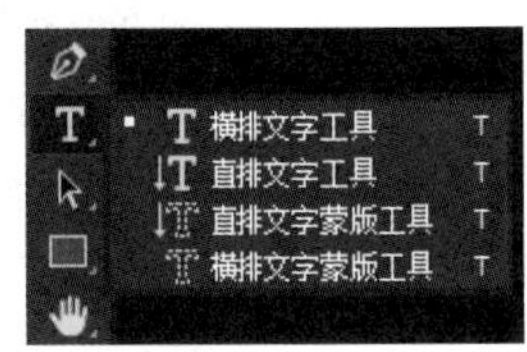

图 4.9　文字工具

(1) 横排文字工具/直排文字工具：在图像中单击，在出现输入光标后即可输入文字，按 Enter 键可换行。若要结束输入可以单击工具栏的“提交”按钮。Photoshop 将文字存放在独立的图层中，输入文字后将会自动建立一个新的文字图层，图层名是文字的内容。文字图层和普通图层一样，可以进行图层操作，如添加图层样式。

(2) 横排文字蒙版工具/直排文字蒙版工具：使用方法和横排文字工具/直排文字工具相同，但是文字蒙版工具并不是直接将文字添加到图像中，而是创建了一个文字形状的选区，然后再对文字选区进行填充等操作，形成新的文字，如制作彩虹字、渐变字等。

【例 4.5】 打开例 4.4 保存的“例 4.4.psd”，参照样张 3(见图 4.7)，输入文字“保护北极熊”，字体为华文琥珀、100 点、黄色，设置扇形变形文字，并添加“投影”图层样式，保存为 Photoshop 文件“例 4.4.psd”。

具体操作步骤如下。

(1) 在 Photoshop 中打开“例 4.4.psd”。

(2) 文字输入：选择“横排文字工具”，在工具栏中设置字体为“华文琥珀”，字体大小为 100 点，如图 4.10 所示；单击“文本颜色”按钮，打开“拾色器”对话框，如图 4.11 所示，首先在中间的色谱条上选择黄色，然后在右边的色域区内选择任意黄色，单击“确定”按钮。在图像合适位置输入“保护北极熊”。

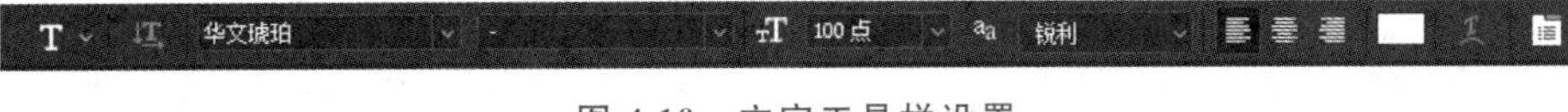

图 4.10　文字工具栏设置

(3) 变形文字：双击选中文字，在工具栏中选择“变形文字”按钮，弹出“变形文字”对话框，“样式”和“弯曲”设置如图 4.12 所示，单击“确定”按钮，再单击工具栏✓按钮。

(4) 图层样式设置：选中文字所在的图层，选择“图层”→“图层样式”→“投影”命令，设置“扩展”为 50%，“大小”为 10 像素。

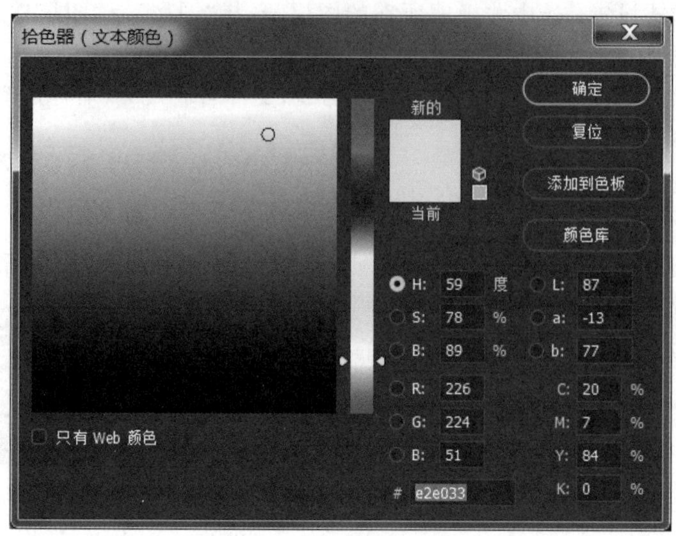

图 4.11 “拾色器”对话框

（5）图像保存：选择“文件”→“存储”命令，保存文件。

【例 4.6】 打开例 4.3 保存的“例 4.2.psd”，参照样张 2(图 4.4)，制作彩虹文字“海底世界”：华文隶书、60 点，保存为 Photoshop 文件“例 4.2.psd”。

（1）在 Photoshop 中打开“例 4.2.psd”。

（2）彩虹文字制作：选择“直排文字蒙版工具”，在工具栏中设置字体为“华文隶书”，字体大小为“60 点”，在图像合适位置输入“海底世界”，单击工具栏✓按钮退出文字编辑状态。在图层面板下方，单击按钮创建一个新的图层，重命名为“文字”层，如图 4.13 所示。选择“渐变工具”，在工具栏中设置色谱渐变，如图 4.14 所示。在文字图层上，从文字上方拖动光标到文字下方，为文字填充彩虹色，如图 4.15 所示。完成后，按 Ctrl+D 键取消文字选区，制作完的彩虹文字如图 4.4 所示。

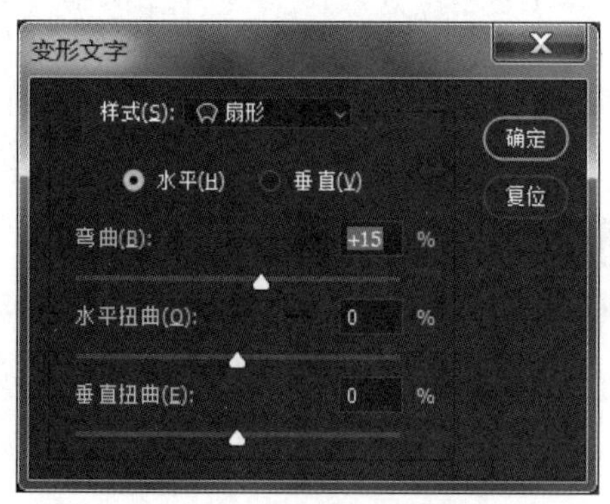

图 4.12 “变形文字”对话框

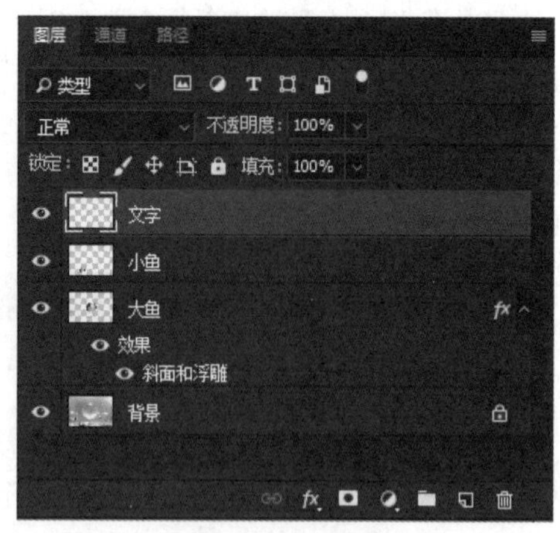

图 4.13 新建图层

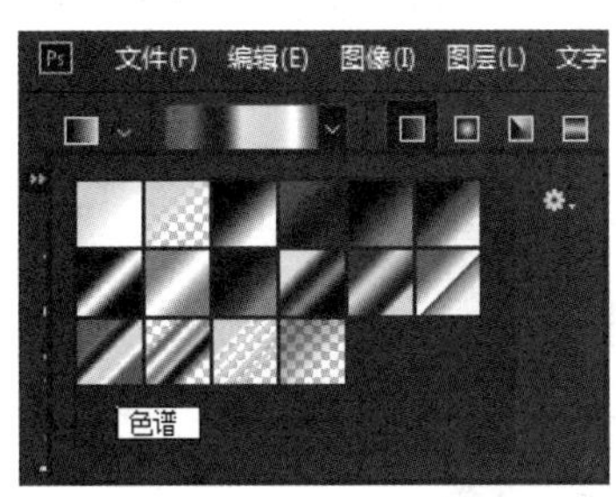

图 4.14　设置色谱渐变

图 4.15　渐变填充

(3) 图像保存：选择“文件”→“存储”命令，保存文件。

4.2　图像修复

4.2.1　仿制图章工具

仿制图章工具常用于图像修复、图像复制、去除水印等，如图 4.16 所示。

图 4.16　仿制图章工具

V4.4 仿制图章 1

【例 4.7】　打开第 4 章实验素材下的图像 pic7.jpg，参照样张 4(见图 4.17)，将 pic7.jpg 中的小鸟利用仿制图章工具再复制两只，保存为新的图像“例 4.7.jpg”。

图 4.17　样张 4

具体操作步骤如下。

(1) 在 Photoshop 中打开图像 pic7.jpg。

(2) 吸取图像：选择仿制图章工具，将画笔大小设置为 10。按住 Alt 键，这时光标变成了，将光标移动到小鸟脚部单击，如图 4.18 所示，吸取这里的图像，此时仿制图章中就吸取了小鸟脚部的图像。

图 4.18　仿制图章使用

(3) 仿制图像：移到白色树枝上需要仿制小鸟的位置，按住鼠标左键涂抹，仿制小鸟。涂抹操作可以进行多次，从而达到更好的仿制效果。需要注意的是，当涂抹小鸟轮廓时，不要大幅度移动鼠标，以防止小鸟之外的图像被复制。

(4) 重复步骤(2)和步骤(3)，仿制第三只小鸟，如图 4.17 所示。

(5) 将图像文件另存为"例 4.7.jpg"。

V4.5 仿制图章 2

【例 4.8】 打开第 4 章实验素材下的图像 pic8.jpg，参照样张 5(见图 4.19)，利用仿制图章工具进行修图，将照片背景中出现的两个路人去除。

(a) 修复前

(b) 修复后

图 4.19　样张 5

具体操作步骤如下。

（1）在 Photoshop 中打开图像 pic8.jpg，利用缩放工具放大图像，便于修图。

（2）图像修复：选择仿制图章工具，将画笔大小设置为 40；按住 Alt 键，单击人物旁边的地面，吸取地面图像，然后在人的身上进行涂抹，此时旁边的地面将会覆盖人物；执行相同的操作，将人物旁边的草坪、树木涂抹到人物上。需要注意的是，需要根据修图的区域大小，适当地调整画笔大小；多次执行吸取图像和涂抹操作，将人物完全去除，如图 4.19(b)所示。

（3）将图像文件另存为“例 4.8.jpg”。

4.2.2　图像调整

使用 Photoshop “图像”下拉菜单中的“调整”命令可以对图像色彩进行调整，包括图像的颜色、明暗关系和色彩饱和度等。图像调整常用的操作如下。

（1）图像自动调整：通过选择“图像”下拉菜单中的“自动色调”“自动对比度”“自动颜色”命令，对图像进行自动调整。

（2）明暗关系调整：对于色调灰暗、层次不分明的图像，可使用针对色调、明暗关系的命令进行调整，增强图像色彩层次。例如，“亮度/对比度”命令可以调整图像的明暗程度，还可以通过调整图像亮部区域与暗部区域之间的比例来调节图像的层次感，“曝光度”命令可以对图像的暗部和亮部进行调整，常用于处理曝光不足的照片。

（3）简单颜色调整：在 Photoshop 中，有些颜色调整命令不需要设置复杂的参数就可以更改图像颜色。例如，“去色”命令将彩色图像转换为灰色图像，但图像的颜色模式保持不变。“阈值”命令将灰度或者彩色图像转换为高对比度的黑白图像，可以用来制作漫画或版刻画。

（4）图像色调调整：使用“色阶”命令调整图像的阴影、中间调和高光等色调区域的强度级别，从而校正图像的色调范围和色彩平衡。

本节将重点学习使用“色阶”命令进行图像调整。色阶用直方图描述出整张图像的明暗信息。从左至右是从暗到亮的像素分布，黑色三角代表最暗地方(纯黑)，白色三角代表最亮地方(纯白)，灰色三角代表中间调，如图 4.20 所示。在图 4.20 中，灰色和白色像素较多，图像对比度较低。默认情况下，输出色阶滑块位于色阶 0(像素为黑色)和色阶 255(像素为白色)。“输出”色阶滑块位于默认位置时，如果移动黑色输入色阶滑块，则会将像素值变为色阶 0，而移动白色输入色阶滑块则会将像素值变为色阶 255。例如，将黑色输入色阶滑块移动到 100 色阶，白色输入色阶滑块移动到 235 色阶，这表示要将 100 色阶变成 0 色阶(纯黑)，235 色阶变成 255 色阶(纯白)。灰色输入色阶滑块是中间调，它可以改变中间调的亮度，灰色输入色阶滑块左边代表整张相片的暗部，右边代表整张相片的亮部，将灰色输入色阶滑块右移，就等于有更多的中间调像素进入了暗部，所以会变暗，反之亦然。

【例 4.9】　打开第 4 章实验素材下的签名图像 pic9.jpg，原图像背景灰暗，不能直接插入文件中使用，使用“色阶”命令制作背景为白色的电子签名，参照样张 6(见图 4.21)。

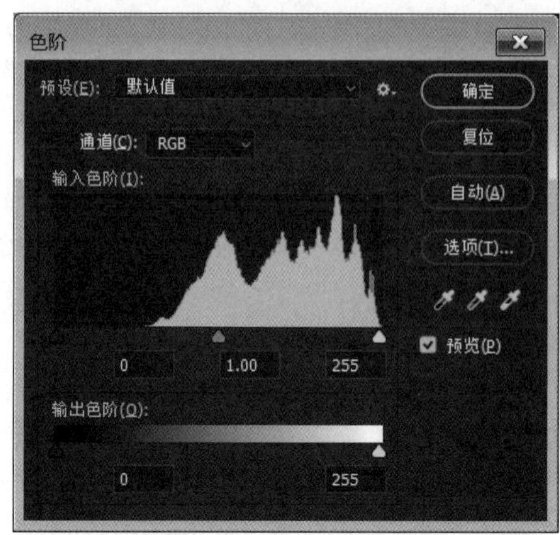

图 4.20 “色阶”对话框

V4.6 电子签名

图 4.21 样张 6

具体操作步骤如下。

(1) 在 Photoshop 中打开图像 pic9.jpg。

(2) 利用色阶调整图像：选择“图像”→“调整”→“色阶”命令，弹出“色阶”对话框，设置“输入色阶”如图 4.22 所示。

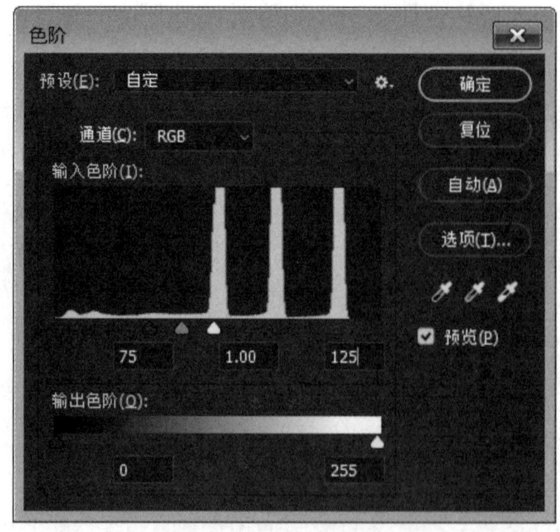

图 4.22 色阶示例 1

(3) 将图像文件另存为“例 4.9.jpg”。

【例 4.10】　打开第 4 章实验素材下的图像 pic10-1.jpg 和 pic10-2.jpg，使用“色阶”命令调整老照片，并将其合成到相框中，参照样张 7(见图 4.23)。

V4.7 修复老照片

图 4.23　样张 7

具体操作步骤如下。

(1) 在 Photoshop 中打开图像 pic10-1.jpg，选择“图像”→“调整”→“色阶”命令，弹出“色阶”对话框，设置“输入色阶”如图 4.24 所示。

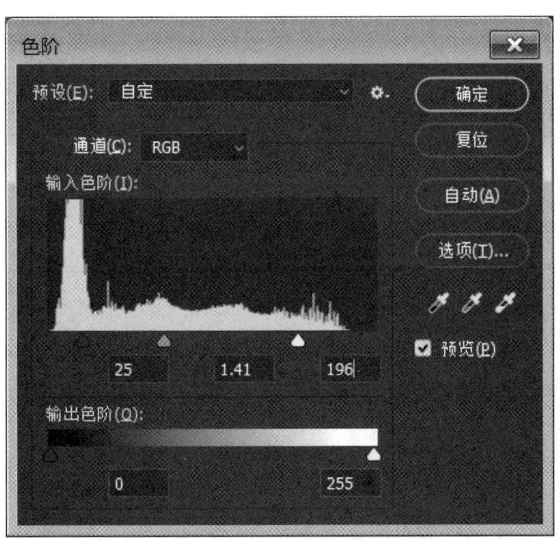

图 4.24　色阶示例 2

(2) 打开 pic10-2.jpg，选择“图像”→“图像旋转”→“顺时针 90 度”命令。

(3) 利用“矩形选框工具”将 pic10-1.jpg 中的人物选中，并复制、粘贴到 pic10-2.jpg 的相框中，选择“编辑”→“自由变换”命令调整人物的大小和位置。

(4) 将图像文件另存为“例 4.10.jpg”。

4.3 图像特效

4.3.1 滤镜

滤镜的作用是实现图像的各种特殊效果,其原理是使所作用区域的像素产生位移,或颜色值发生变化,从而使图像呈现出某种特殊效果。常用的滤镜包括风格化滤镜组、模糊滤镜组、扭曲滤镜组、杂色滤镜组、渲染滤镜组、锐化滤镜组、像素化滤镜组等。滤镜的使用需要考虑滤镜类型、功能,添加滤镜的图层、位置,还需要丰富的想象力,这样才能有的放矢地应用滤镜,制作出神奇的效果。

【例 4.11】 打开例 4.6 保存的"例 4.2.psd",参照样张 2(见图 4.4),对背景添加油画滤镜效果,保存为新的图像"例 4.2.jpg"。

具体操作步骤如下:

(1) 在 Photoshop 中打开"例 4.2.psd"。

(2) 使用滤镜:选择"背景"图层,选择"滤镜"→"风格化"→"油画"命令,参数默认,背景将出现油画效果。

(3) 将图像文件另存为"例 4.2.jpg"。

【例 4.12】 打开例 4.5 保存的"例 4.4.psd",参照样张 3(图 4.7),为背景添加镜头光晕滤镜,镜头类型为 105 毫米聚焦(L),亮度为 100%,保存为新的图像"例 4.4.jpg"。

具体操作步骤如下。

(1) 在 Photoshop 中打开"例 4.4.psd"。

(2) 使用滤镜:选择"背景"图层,选择"滤镜"→"渲染"→"镜头光晕"命令,弹出"镜头光晕"对话框,参数设置如图 4.25 所示,背景将出现太阳照射的效果。

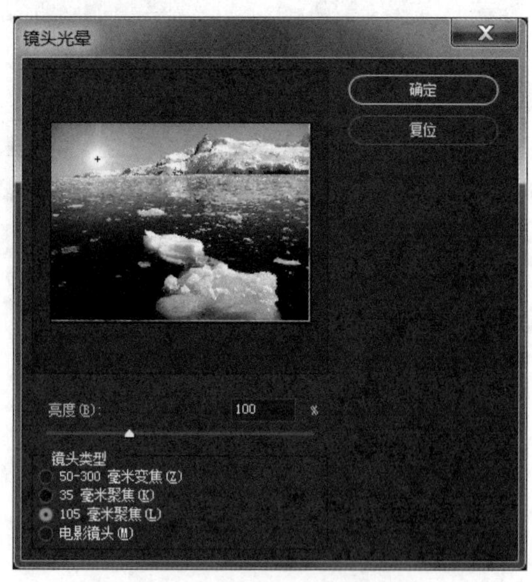

图 4.25 "镜头光晕"对话框

（3）将图像文件另存为“例 4.4.jpg”。

4.3.2　蒙版

Photoshop 中的图层就像一张张透明纸，这些透明纸重叠在一起形成图像，而蒙版(Mask)就像是遮盖在这些透明纸上的面具，如图层上的一块区域，我们不希望它显示在最终形成的图像上，就可以用蒙版把这一块区域遮盖起来。

Photoshop 里有图层蒙版、剪贴蒙版、快速蒙版等，其中图层蒙版最常用。图层蒙版需要和某个图层结合在一起使用，在图层上创建蒙版可以保护被遮挡的区域，使其透明或半透明。在图层蒙版上可以使用画笔或者渐变工具对蒙版进行修改，涂白色的部分显示(完全不透明)，涂黑色的部分隐藏(完全透明)，而涂灰色的部分为半透明。

【例 4.13】　打开第 4 章实验素材下的图像 pic13-1.jpg 和 pic13-2.jpg，将 pic13-1.jpg 中的龙形玉佩合成到 pic13-2.jpg 中，利用蒙版制作龙形玉佩外部半透明的效果，使合成效果更加逼真，并为图像添加文字“中华瑰宝”，文字设置：华文行楷、30 点、黄色，外发光图层样式，参照样张 8(见图 4.26)，保存为新的图像“例 4.13.jpg”。

V4.8 中华瑰宝

具体操作步骤如下。

（1）在 Photoshop 中打开图像 pic13-1.jpg 和 pic13-2.jpg。

（2）图像合成：打开图像 pic13-1.jpg，按 Ctrl+A 键把图像全部选中，并复制、粘贴到 pic13-2.jpg 中，调整位置和大小。

（3）添加图层蒙版：选中龙形玉佩所在的图层 1，单击“添加矢量蒙版”按钮，为图层 1 添加矢量蒙版，如图 4.27 所示。

图 4.26　样张 8

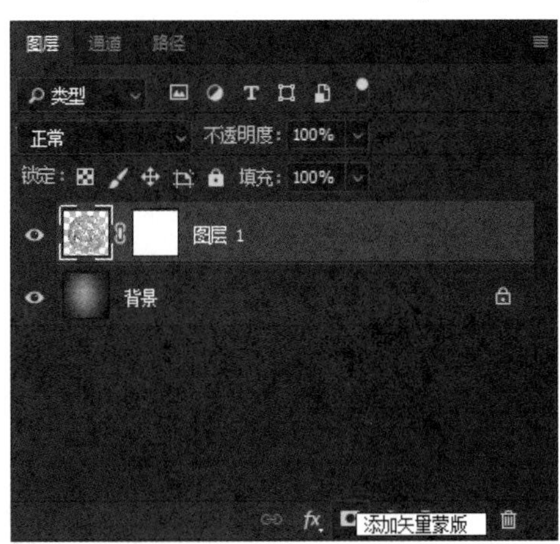

图 4.27　添加矢量蒙版

（4）修改蒙版：设置前景色为白色，背景色为黑色，单击渐变工具，设置渐变色为前景色到背景色渐变，渐变类型为径向渐变。选中图层 1 的蒙版，利用渐变工具从龙形玉佩的中间拉出一条直线到外部，如图 4.28 所示，在蒙版上绘制出白色到黑色的圆形渐变。蒙版中白色部分遮盖的龙形玉佩不透明(完全显示)，黑色部分完全透明(隐藏)，中间灰色部分半透明(若隐若现),制造出龙形玉佩与背景更加逼真的合成效果。

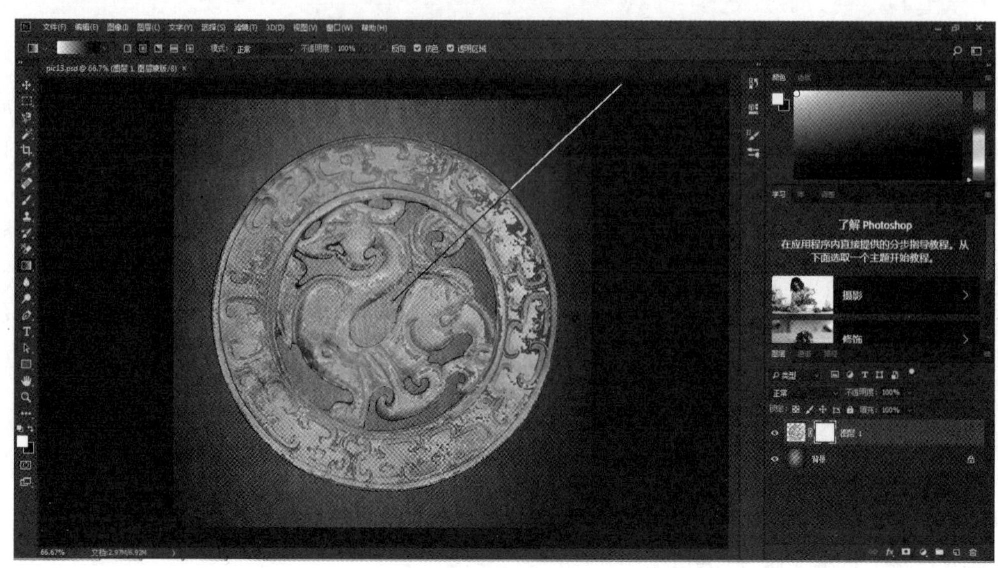

图 4.28 径向渐变

(5) 添加文字:选择横排文字工具,设置华文行楷、30 点、黄色,在图像 4 个角分别输入“中”“华”“瑰”“宝”4 个字,并分别单击 4 个字的图层,选择菜单“图层”→“图层样式”→“外发光”命令,为文字层添加外发光图层样式。

(6) 将图像文件另存为“例 4.13.jpg”。

【例 4.14】 打开第 4 章实验素材下的图像 pic14-1.jpg 和 pic14-2.jpg,参照样张 9(见图 4.29),将 pic14-1.jpg 中的小房子合成到 pic14-2.jpg 中,利用图层蒙版和橡皮擦工具处理小房子的底部,使之与背景结合得更自然,为图像添加文字“林间小屋”,文字设置:华文琥珀、72 点、对文字层添加描边(白色、外部、2 像素)和投影(−180 度、距离 12 像素)效果,保存为新的图像“例 4.14.jpg”。

V4.9 林间小屋

图 4.29 样张 9

具体操作步骤如下。

(1) 在 Photoshop 中打开图像 pic14-1.jpg 和 pic14-2.jpg。

(2) 图像合成：打开图像 pic14-1.jpg，使用魔棒工具选中白色背景，选择“选择”→“反选”命令，选中小房子，并复制、粘贴到 pic14-2.jpg 中的蘑菇上，调整位置和大小。

(3) 添加图层蒙版：选中小房子所在的图层 1，为图层 1 添加矢量蒙版。

(4) 修改蒙版：设置背景色为黑色，单击橡皮擦工具，设置大小为 10～15，不透明度为 15～20。选中图层 1 的蒙版，用橡皮擦在小房子底部进行涂抹，可以根据涂抹效果调整橡皮擦大小和不透明度，使小房子的底部与背景结合得更自然。

(5) 添加文字：选择直排文字工具，设置华文琥珀、72 点，在图像的合适位置输入文字“林间小屋”。设置图层的填充为 0，对文字层添加描边图层样式为大小 2 像素、位置外部、白色，同时添加投影图层样式为角度－180 度、距离 12 像素。

(6) 将图像文件另存为“例 4.14.jpg”。

4.4　综合实验

1. 实验目的

(1) 掌握图像合成的方法及相关工具，包括图像选取、图像操作以及文字工具。

(2) 能够应用仿制图章工具和图像调整方法进行图像修复。

(3) 能够应用滤镜和蒙版为图像添加特效。

2. 实验内容

完成综合实验中的所有题目，并保存在“图像处理”文件夹中。

【实验 4.1】　打开第 4 章综合实验素材下 SJ1 中的图像 pic1.jpg、pic2.jpg 和 pic3.jpg，将 pic1.jpg、pic2.jpg 合成到 pic3.jpg 中并适当调整大小和位置，为建筑部分添加斜面浮雕和光泽投影样式，参考样张如图 4.30 所示，将新的图像保存为 sj1.jpg。

图 4.30　综合实验 1 样张

操作提示：

(1) 建筑选取：pic1.jpg 中的建筑部分应用磁性套索工具选择，或者魔棒配合橡皮擦工具选择。

(2) 天空合成：pic2.jpg 合成到 pic3.jpg 中后，pic2.jpg 中的天空部分应用魔棒工具选择，再将天空部分删除。

(3) 图层样式：为建筑所在图层添加图层样式：斜面浮雕和光泽，其中光泽中的混合模式设置为柔光，其他参数默认。

【实验 4.2】 打开第 4 章综合实验素材下 SJ2 中的图像 pic1.jpg 和 pic2.jpg，为 pic1.jpg 添加杂色滤镜，将 pic2.jpg 图像中的红花合成到 pic1.jpg 中，并适当调整大小、方向及位置，输入文字"中国"和"红"，"中国"设置为方正舒体、14 点、黑色、浑厚，"红"设置为华文行楷、26 点、红色、浑，为"中国"添加角度为 120 度的投影，参考样张如图 4.31 所示，将新的图像保存为 sj2.jpg。

图 4.31 综合实验 2 样张

操作提示：

(1) 杂色滤镜：选择"滤镜"→"杂色"→"添加杂色"命令，设置"数量"为 15%，其他参数默认。

(2) 图像合成：pic2.jpg 中的花应用磁性套索工具选择；将花合成到 pic1.jpg 后，选择"编辑"→"自由变换"命令调整花的大小和方向。

【实验 4.3】 打开第 4 章综合实验素材下 SJ3 中的图像 pic1.jpg 和 pic2.jpg，将 pic1.jpg 中花瓶上的裂缝进行修复，合成到 pic2.jpg 中并适当调整大小、方向及位置，为花瓶添加角度为 150 度的投影。添加文字"彩陶"：华文行楷、150 点，颜色 RGB 值分别设置为 189、129、224，变形样式为花冠，并为文字添加光泽效果，参考样张如图 4.32 所示，将新的图像保存为 sj3.jpg。

操作提示：

(1) 花瓶修复：使用仿制图章工具，多次执行仿制操作，用裂缝旁边的图像覆盖裂缝。

(2) 图像合成：使用魔棒工具和反选选中花瓶，并合成到 pic2.jpg 中。

图 4.32　综合实验 3 样张

(3) 图层样式：为花瓶和文字分别添加投影和光泽图层样式。

【实验 4.4】　打开第 4 章综合实验素材下 SJ4 中的图像 pic1.jpg，使用仿制图章工具复制玻璃珠，并为除小鸡以外的背景图像添加马赛克滤镜，参考样张如图 4.33 所示，将新的图像保存为 sj4.jpg。

图 4.33　综合实验 4 样张

操作提示：

(1) 仿制玻璃珠：使用仿制图章工具在样张所示的位置复制三颗玻璃珠。

(2) 创建小鸡图层：使用磁性套索工具选中小鸡，创建新的图层，并将选中的小鸡复制到新图层中。

(3) 马赛克滤镜：打开背景层，选择“滤镜”→“像素化”→“马赛克”命令，设置单元格大小为8。

【实验4.5】 打开第4章综合实验素材下SJ5中的图像pic1.jpg和pic2.jpg，将pic2.jpg中的足球合成到pic1.jpg中，适当调整大小、方向及位置，为足球添加风的滤镜特效。添加文字“绿茵竞技”：华文行楷、24点、绿色，并为文字添加投影效果，参考样张如图4.34所示，将新的图像保存为sj5.jpg。

图4.34 综合实验5样张

操作提示：

(1) 足球选取：pic2.jpg中的足球可以用磁性套索工具或者椭圆选框工具选择。

(2) 风滤镜：选择“滤镜”→“风格化”→“风”命令，“方法”为“风”，“方向”为“从左”。

(3) 为文字添加投影样式：不透明度为50%，角度为－50，距离为10。

【实验4.6】 打开第4章综合实验素材下SJ6中的图像pic1.jpg和pic2.jpg，将pic2.jpg图像合成到pic1.jpg图像中并适当调整大小，制作镜像效果。添加文字“国粹”：华文行楷、120点、白色，并为文字添加投影及斜面和浮雕效果。为杯中的水设置扭曲波纹滤镜，参考样张如图4.35所示，将新的图像保存为sj6.jpg。

图4.35 综合实验6样张

操作提示：

(1) 图像合成：在 pic2.jpg 中应用魔棒工具选择黑色背景，再进行反选，选择脸谱，复制、粘贴到 pic1.jpg 中。

(2) 脸谱镜像效果：复制脸谱图层，选择"编辑"→"变换"→"水平翻转"命令，调整合适位置，并将图层不透明度设为 40%。

(3) 水波纹制作：应用磁性套索工具或者椭圆选框工具选择杯中的水，设置扭曲波纹，选择"滤镜"→"扭曲"→"波纹"命令，设置数量为 500。

【实验 4.7】 打开第 4 章综合实验素材下 SJ7 中的图像 pic1.jpg 和 pic2.jpg，将 pic1.jpg 图像合成到 pic2.jpg 图像中并适当调整大小。使用蒙版和对称渐变，使女孩图层的上部和下部与背景层柔和过渡。添加文字 Sweet Girl：48 点、白色，为文字添加 2 像素、色彩为＃1C44C6 的外部描边，并增加投影效果，文本旋转一定角度，参考样张如图 4.36 所示，将新的图像保存为 sj7.jpg。

图 4.36　综合实验 7 样张

操作提示：

(1) 图像合成：在 pic1.jpg 中按 Ctrl＋A 键(或者选择"选择"→"全部"命令)选择整幅图像，复制、粘贴到 pic2.jpg 中，调整大小。

(2) 图层蒙版：为女孩所在图层添加图层蒙版，在图层蒙版中应用对称渐变，创建一个白到黑的对称渐变，使女孩图层的上部和下部与背景层柔和过渡。

(3) 为文字添加描边和投影图层样式：其中描边图层样式设置：大小 2 像素、颜色＃1C44C6、位置外部。

(4) 文本旋转：选择"编辑"→"自由变换"命令进行旋转。

【实验 4.8】 打开第 4 章综合实验素材下 SJ8 中的图像 pic1.jpg、pic2.jpg 和 pic3.jpg，将 pic1.jpg 中的马合成到 pic2.jpg 中。为马制作水中倒影，利用蒙版工具隐藏马的倒影不在水中的部分。将 pic3.jpg 中的云朵合成到 pic2.jpg 中，给云朵添加"风"的滤镜特效。输入文字“天高云淡”：黑体、150 点，给文字添加 3 像素的白色描边，文字图层填充为 0，参考样张如图 4.37 所示，将新的图像保存为 sj8.jpg。

图 4.37　综合实验 8 样张

操作提示：

(1) 马选取：应用磁性套索工具选择。

(2) 制作马在水中的倒影：复制马的图层，选择“编辑”→“变换”→“垂直翻转”命令，调整合适位置，并将倒影图层的不透明度设为 35%。

(3) 使用蒙版工具隐藏马倒影不在水中的部分：为马的倒影所在图层添加图层蒙版，设置背景色为黑色，在图层蒙版中，用橡皮擦将倒影在水外的部分涂抹掉，可以根据涂抹效果调整橡皮擦大小和不透明度。

(4) 云朵风滤镜：选择“滤镜”→“风格化”→“风”命令，设置为大风。

(5) 文字描边图层样式：添加大小为 3 像素的白色描边，位置外部，文字所在图层填充为 0。

4.5　辅助阅读资料

Photoshop 官网：https://www.adobe.com/cn/products/photoshop.html。

第二部分　数据可视化展示

第5章 图文报告设计

本章主要介绍利用 Word 文字处理器实现图文报告的编写和组织、文稿修订与批注、长文档编排等。希望通过丰富的案例，让读者了解和掌握 Word 工具，满足文字编辑排版要求，从而更加容易地完成图文报告设计，实现数据的可视化展示。

5.1 Word 概述

微软公司推出的 Word 是目前最通用的办公软件之一。Word 具备强大的数据处理和展示功能，能够对文字、表格、图片和图表等进行编辑和排版，提供创建、设计各类精美及专业文档所需，功能全面的图文编辑工具，帮助用户节省大量格式化文档耗费的时间，提高工作效率，并获得优雅而美观的结果。目前，书籍、论文、报纸杂志、广告、名片等的设计排版工作很多都可以通过 Word 实现。

Word 2016 启动后进入窗口工作界面。界面组成部分如图 5.1 所示，主要有快捷访问工具栏、标题栏、"文件"选项卡、功能选项卡、功能区、编辑窗口和状态栏等部分组成。

Word 界面功能区以选项卡的方式，对操作命令根据用途进行分组和显示，使选项卡中命令的组合更加直观。选项卡可以引导用户开展各项任务，简化应用程序中多种功能的使用，提升应用程序的可操作性。在 Word 2016 功能区中，有"开始""插入""设计""布局""引用""邮件""审阅"等编辑文档的选项卡。

5.2 排版基础

排版是在有限的版面空间，将版面构成元素（文字、表格、图片和图形等）根据特定内容的需要进行组合排列，把构思与形式直观地展现在版面上，使之符合专业或审美的要求。Word 提供了强大的图文编排功能，可以高效地制作优秀的文档作品，满足各类需要。

通常情况下，根据文档的长短可分为长文档和短文档两种类型。当然，二者并没有严格的区分。长文档一般指有较多页数的文档，排版布局顺序通常为

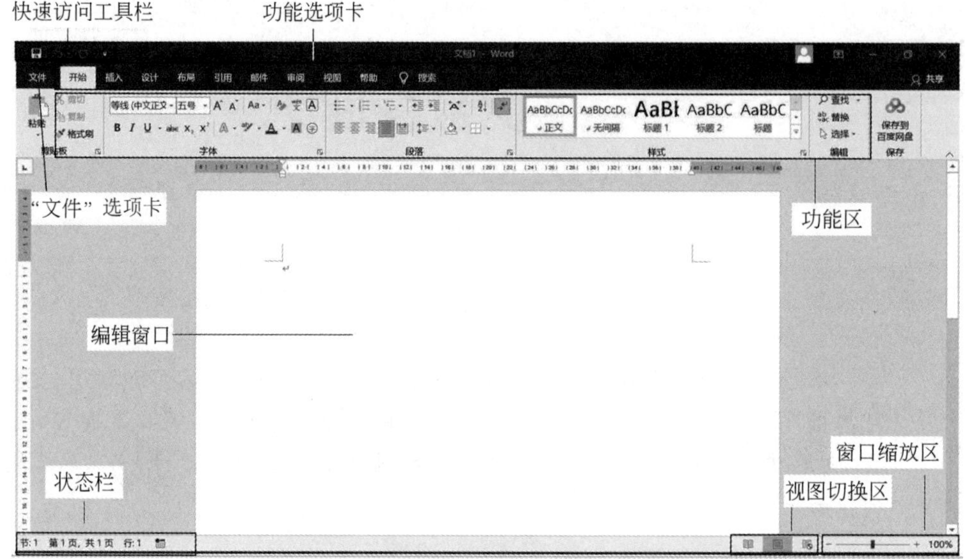

图 5.1 Word 界面组成

封面、摘要(或序)、目录、正文、附录、参考文献等,如毕业论文、书稿等;短文档的内容相对较少,如会议通知、邀请函、简单协议或公文等。

5.2.1 版面元素

Word 版面构成元素主要包括文字、表格、图片、图形和图表等。

1. 文字

文字是由各种语言文字和符号字符组成的数据,是信息展示的最基本形式。使用 Word 提供的字体和段落设置工具,可以实现文字基本的排版需求。

2. 表格

表格是用于对成组数字和其他数据项的一种显示形式,表格具有条理清楚、说明性强、查找快速等优点而被广泛使用。Word 提供了非常完善的表格处理工具,可以轻松制作满足需求的表格。

3. 图片、图形和图表

要使一篇文档美观,仅有简单的文字是远远不够的,必须使用插入图片、图形形状、SmartArt 图形、图表等元素,对文档进行整体版面设计。丰富的图片、图形及艺术字等对文档进行图文混排,可以使文档看起来更加生动、充满感染力。

Word 提供了丰富的形状工具,包括各种类型的线条、矩形、基本形状、箭头总汇、流程图、标注和星与旗帜等。每种类型又包含若干图形样式,利用这些形状工具可以绘制出用户所需的各种形状图形。

此外，SmartArt 图形是信息和观点的视觉表示形式。将图形和文字相结合，通过从多种不同布局中进行选择来创建 SmartArt 图形，从而快速、轻松、有效地传达信息。常见的 SmartArt 图形，包括各种的图形列表、流程图、关系图和组织结构图等。

4. 分隔符

在编辑文档时，很多排版如果仅靠 Enter 键，会遇到很多尴尬的事情，而使用分隔符可使得排版设计更为轻松自如。Word 中有 4 种分隔符，分别是分页符、分栏符、换行符和分节符，其作用各异。

（1）分页符。一般情况下，Word 会按照页面设置中的参数使文字自动换行，填满一页后自动分页。而分页符则可以使文档标题放在页首，或将表格完整地放在一页上，只要在分页的地方插入一个分页符强制分页。

（2）分栏符。指示分栏符后面的文字将从下一栏开始。如果一个文档以及某些段落分区后，Word 文档将自动分区到适当的位置。如果想要实现内容出现在下一列的顶部，可以在功能栏中插入分栏符。

（3）换行符。在通常情况下，文本到达文档页面右边距时，Word 将自动换行。选择换行符在插入点位置可强制断行（换行符显示为灰色↓形）。与直接按 Enter 键不同，这种方法产生的新行仍将作为当前段的一部分。

（4）分节符。Word 默认将整篇文档视为一节。如果希望每节可以设置不同的格式，包括页边距、纸张方向、纸张大小、分栏、页眉和页脚及页码格式等，可以使用分节符。例如，在写论文时，论文格式要求目录用“Ⅰ、Ⅱ、…”作为页码，而正文要用“1、2、3、…”作为页码，就需要将论文各部分放在不同的节中。

5.2.2 常用操作

Word 常用的基本操作可以通过功能选项卡中的各选项组操作实现。例如，在 Word 文档页面中，使用“布局”选项卡可以对页面进行页边距、纸张大小及方向的设置。在“开始”选项卡中对文字内容进行字体、字号、颜色及样式的修改，还可以对段落的对齐方式及间距等进行设置；在“插入”选项卡，可以进行表格、图片、页眉和页脚、艺术字及符号等内容的插入操作。

具体的操作，读者可以通过 5.2.3 节的实验逐渐熟悉和掌握。

5.2.3 排版练习实验

1. 文档的基本排版

1）实验目的

（1）掌握 Word 文档的建立、保存及打开。

（2）掌握基本页面设置及分隔符的使用。

（3）掌握文档的基本编辑操作。

（4）掌握字体、段落格式的设置方法。

(5) 掌握设置文本或段落的边框和底纹。

2) 实验内容

打开 Word 文档"大数据.docx",完成基础的排版操作,以原文件名保存。排版效果如图 5.2 所示。

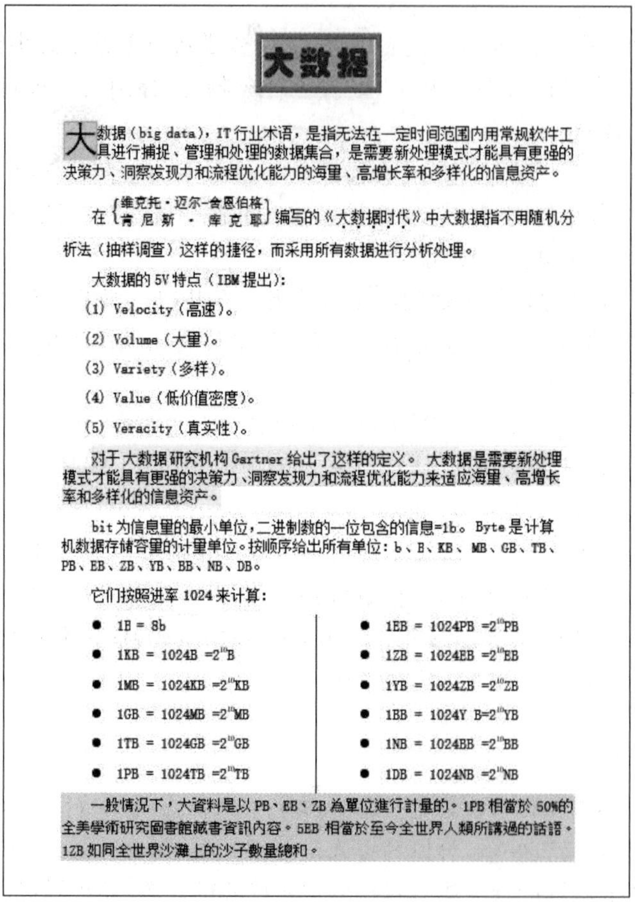

大数据

大数据（big data），IT 行业术语，是指无法在一定时间范围内用常规软件工具进行捕捉、管理和处理的数据集合，是需要新处理模式才能具有更强的决策力、洞察发现力和流程优化能力的海量、高增长率和多样化的信息资产。

在维克托·迈尔-舍恩伯格 肯尼斯·库克耶编写的《大数据时代》中大数据指不用随机分析法（抽样调查）这样的捷径，而采用所有数据进行分析处理。

大数据的 5V 特点（IBM 提出）:

(1) Velocity（高速）。

(2) Volume（大量）。

(3) Variety（多样）。

(4) Value（低价值密度）。

(5) Veracity（真实性）。

对于大数据研究机构 Gartner 给出了这样的定义。 大数据是需要新处理模式才能具有更强的决策力、洞察发现力和流程优化能力来适应海量、高增长率和多样化的信息资产。

bit 为信息量的最小单位，二进制数的一位包含的信息=1b。 Byte 是计算机数据存储容量的计量单位。按顺序给出所有单位: b、B、KB、MB、GB、TB、PB、EB、ZB、YB、BB、NB、DB。

它们按照进率 1024 来计算:

- 1B = 8b
- 1KB = 1024B $=2^{10}$B
- 1MB = 1024KB $=2^{10}$KB
- 1GB = 1024MB $=2^{10}$MB
- 1TB = 1024GB $=2^{10}$GB
- 1PB = 1024TB $=2^{10}$TB
- 1EB = 1024PB $=2^{10}$PB
- 1ZB = 1024EB $=2^{10}$EB
- 1YB = 1024ZB $=2^{10}$ZB
- 1BB = 1024Y B$=2^{10}$YB
- 1NB = 1024BB $=2^{10}$BB
- 1DB = 1024NB $=2^{10}$NB

一般情況下，大資料是以 PB、EB、ZB 為單位進行計量的。1PB 相當於 50%的全美學術研究圖書館藏書資訊內容。5EB 相當於至今全世界人類所講過的話語。1ZB 如同全世界沙灘上的沙子數量總和。

图 5.2　排版效果图

3) 要点提示

(1) 标题。

文字设为华文琥珀、一号、蓝色、居中,字符间距加宽 2.5 倍,金色底纹和三维浅蓝、3 磅的粗边框。

(2) 正文。

① 宋体小四号、两端对齐、段前 0.5 行。

② 第一段首字下沉两行且青绿色突出显示;其他段落首行缩进两字符。

V5.1 "大数据"排版

③ 第二段两位作者名双行合一,字体大小为二号;"大数据时代"字样加上着重号。

④ 5V 特点的首字母大写,加数字编号;下面一个自然段如效果图加黄色突出显示。

⑤ 数据存储计量单位改成上标，如 210 改成 2^{10}；加上项目符号并且进行分栏。

（3）最后一段设置为繁体字、行距 18 磅、浅灰色底纹。

2. Word 表格制作

1）实验目的

（1）掌握表格的创建与编辑。

（2）掌握合并或拆分单元格。

（3）掌握设置表格或单元格的边框和底纹。

2）实验内容

设计一张应届毕业生面试评价表，如图 5.3 所示。要求结构合理，文字皆适当对齐，部分单元格加底纹，表格外框线为双线。最终以文件名“应届毕业生面试评价表.docx”保存。

应届毕业生面试评价表

<table>
<tr><td>姓名</td><td></td><td>性别</td><td colspan="2"></td><td>年龄</td><td></td></tr>
<tr><td>毕业院校</td><td></td><td>学历</td><td colspan="2"></td><td>专业</td><td></td></tr>
<tr><td>应聘岗位</td><td></td><td>外语水平</td><td colspan="2"></td><td>计算机水平</td><td></td></tr>
<tr><td colspan="2" rowspan="2">面试要素</td><td colspan="5">评价等级</td></tr>
<tr><td>极佳</td><td>佳</td><td>一般</td><td>略差</td><td>差</td></tr>
<tr><td rowspan="5">基本素质</td><td>语言与沟通</td><td></td><td></td><td></td><td></td><td></td></tr>
<tr><td>应变能力</td><td></td><td></td><td></td><td></td><td></td></tr>
<tr><td>逻辑分析</td><td></td><td></td><td></td><td></td><td></td></tr>
<tr><td>自我认知</td><td></td><td></td><td></td><td></td><td></td></tr>
<tr><td>举止仪表</td><td></td><td></td><td></td><td></td><td></td></tr>
<tr><td rowspan="3">专业相关性</td><td>学习能力</td><td></td><td></td><td></td><td></td><td></td></tr>
<tr><td>教育背景</td><td></td><td></td><td></td><td></td><td></td></tr>
<tr><td>专业吻合性</td><td></td><td></td><td></td><td></td><td></td></tr>
<tr><td rowspan="2">录用适合性</td><td>企业文化相融性</td><td></td><td></td><td></td><td></td><td></td></tr>
<tr><td>胜任和发展潜力</td><td></td><td></td><td></td><td></td><td></td></tr>
<tr><td>综合评价及录用意见</td><td colspan="2">签名:</td><td>人事行政部门审核</td><td colspan="3">签名:</td></tr>
</table>

图 5.3　面试评价表

3）要点提示

（1）输入表格标题，创建一个 16 行×7 列的表格。

（2）根据图 5.3，进行相关单元格的合并，适当调整列宽。

（3）输入各单元格文字，设置相应对齐。

（4）设置表格外框双线，相应单元格的灰色底纹。

V5.2 面试评价表

3. 使用图片、图表、图形美化文档

1) 实验目的

(1) 掌握文本框的插入与编辑。

(2) 掌握图片的插入与修饰。

(3) 掌握 SmartArt 图表的使用与美化。

(4) 掌握使用形状工具。

2) 实验内容

设计制作一张咖啡屋的促销海报,完成效果如图 5.4 所示。要求版面结构布局合理,有一定的观赏性。最终以文件名“促销海报.docx”保存。

图 5.4 促销海报效果图

3) 要点提示

(1) 设计页面颜色为填充效果中的编织物纹理,页面边框为如图 5.4 所示的艺术型边框。

(2) 插入 coffee0.jpg 图片文件,图片样式为映像圆角矩形,图片效果为柔化边缘 10 磅,图片大小为 8.2cm×12.93cm。

V5.3 促销海报

(3) 插入文本框,输入两段中英文文字,文字颜色为橙色、个性 2、深度 50%,中文字为华文琥珀、一号、分散对齐,英文字为 Times New Roman、加粗。

(4) 插入形状中的 24 角星形，填充色为橙色、个性 2、深度 50%，添加文字，且“限时促销”可设繁体字，“6 折起”可设艺术字。

(5) 插入 SmartArt 图形，选择连续图片列表，分别在其中的圆形中插入 3 个图片文件：coffee1.jpg、coffee2.jpg、coffee3.jpg，调整图片大小为 5cm×5cm。对应文本中输入相应文字，字体为华文彩云。

(6) 插入形状中的圆角矩形，填充再生纸纹理，去掉轮廓线，置于底层。

4. 图文混排文档

1) 实验目的

(1) 掌握艺术字的插入与编辑。

(2) 掌握段落首字下沉及分栏的利用。

(3) 掌握文本、表格之间的转换。

(4) 掌握数学公式的基本编辑。

(5) 掌握页眉、页脚及页码的设置。

2) 实验内容

打开 Word 文档“人工智能发展报告(原文).docx”，参考效果如图 5.5 所示，完成图文混排。最终以文件名“人工智能发展报告.docx”保存。

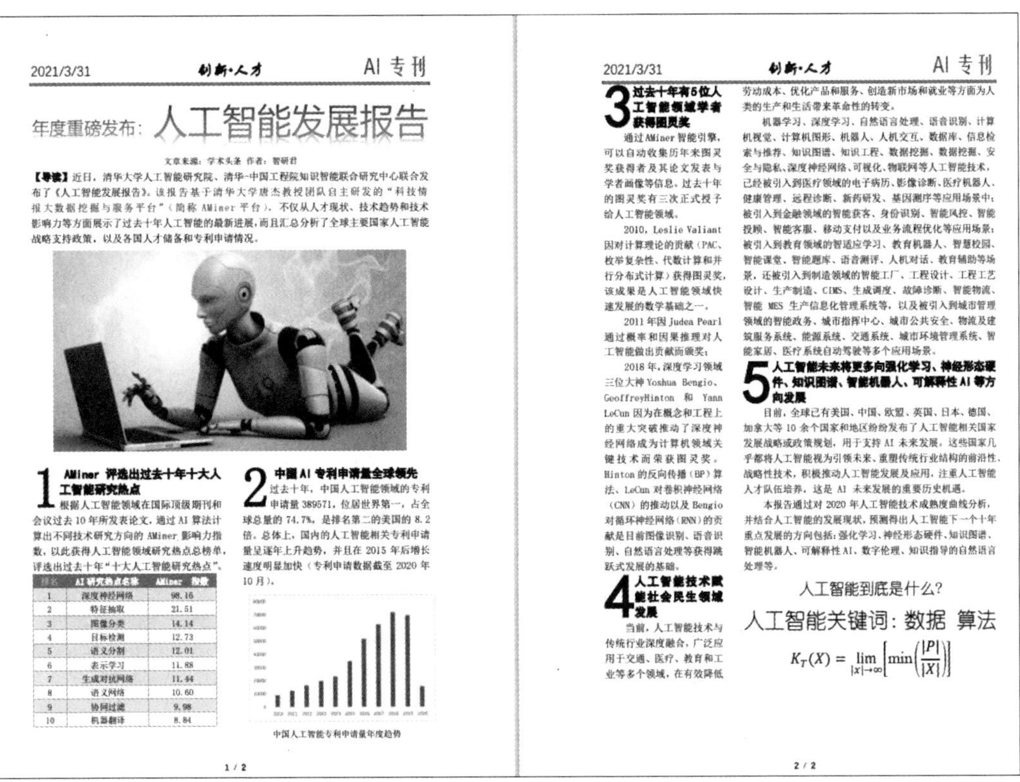

2021/3/31　创新·人才　AI 专刊

年度重磅发布：人工智能发展报告

文章来源：学术头条 作者：智研君

【导读】近日，清华大学人工智能研究院、清华-中国工程院知识智能联合研究中心联合发布了《人工智能发展报告》。该报告基于清华大学唐杰教授团队自主研发的“科技情报大数据挖掘与服务平台”（简称 AMiner 平台），不仅从人才现状、技术趋势和技术影响力等方面展示了过去十年人工智能的最新进展，而且汇总分析了全球主要国家人工智能战略支持政策，以及各国人才储备和专利申请情况。

1 AMiner 评选出过去十年十大人工智能研究热点

根据人工智能领域在国际顶级期刊和会议过去 10 年所发表论文，通过 AI 算法计算出不同技术研究方向的 AMiner 影响力指数，以此获得人工智能领域研究热点总榜单，评选出过去十年“十大人工智能研究热点”。

排名	AI 研究热点名称	AMiner 指数
1	深度神经网络	98.16
2	特征抽取	21.51
3	图像分类	14.14
4	目标检测	12.73
5	语义分割	12.01
6	表示学习	11.88
7	生成对抗网络	11.44
8	语义网络	10.60
9	协同过滤	9.98
10	机器翻译	8.84

2 中国 AI 专利申请量全球领先

过去十年，中国人工智能领域的专利申请量 389571，位居世界第一，占全球总量的 74.7%，是排名第二的美国的 8.2 倍。总体上，国内的人工智能相关专利申请量呈逐年上升趋势，并且在 2015 年后增长速度明显加快（专利申请数据截至 2020 年 10 月）。

中国人工智能专利申请量年度趋势

1 / 2

2021/3/31　创新·人才　AI 专刊

3 过去十年有 5 位人工智能领域学者获得图灵奖

通过 AMiner 智能引擎，可以自动收集历年来图灵奖获得者及其论文发表与学者画像等信息。过去十年的图灵奖有三次正式授予给人工智能领域。

2010，Leslie Valiant 因对计算理论的贡献（PAC、枚举复杂性、代数计算和并行分布式计算）获得图灵奖，该成果是人工智能领域快速发展的数学基础之一。

2011 年因 Judea Pearl 通过概率和因果推理对人工智能做出贡献而颁奖；

2018 年，深度学习领域三位大神 Yoshua Bengio、GeoffreyHinton 和 Yann LeCun 因为在概念和工程上的重大突破推动了深度神经网络成为计算机领域关键技术而荣获图灵奖。Hinton 的反向传播（BP）算法、LeCun 对卷积神经网络（CNN）的推动以及 Bengio 对循环神经网络（RNN）的贡献是目前图像识别、语音识别、自然语言处理等获得跳跃式发展的基础。

4 人工智能技术赋能社会民生领域发展

当前，人工智能技术与传统行业深度融合，广泛应用于交通、医疗、教育和工业等多个领域，在有效降低劳动成本、优化产品和服务、创造新市场和就业等方面为人类的生产和生活带来革命性的转变。

机器学习、深度学习、自然语言处理、语音识别、计算机视觉、计算机图形、机器人、人机交互、数据库、信息检索与推荐、知识图谱、知识工程、数据挖掘、数据挖掘、安全与隐私、深度神经网络、可视化、物联网等人工智能技术，已经被引入到医疗领域的电子病历、影像诊断、医疗机器人、健康管理、远程诊断、新药研发、基因测序等应用场景中；被引入到金融领域的智能获客、身份识别、智能风控、智能投顾、智能客服、移动支付以及业务流程优化等应用场景；被引入到教育领域的智适应学习、教育机器人、智慧校园、智能课堂、智能题库、语音测评、人机对话、教育辅助等场景，还被引入到制造领域的智能工厂、工程设计、工程工艺设计、生产制造、CIMS、生成调度、故障诊断、智能物流、智能 MES 生产信息化管理系统等，以及被引入到城市管理领域的智能政务、城市指挥中心、城市公共安全、物流及建筑服务系统、能源系统、交通系统、城市环境管理系统、智能家居、医疗系统自动驾驶等多个应用场景。

5 人工智能未来将更多向强化学习、神经形态硬件、知识图谱、智能机器人、可解释性 AI 等方向发展

目前，全球已有美国、中国、欧盟、英国、日本、德国、加拿大等 10 余个国家和地区纷纷发布了人工智能相关国家发展战略或政策规划，用于支持 AI 未来发展。这些国家几乎都将人工智能视为引领未来、重塑传统行业结构的前沿性、战略性技术，积极推动人工智能发展及应用，注重人工智能人才队伍培养，这是 AI 未来发展的重要历史机遇。

本报告通过对 2020 年人工智能技术成熟度曲线分析，并结合人工智能的发展现状，预测得出人工智能下一个十年重点发展的方向包括：强化学习、神经形态硬件、知识图谱、智能机器人、可解释性 AI、数字伦理、知识指导的自然语言处理等。

人工智能到底是什么？

人工智能关键词：数据 算法

$$K_T(X) = \lim_{|x|\to\infty}\left[\min\left(\frac{|P|}{|X|}\right)\right]$$

2 / 2

图 5.5　图文混排效果图

3) 要点提示

(1) 标题文字设置为渐变蓝色艺术字,字体微软幼黑,前后文字分别为小二号和小初号。

(2) 在第一段后插入图片 AI_pic.jpg,调整图片大小为 7.2cm×13cm。

(3) 将十大 AI 研究热点的排名数据转换成表格,设置表格样式,且表格行高为 0.5cm。

(4) 最后 2 行文字设为幼圆,字号分别为三号和二号;在文末输入如下数学公式:

$$K_T(X)=\lim_{|x|\to\infty}\left[\min\left(\frac{|P|}{|X|}\right)\right]$$

(5) 将"中国人工智能专利申请量年度趋势图"之前两段设置左右对称的分栏;之后三大段至公式部分设置左窄右宽的两栏。

V5.4 人工智能发展报告

(6) 黑体字的 5 个标题段落设置首字下沉 3 行。

(7) 设置页眉,左、中、右分别输入 2021/3/31、"创新 · 人才""AI 专刊"。页面底端设置加粗显示的数字 2 页码。

5.3 文档的批注与修订

一篇好的文稿或许要经过多个人的反复修改。文稿作者在完成文档的正式编排后,通常情况下,会需要请上司、导师或同学对自己的文档进行审阅指导,Word 提供了文档审阅的批注与修订功能。

5.3.1 批注与修订

1. 批注

批注是审阅者对文档的部分内容做一些批示、注释,或给出修改建议,又或是提出一些问题、想法。批注仅用于表达审阅者意见,并不对文档本身进行修改,而是在页面空白处生成有颜色的批注框,在其中添加注释信息,作者可以接受或拒绝批注。

(1) 建立批注。先在文档选择要进行注释的内容,单击"审阅"选项卡"批注"选项组中的"新建批注"按钮,Word 在页面右侧会显示一个批注框。直接在批注框输入注释,单击批注框外任何区域,完成批注建立,如图 5.6 所示。

图 5.6 添加批注

(2) 查看批注。自动逐条定位批注只需要单击"审阅"选项卡"批注"选项组中的"上一条"或"下一条"按钮。如果要将批注的内容直接用于文档,可通过复制、粘贴的方法进行操作。

(3) 删除批注。选中需要删除的批注框,单击"审阅"选项卡"批注"选项组中的"删除"

下拉箭头，在弹出的下拉菜单中选择“删除”命令，如选择“删除文档中的所有批注”命令可删除所有批注。

2. 修订

修订是对文档所做的各项更改操作的标记。修订和批注不同，修订是文档的一部分。启动修订功能后，作者或审阅者每次插入、删除或更改格式，都会被自动标记出来。作者可以查看审阅者修改的内容、审阅者是谁以及修订时间，还可以根据需要接受或拒绝每处修订，如图 5.7 所示。

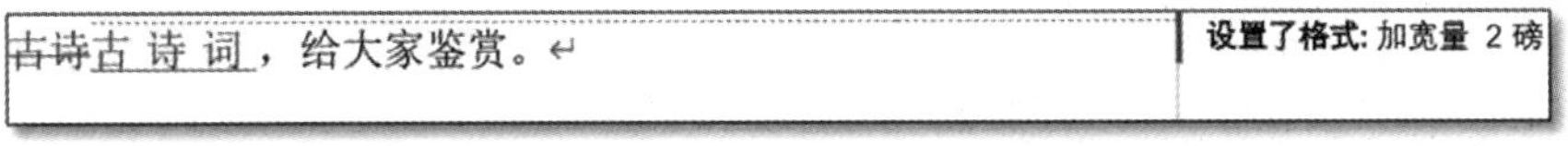

古诗古 诗 词，给大家鉴赏。↵　　设置了格式: 加宽量 2 磅

图 5.7　添加修订

（1）打开/关闭修订功能。单击“审阅”选项卡“修订”选项组中的“修订”按钮，使其高亮突出显示。

（2）查看修订。单击“审阅”选项卡“更改”选项组中的“上一条”或“下一条”按钮。

（3）接受或拒绝审阅者的修订。通过查看修订，定位修订处，单击“审阅”选项卡“更改”选项组中的“接受”或“拒绝”下拉箭头，在弹出的下拉菜单中选择相应的命令。

5.3.2　批注与修订文档实验

1. 实验目的

（1）掌握文档的批注方法。

（2）掌握文档的修订方法。

（3）掌握接受或拒绝审阅者的批注与修订的方法。

2. 实验内容

打开 Word 文档“中秋节的来历和习俗.docx”，参考效果图如图 5.8 所示，完成文档的批注与修订。最终以文件名“中秋节的来历和习俗审阅.docx”保存。

3. 实验要求

单击“审阅”选项卡“修订”选项组中的“修订”按钮，具体完成如下操作。

1）批注

（1）诗词名《望月怀远》中的“怀远”两个字添加注释批注，内容为“怀念远方的亲人。”

（2）诗词名《水调歌头》中的“水调歌头”4 个字添加注释批注，内容为“词牌名，又名‘元会曲’‘台城游’‘凯歌’‘江南好’‘花犯念奴’等。”

V5.5 中秋节的来历和习俗审阅

2）修订

（1）将题目文字居中，取消首行缩进。

（2）将正文中所有“中秋节”设置为红色。

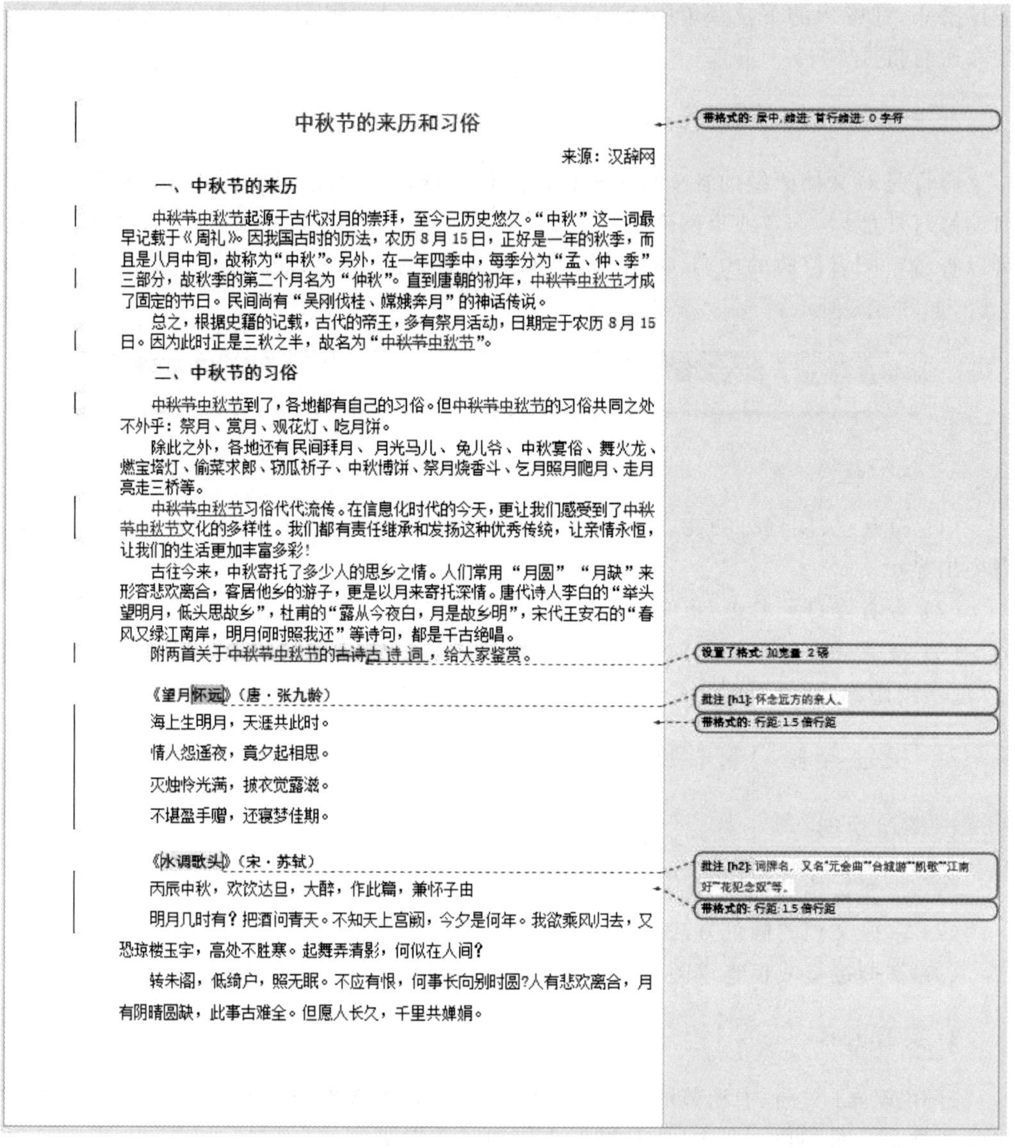

中秋节的来历和习俗

来源：汉辞网

一、中秋节的来历

~~中秋节~~虫秋节起源于古代对月的崇拜，至今已历史悠久。“中秋”这一词最早记载于《周礼》。因我国古时的历法，农历 8 月 15 日，正好是一年的秋季，而且是八月中旬，故称为“中秋”。另外，在一年四季中，每季分为“孟、仲、季”三部分，故秋季的第二个月名为“仲秋”。直到唐朝的初年，~~中秋节~~虫秋节才成了固定的节日。民间尚有“吴刚伐桂、嫦娥奔月”的神话传说。

总之，根据史籍的记载，古代的帝王，多有祭月活动，日期定于农历 8 月 15 日。因为此时正是三秋之半，故名为“~~中秋节~~虫秋节”。

二、中秋节的习俗

~~中秋节~~虫秋节到了，各地都有自己的习俗。但~~中秋节~~虫秋节的习俗共同之处不外乎：祭月、赏月、观花灯、吃月饼。

除此之外，各地还有民间拜月、月光马儿、兔儿爷、中秋宴俗、舞火龙、燃宝塔灯、偷菜求郎、窃瓜祈子、中秋博饼、祭月烧香斗、乞月照月爬月、走月亮走三桥等。

~~中秋节~~虫秋节习俗代代流传。在信息化时代的今天，更让我们感受到了~~中秋节~~虫秋节文化的多样性。我们都有责任继承和发扬这种优秀传统，让亲情永恒，让我们的生活更加丰富多彩！

古往今来，中秋寄托了多少人的思乡之情。人们常用“月圆”“月缺”来形容悲欢离合，客居他乡的游子，更是以月来寄托深情。唐代诗人李白的“举头望明月，低头思故乡”，杜甫的“露从今夜白，月是故乡明”，宋代王安石的“春风又绿江南岸，明月何时照我还”等诗句，都是千古绝唱。

附两首关于~~中秋节~~虫秋节的~~古诗~~古 诗 词，给大家鉴赏。

《望月怀远》(唐·张九龄)

海上生明月，天涯共此时。

情人怨遥夜，竟夕起相思。

灭烛怜光满，披衣觉露滋。

不堪盈手赠，还寝梦佳期。

《水调歌头》(宋·苏轼)

丙辰中秋，欢饮达旦，大醉，作此篇，兼怀子由

明月几时有？把酒问青天。不知天上宫阙，今夕是何年。我欲乘风归去，又恐琼楼玉宇，高处不胜寒。起舞弄清影，何似在人间？

转朱阁，低绮户，照无眠。不应有恨，何事长向别时圆?人有悲欢离合，月有阴晴圆缺，此事古难全。但愿人长久，千里共婵娟。

图 5.8 批注与修订效果图

(3)“古诗”改为“古诗词”,并设置字符间距加宽 2 磅。

(4) 两首诗词的行间距改成 1.5 倍行距。

3) 接受或拒绝批注及修订

自行尝试接受或拒绝审阅者的批注及修订,查看效果。

5.4 长文档编排

在日常学习与办公中,经常会遇到包含大量文字的长文档,如毕业论文、项目策划书、合同、制作书籍、产品说明书等。由于长文档的结构比较复杂,内容也较多,如果不注意使

用正确的方法，整个工作过程可能费时费力，且质量不能令人满意。

使用 Word 提供的创建和修改样式，插入页眉、页脚、页码和创建目录等功能，可以方便地对这些长文档进行排版。

5.4.1　长文档格式化相关概念

1. 样式

字符和段落是一篇文档的主体，而样式是指一组已经命名的字符和段落格式的集合。对于长文档的排版，使用样式编排文档，可使文档的格式随样式同步自动更新，快速高效。此外，利用样式可以快速生成文档的目录。

Word 本身提供了较为丰富的样式集，每个样式都有一个唯一的样式名称，样式随文档一起保存。如果预设的样式不能满足要求，用户可以新建样式，或在现有样式的基础上修改、应用样式。

2. 脚注与尾注

脚注作为文档某处内容的注释，一般位于页面的底部，常用于一些说明书、标书、论文等正式文中。脚注由两个关联的部分组成，包括注释引用标记和其对应的注释文本。

尾注是对文档的补充说明，一般位于文档的末尾，用于列出引文的出处等。尾注也由两个关联的部分组成，包括注释引用标记和其对应的注释文本。

3. 域

域是一种特殊的命令，用于指示 Word 在文档中插入某些特定的内容或自动完成某些复杂的功能。它由花括号、域名（域代码）及选项开关构成。域代码类似于公式，域选项开关是特殊指令，在域中可触发特定的操作。

域的最大优点是可以根据文档的改动或者其他有关因素的变化而自动更新。熟练使用 Word 域，可以增强排版的灵活性，减少许多烦琐的重复操作，提高工作效率。例如，使用域可以将插入的日期和时间自动更新；使用插入域的方法得到长文档中的页码、各类序号和某些特定的文字内容或图形等，如图表的题注、脚注和尾注的号码；自动生成目录、插入文档属性信息；实现邮件的自动合并；等等。

4. 交叉引用

交叉引用是对文档中其他位置内容的引用，用于说明当前的内容。引用说明文与被引用的图片、表格等对象的相关内容（如题注）是相互对应的，且能够随相应图片、表格等对象在执行完删除、插入操作后相关内容（如编号）的变化而变化，一次性更新，而不需手工一个个地进行修改。

5.4.2　长文档编排的一般步骤

长文档一般由封面、标题、目录、正文、辅文（前言、后记、附录、索引、参考文献、致谢）

等部分组成。要自动生成目录,必须设置文档的大纲级别。大纲级别分标题和正文。标题可以带序号,如文稿的各章节;也可以不带序号,如前言、附录、参考文献等。

不同性质的长文档有其统一的格式和风格,但通常来说,长文档排版都有如下步骤。

1. 设置页面

排版的第一步就是设置页面。例如,设置页边距、纸张大小、装订线的位置等。如果写完所有文字后发现文档、页边距不符合要求,再调整文档版式,很可能会发现文稿非常混乱。

2. 设置样式

排版的第二步是设置样式,也就是规定文稿各部分的格式。

(1)设置正文样式。正文样式是 Word 最基本的样式,建议不要轻易修改默认的正文样式。如果有需要,可以重新创建一个新的正文样式。

(2)设置各级标题样式。与正文样式不同,各级标题样式可以使用默认的样式,也可以直接对其修改,或是创建新的样式。

3. 自定义多级列表

自定义多级列表给每个标题编上序号,分为如下两种情况。

(1)文档正文尚未完成输入。可以在设置样式完成后进行多级列表的设置。设置时,要在“级别链接到样式”栏中进行正确设置,确定链接。这样对于文章编辑、调整章节非常有利。设置好后可以根据章节的增减变化自动调整编号。

(2)文档已经完成输入。这种情况没有必要再进行多级列表设置,当章节有变化时,只能通过手动修改的方法改变编号。

4. 分节

给长文档排版时,文档结构的不同组成部分往往有不同的设置要求。例如,正文前的内容页码用大写罗马数字单独编排,正文部分则用阿拉伯数字连续编排等。这种情况只有进行文档分节才能妥善解决。

5. 设置页眉和页脚

页眉和页脚是文稿的常见元素,对于文档的美观、结构的清晰和阅读的方便都有很大帮助。

对于长文档排版,页眉和页脚的格式往往都有明确的要求。例如,首页页眉不同、奇偶页页眉不同、不同章节需要设置不同的页眉等。这种复杂的设置通常也与分节有关。

6. 使用题注、交叉引用

题注是对图片、表格、公式一类的对象进行带编号注释的说明段落。例如,每个图下方的“图 5.1 Word 界面组成”等文字。为图片编号后,还要在正文中设置引用说明,如“如

图 5.1 所示”。引用说明文字与图片相互对应，这就是交叉引用。

7. 生成目录

对于论文、书稿、项目策划书等大型文档，目录是必不可少的要素。目录的设置在文档格式大体排版完成后进行。要充分利用 Word 的自动生成目录功能，必须先对文档进行样式设置；否则只能通过手动方式逐一设置，而且不利于修改。在样式的基础上使用目录自动生成功能，快速高效。

5.4.3　长文档编排实验

1. 实验目的

(1) 学会长文档的排版方法。

(2) 掌握样式的创建和应用。

(3) 理解节的概念和认识域的作用并学会使用。

(4) 掌握页眉和页脚的应用。

(5) 掌握自动生成和更新目录的方法。

2. 实验内容

打开 Word 文档“宋词集萃(原文).docx”，按照要求完成长文档的排版操作，最终以“宋词集萃.docx”文件名保存。

3. 实验要求

首先观察文档的内容和结构。

(1) 文档由封面标题、前言、目录、正文部分构成。

(2) 正文中包含了 13 位宋代著名词作者的词作，在词作者简介之后是精选其部分经典名篇。

(3) 整个文档共 1 节，分为 13 页构成。

其次按要求完成下面的操作。

(1) 页面的基本设置。

① 设置文档的纸张大小为 16 开，页边距上、下为 2.15 厘米，左、右为 1.96 厘米。

② 前言和目录标题文字设为黑体、加粗、三号；前言内容文字设为楷体、小四号、首行缩进 2 字符、行距为 18 磅。

(2) 样式的创建、应用和修改。

① 创建 1 级段落样式。设置“名称”为“作者”，“样式基准”为“标题 1”，如图 5.9(a)所示。“格式”设置为“楷体、三号、加粗、蓝色、右对齐”。

② 创建 2 级段落样式。设置“名称”为“作品名”，“样式基准”为“标题 2”，如图 5.9(b)所示。“格式”设置为“宋体、四号、加粗、深红色、段前 6 磅、段后 2 磅”。

③ 将“作者”样式应用到文档中的“苏轼”“辛弃疾”“李清照”等词作者的名字上。

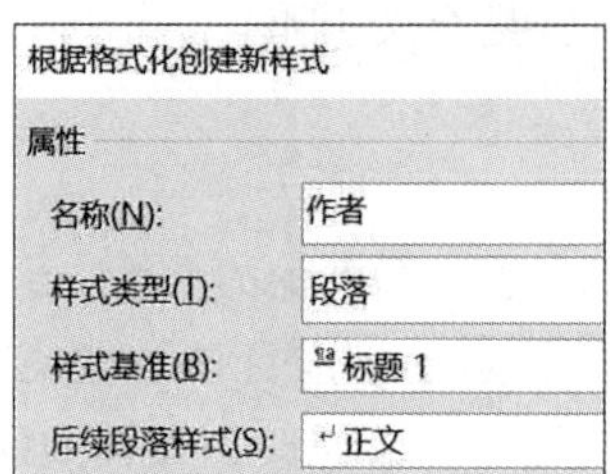

(a) 作者

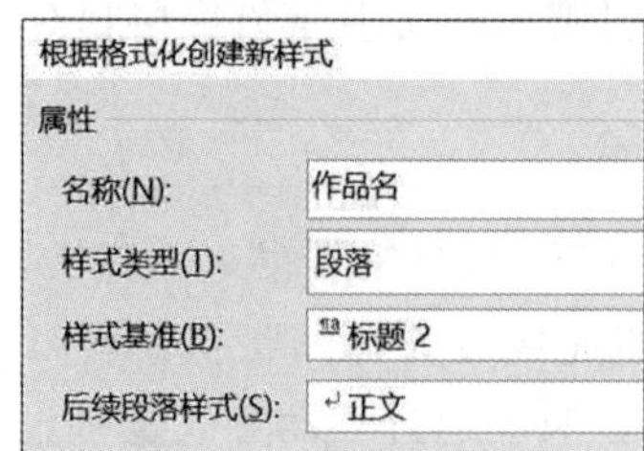

(b) 作品名

图 5.9 创建新样式

④ 将“作品名”样式应用到文档中的“水调歌头”“念奴娇·赤壁怀古”等所有词作品名标题上。

⑤ 修改正文样式。将正文样式行距修改为 1.25 倍。

⑥ 切换为大纲视图,可以分别在“显示级别 1”“显示级别 2”“显示所有级别”下查看文档。

(3) 分节。

在文档的目录前、每个词作者名字前分别插入一个“下一页”分节符。完成后文档共被分成 14 节,如图 5.10 所示。

图 5.10 大纲视图

(4) 插入页码。

① 定位目录页,在底端居中插入页码,先取消"与上一节相同"的设置(使该节的页码不与前一节关联),页码格式用大写罗马数字(Ⅰ,Ⅱ,Ⅲ…),页码编号从Ⅰ开始。

② 定位宋词页,先取消"与上一节相同"的设置,选中"奇偶页不同"复选框。在奇数页底端插入"堆叠纸张 1"格式页码,页码用阿拉伯数字,从 1 开始编号;在偶数页底端插入"堆叠纸张 2"格式页码。

(5) 设置页眉。

V5.6 宋词集萃

① 将文档属性中的"标题"设置为"宋词集萃"。

② 设置奇数页页眉。首先取消"与上一节相同"的设置,然后在页眉中插入 Title 域。

③ 设置偶数页页眉。同样先取消"与上一节相同"的设置,然后在页眉中插入 StyleRef 域中的"作者"样式名。

(6) 生成文档目录。

① 定位目录处,在文档插入且生成一个二级目录(第 1 级为"作者",第 2 级为"作品名")。

② 更新目录。若内容有调整,页码变动,对目录进行"更新域"操作,可自动调整目录中对应的页码。

(7) 插入脚注。

① 定位文档结尾词作者唐婉的"钗头凤"后面,插入脚注,使用自定义标志符号 *。脚注内容:词牌名,原名"撷芳词",又名"折红英""惜分钗"等。

② 试用鼠标在正文和脚注之间单击进行自动跳转。

5.5 综合实验

1. 实验目的

(1) 掌握 Word 页面排版、文字排版、段落排版、图文混排、艺术字等,实现图文处理。

(2) 综合应用 Word 的强大桌面编辑排版功能进行图文报告设计。

2. 实验内容

(1) 表格制作,完成如图 5.11 所示的个人消费贷款申请表。

(2) 自行设计完成图文混排。内容可以是学生自己所在学院的宣传介绍或者所在社团组织一项活动的宣传海报等。

(3) 毕业论文排版。打开"毕业论文(素材).docx",可以按照你所在学校对毕业论文的排版要求进行,也可以按照下面的具体要求完成排版。

① 页面设置。设置纸张大小为 A4 纸;页边距左为 3 厘米,右边距为 2 厘米,上、下均为 2.5 厘米。

② 字体。正文字体为宋体、四号、首行缩进 2 字符、单倍行距;摘要、目录字样为黑

个人消费贷款申请表

姓　名		性别		年　龄		照片
身份证号				健康状况		
户口所在地		邮编		学　历		
现居住地址		联系电话				
家庭人口		家庭年收入		有无保险		
工作单位		职　务		单位电话		
拟购商品情况						
出售单位名称						
出售单位地址						
商品名称		数　量		价格		
贷款担保形式	住房抵押□	质押□		保证□		
近三年工作简历	单　位	工作时间	职务	备　注		
审批意见	主管人： 年　月　日					

图 5.11　个人消费贷款申请表

体、三号、加粗，段前、后各 1 行。

③ 分节。在文档中插入 6 个分节符，将目录以及正文各章、参考文献、致谢分为不同节，使各部分在下一页开始新一节。

④ 页码。页码从正文开始编排，用阿拉伯数字，放在右下角。

⑤ 创建并应用样式。一级标题为 1，黑体、加粗、小二号，居中；二级标题为 1.1，黑体、加粗、三号；三级标题为 1.1.1，黑体、小三号；标题段前、后间距 1 行，二级和三级标题左对齐。

⑥ 页眉。正文第 1 章开始设置页眉，奇数页页眉左侧是“××大学(你所在学校)毕业论文(设计)”；偶数页页眉右侧是“论文题目”。

⑦ 标题。附表标题和表内容为宋体、五号，表序和标题在表的上方标明，自动编序。

⑧ 标号。插图标题和图内文字为宋体、五号，图序和标题在图的下方居中标明，自动编序。

⑨ 自动生成目录。目录含 3 级标题，文字为宋体、小四号；1.5 倍行距，页码要求为对齐。

5.6　辅助阅读资料

5.6.1　Word 常用快捷键

在用 Word 操作文档时，利用常用快捷键，可以提高文档的编辑排版速度。表 5.1 列出 Word 常用的快捷键。

表 5.1　Word 常用快捷键

按键	说　明	按键	说　明
Ctrl+N	创建新文档	Ctrl+Shift+>	字号增大一个值
Ctrl+S	保存文档	Ctrl+Shift+<	字号减小一个值
Ctrl+A	选择全部内容	Ctrl+Shift+C	复制格式
Ctrl+C	复制文本	Ctrl+Shift+V	粘贴格式
Ctrl+V	粘贴文本	Ctrl+←	向左移动一个字词
Ctrl+X	剪切文本	Ctrl+→	向右移动一个字词
Ctrl+Z	撤销上一步操作	Ctrl+1	单倍行距
Ctrl+Y	恢复撤销操作	Ctrl+2	双倍行距
Ctrl+]	逐磅增大字号	Ctrl+5	1.5 倍行距
Ctrl+[	逐磅减小字号		

5.6.2　Word 文档度量单位及换算

1. 字号计量单位

Word 文档字号主要包括号与磅两种度量单位，其中号的单位数值越小，磅单位的数值就越大。字号与磅之间对应关系如表 5.2 所示。

表 5.2　字号与磅两种度量单位对应关系

号	磅	号	磅	号	磅	号	磅
初号	42	二号	22	四号	14	六号	7.5
小初	36	小二	18	小四	12	小六	6.5
一号	26	三号	16	五号	10.5	七号	5.5
小一	24	小三	15	小五	9	八号	5

2. 英寸、磅与毫米的换算

掌握 Word 中各类计量单位的换算，是文档排版中精确设置、布局文档各元素的保障。Word 常用尺寸计量单位包括英寸、磅和毫米,它们之间的换算关系如下。

- 1 英寸=72 磅=25.4 毫米。
- 1 磅=0.3528 毫米。
- 1 毫米=2.8346 磅。

5.6.3 Word 常见问题及解决办法

1. 如何快速批量删除文档中多余的空行

应用说明:Word 文档中常常有一些多余的空行,对于较多的空行逐个删除比较费时,可以使用替换功能快速批量删除。具体操作方法如下。

(1) 打开文档,单击“开始”选项卡“编辑”选项组中的“替换”选项,打开“查找和替换”对话框。

(2) 光标定位在“查找内容”文本框中,单击“更多”按钮,在“特殊格式”列表中选择“段落标记”选项。

(3) 重复在“特殊格式”列表中选择“段落标记”选项,在“查找内容”文本框中可以看见^P^P。

(4) 光标定位在“替换为”文本框中,在“特殊格式”列表中选择“段落标记”选项(或直接输入^P),单击“全部替换”按钮,完成^P^P 替换为^P。

2. 如何取消自动产生的编号

应用说明:在没有改变 Word 默认设置情况下,自动编号时常自动添加。如果用户不需要,可以设置和取消自动编号。具体操作方法如下。

(1) 选择“文件”→“选项”命令,打开“Word 选项”对话框,单击“校对”中的“自动更正选项”按钮。

(2) 打开“自动更正”对话框,切换到“键入时自动套用格式”选项卡,在“键入时自动应用”选项组中,取消勾选“自动编号列表”复选框。

3. 如何防止表格跨页断行

应用说明:在制作的表格中输入内容后,有时候会出现表格的部分行及内容移到下一页的情况,这样既不方便用户查看也影响美观,可以通过设置使表格跨页不断行。具体操作方法如下。

(1) 打开文件,选中跨页的表格右击,在弹出的快捷菜单中选择“表格属性”命令。

(2) 在弹出的“表格属性”对话框中切换到“行”选项卡,在“尺寸”选项组中取消勾选“指定高度”复选框,在“选项”选项组中取消勾选“允许跨页断行”复选框。这样,表格各行将被调整到合适的高度,同一行的内容将显示在同一个页面中。

注意:也可以使用组合键快速拆分表格。将光标定位到要成为第 2 个表格的首行的某个单元格内,然后按 Ctrl+Shift+Enter 键。

4. 快速删除分节符

应用说明：在 Word 中分节后，可以针对不同的节进行不同的页面设置等个性化内容。插入分节符很简单，但是，因为分节符属于不可见字符，默认情况下看不到。下面介绍如何删除分节符，具体操作方法如下。

（1）打开要删除分节符的文档，单击“视图”选项卡中的“大纲视图”按钮，就可以方便地看到分节符了。

（2）选中分节符，按 Delete 键即可将其删除。

（3）若想批量删除所有的分节符，可以使用替换来实现。

注意：在“开始”选项卡“替换”选项右侧，选择“显示/隐藏编辑标记”也可显示出分节符。

5. 如何去除页眉中的横线

应用说明：在 Word 中，只要插入了页眉，系统默认就会在页眉下方产生一条横线。即便是清除页眉中的内容，横线也无法消除。实际上，可以根据个人需要删除页眉上的横线。具体操作方法如下。

（1）打开文件，双击页眉进入页眉页脚编辑状态。

（2）单击“开始”选项卡“段落”选项组中的“边框”按钮，从下拉列表框中选择“边框和底纹”选项，弹出“边框和底纹”对话框。选择“边框”选项卡中的“无”选项，在“应用于”下拉列表框中选择“段落”选项，即可将页眉中的横线去除。

6. 如何关闭语法错误功能

应用说明：Word 具有拼写和语法检查功能，该功能可以检查用户输入的文本，尤其是英文的拼写和语法是否正确。但是在页面上经常会看见红红绿绿的波浪线，影响视觉效果。用户可以关闭语法错误功能。具体操作方法如下。

（1）选择“文件”→“更多”→“选项”，打开“Word 选项”对话框。

（2）选择“校对”选项卡，在“在 Word 中更正拼写和语法时”选项组中取消勾选“键入时标记语法错误”复选框。

7. 将 Word 文档转换为 PDF 格式

应用说明：对于已经编辑完成的文档，如果不希望其他用户对原文档进行任何的改动，可以将文档转换为 PDF 格式。具体操作方法如下。

（1）打开文档，单击“文件”“导出”→“创建 PDF/XPS 文档”选项，然后单击其右侧的“创建 PDF/XPS”按钮。

（2）在弹出的“发布为 PDF 或 XPS”对话框中设置文档的保存位置，即可将文档转换为 PDF 格式。

第6章

演示文稿制作

6.1 幻灯片基础操作

Microsoft Office PowerPoint（俗称 PPT）是微软公司推出的演示文稿制作软件，是 Microsoft Office 办公套件中的重要组件之一。使用它可以设计和制作会议演讲、专家学术报告、个人总结、产品展示、广告宣传、教学培训等电子版的幻灯片，通过精炼方案，把静态文档制作成动态文档的方式，将复杂的问题变得通俗易懂，使读者、观众更容易理解和记住作者、演讲者所表达的意图。本章以 Microsoft Office PowerPoint 2016 版本为例，通过具体示例介绍其常用的功能。

6.1.1 演示文稿的基本结构

启动 PowerPoint 应用程序，打开演示文稿“唐诗欣赏.ppt”，单击窗口底部状态栏中“普通视图”按钮，从文档窗口左侧可以观察到演示文稿是由若干幻灯片组成的，每张幻灯片可以包含文本、图表、图形、图片、音频等对象。一般来说，一个完整的演示文稿包含标题页（封面页）、目录页、内容页（章节页）和结束页（总结页），如图 6.1 所示。

因此从结构上看，制作演示文稿的过程，实际上就是制作组成演示文稿的幻灯片。

6.1.2 模板和母版

1. 模板

演示文稿模板是演示文稿的框架，它定义了其包含的幻灯片的整体设计风格，包括幻灯片的版式、配色，使用的图形、图片、动画、切换方式等。利用这些模板创建演示文稿时，可以在需要填写内容的地方输入相应的信息，再根据实际需求对幻灯片外观进行修改、补充设计或稍加装饰，就可以制作出精彩的演示文稿，这样可以大大提高制作演示文稿的效率。

PowerPoint 2016 中的模板可以从以下方式获得。

（1）软件系统本身自带的模板。

（2）通过微软网站下载模板。

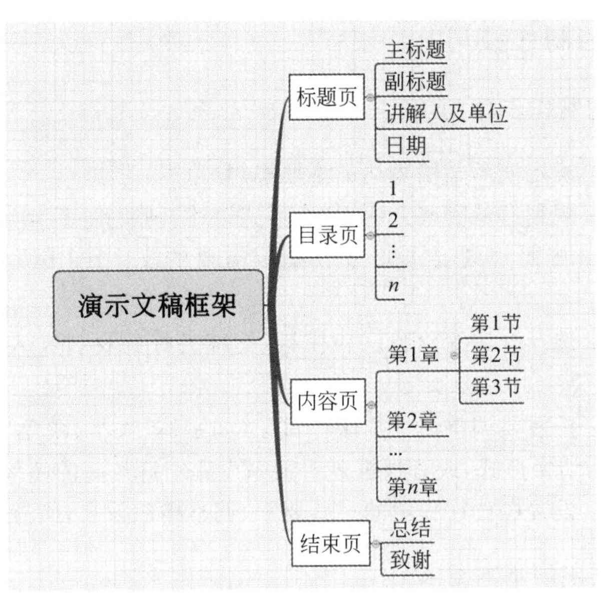

图 6.1　演示文稿框架

(3) 通过互联网上其他网站下载，如 WPS 官网、优品 PPT、第 1PPT 网、51PPT 等。互联网上还有很多专业和非专业的网站提供各种类型的 PPT 模板（PPT 素材、PPT 图表）的下载，用户可以利用搜索引擎寻找。当然，网上也有一些网站采用收费方式，根据用户的需求量身定制，效率更高。

(4) 通过专业公司进行付费定制，制作演示文稿时更加得心应手。

注意：下载的 PPT 模板大多以压缩文件形式呈现，因此，下载后需要对它进行解压后才能使用。当然，如果用户熟练掌握了 PPT 制作技巧，也可以自行制作模板，方便自己使用，或者提供给其他人使用。

主题是一组预定义的颜色、字体和视觉效果，可在演示文稿中应用于选定的、全部幻灯片以实现统一专业的外观。PowerPoint 2016 提供了几十种预设的主题给用户使用，当然，用户也可以创建自己的主题。

2. 母版

Microsoft Office 中 Excel、Word 的文档都是基于模板文件创建的。在 PowerPoint 中，幻灯片母版是一种特殊的幻灯片，它定义了演示文稿中所有幻灯片的页面格式，包括使用的字体、字号、占位符位置及大小、背景的设计和颜色配置等。演示文稿的幻灯片也是基于幻灯片母版而创建的。如果更改了幻灯片母版，就会影响所有基于该母版创建的演示文稿幻灯片。因此，使用母版的目的是对整个演示文稿进行全局的设计，或者方便今后的统一修改，使演示文稿的布局统一、协调，具有整体感，符合人们的视觉习惯，保证所有幻灯片整体主题风格的一致性。PowerPoint 2016 提供了 3 种类型的母版，分别是幻灯片母版、讲义母版和备注母版，用于幻灯片、讲义页和备注页的设计。

6.1.3 幻灯片的制作技巧

1. 演示文稿的制作步骤

(1) 明确需求：确定演示文稿表达的主题思想(论点、观点)。

(2) 确定方案：规划好从哪些方面、什么形式论述、阐明论点，制定初步草案。

(3) 收集素材：按照规划要求多方收集所需要的文字(文献)资料、图片、声音等材料。

(4) 初步制作：选择合适的(相近的)模板，把准备好的材料输入组成幻灯片的相应对象中。

(5) 装饰处理：按需要调整幻灯片中各对象(如字体、大小、颜色等)动画播放顺序或呈现方式、幻灯片间切换形式，或者根据逻辑关系设置幻灯片间的超级链接等。

(6) 预演播放：设置播放过程中的一些要素，调整播放效果，满意后正式输出播放。

2. 制作演示文稿的基本要求

对于教学、培训上使用的演示文稿的制作有如下基本要求(建议)供参考。

1) 文字的制作

(1) 每屏文字数量及字号大小以实地会场视觉清晰、美观为标准，字体颜色与背景色区别明显。同一界面内文字与其他媒体的关系处理上应在视觉上主次有序、布局得当、层次鲜明。一般情况下，一级标题为黑体、48 号；二级标题为方正宋黑体、40 号；内容为楷体、36～38 号，线条不小于 2.25 磅。

(2) 符合国标规定的公文格式，学科专有的符号应遵循各学科的规范用法。除特殊用途外，不得采用繁体字、异体字。

(3) 幻灯片背景的选择要与课程内容相符，模板与内容所选颜色的对比度宜大，一般可用蓝底(不宜深蓝)、偏灰白色字或黄色字。

(4) 所有标题风格要一致，每张幻灯片上的颜色一般不超过 3 种；标题位于幻灯片的上方，每张幻灯片一般由标题及内容组成，力求二者统一。

(5) 每张幻灯片的行字数一般在 15 字以内，行数应控制在 6 行以内。

2) 静止画面的制作

静止画面一般是指通过扫描仪、数字照相机等计算机辅助设备和用平面设计工具绘制的图形、图像和图表等。制作的基本要求如下。

(1) 画面贴近主题，真实、清晰、美观，色彩和谐。图像分辨率建议使用 1024×768 像素，颜色深度使用 16 位增强色以上。

(2) 文件格式通常采用 JPG、GIF、PNG 格式。建议使用 JPG 格式文件，最好将图片分辨率设置在 72 像素/英寸(1 英寸＝2.54 厘米)，图片尺寸以不超过 1024×768 像素为宜。

(3) 使用 Photoshop 或其他图像处理软件对其进行必要的裁剪、校色，去掉杂乱的背景等处理。

(4) 如果有较大的图形、图像和图表等，应按每张幻灯片所要求的字数和行数控制标准，进行科学、合理拆分，可用若干幻灯片加以表现和展示。

3) 运动画面的制作

运动画面一般指视频、录像和动画素材等。制作的基本要求如下。

(1) 选用优质视频源，以保证得到较好的视频信号质量，视频播放清楚流畅，速率不小于 20 帧/秒。

(2) 文件通常采用 AVI、MPEG 和 WMV 格式。推荐使用 MPEG 流媒体格式。视频类素材中的音频与视频图像有良好的同步。

【例 6.1】 如图 6.2 所示，制作“唐诗欣赏.pptx”演示文稿。具体操作步骤如下。

(1) 收集有关唐代著名诗人张九龄、李白、杜甫、王维、孟浩然、王之涣的简介和图片，以及他们撰写的诗，并从中挑选大家比较熟悉的几首。

(2) 启动 PowerPoint 2016 应用程序，单击“新建”按钮，从模板列表框中选中“丝状”，然后单击“创建”按钮。

(3) 在第一张幻灯片的标题和副标题文本框中分别输入“唐诗欣赏”和“——摘自《唐诗三百首》”，并适当调整其格式；单击“插入”选项卡“幻灯片”选项组中的“新建幻灯片”按钮，在新建的幻灯片标题中输入“作者”，如图 6.2 所示，在文本框中输入第一章至第六章诗人姓名。

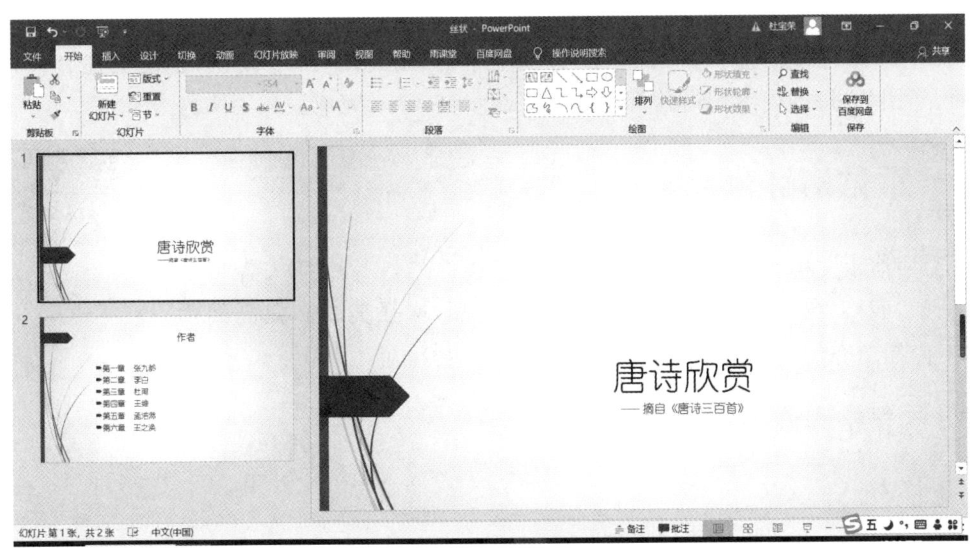

图 6.2 插入幻灯片

(4) 感觉当前幻灯片外观效果不是很理想，可以利用系统提供的“主题”功能修改。单击“设计”选项卡“主题”选项组中的下拉按钮，打开此演示文稿的所有主题，从中选择“回顾”选项。

(5) 在网上搜索比较契合反映唐诗意境的图片，作为标题、目录幻灯片的背景，以改善观感；在左侧幻灯片浏览区选中第一张幻灯片，单击“设计”选项卡“自定义”选项组中的“设置背景格式”按钮，在“设置背景格式”面板的“填充”选项中，选中“图片或纹理填充”单选按钮,并从“图片源”选项中单击“插入”按钮,打开“插入图片”窗口,单击“从文件”按钮打开“插入图片”对话框,就可以把相关的图片设置为幻灯片背景。同理可以将第二张幻灯片的背景设置为设定的图片,如图 6.3 所示。

图 6.3 设定背景图

(6) 单击“插入”选项卡“幻灯片”选项组中的“新建幻灯片”按钮,创建上述有关诗人的简介、图片、诗的内容幻灯片都创建到该演示文稿中,完成后关闭文件。

6.2 常见幻灯片元素设计

V6.1 幻灯片展示

为使演示文稿更加具有表现力,经常需要在幻灯片中插入各种对象(例如,表格、图片、图表、图形等)来丰富画面,增强美感和提高阅读性,下面简单介绍其中一些对象的使用方法。

6.2.1 表格和图表

1. 表格

如果要在幻灯片中显示有规律的数据,可以使用表格来完成。首先要插入表格,输入数据后对表格进行修饰、美化。也可以根据表格内的数据生成图表,更好地表现数据间的关系。

使用系统提供的菜单可以插入表格。

(1) 单击“插入”选项卡“表格”选项组中的“表格”按钮,如图 6.4 所示。在显示的“插入表格”窗格中,选择需要创建的表格行数和列数。

(2) 单击“插入”选项卡“表格”选项组中的“表格”按钮,在弹出的下拉菜单中选择“插入表格”命令,打开“插入表格”对话框,输入“行数”“列数”。

对表格的编辑操作，如单元格的拆分与合并、单元格中文本对齐方式、行和列的插入与删除等，可以参照文字处理软件中表格处理的方法，使用系统提供的选项卡（先选定表格）“表格工具-布局”可以实现上述对表格的操作。对表格的外观（例如，表格边框、背景、颜色、效果等）的修饰，可以使用选项卡（先选定表格）“表格工具-设计”来实现。

2. 图表

数据图表是 PowerPoint 中常见的元素，利用这种数据可视化工具可以使得复杂的数据及其间的关系更加容易阅读和理解。因此，如果要制作的幻灯片涉及数据分析与比较，使用图表展示结果是很不错的选择。插入图表的操作为：单击“插入”选项卡“插图”选项组中的“图表”按钮，打开“插入图表”对话框，用户就可以根据自己的实际需要选择合适的图表，最后单击“确定”按钮，如图 6.5 所示。

图 6.4　插入表格

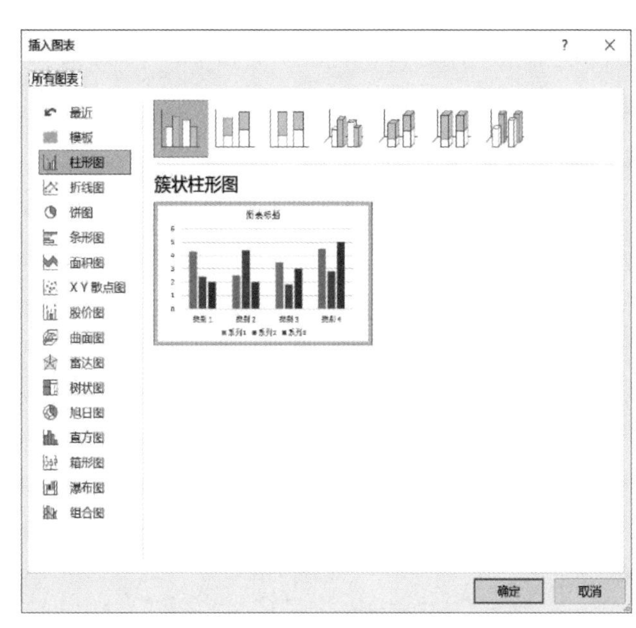

图 6.5　“插入图表”对话框

实际上，PowerPoint 中的图表就是使用 Excel 创建的，该图表由多个对象组成，包括图表标题、图表区、绘图区、系列、坐标轴等。如果要对这些对象进行修改，先选中需要修改的图表对象（例如，图表标题），或者要添加数据的标签，然后可以通过使用“图表工具-设计”“图表工具-格式”选项卡完成，也可以参照 Excel 中的图表操作。

6.2.2　图形和 SmartArt 图形

图形是幻灯片设计中必不可少的重要元素，它用于布局版面、修饰文字、数据图示化等。同时，在幻灯片中使用图形可以实现图文混排，增强幻灯片可视化效果，使用户所要表达的内容更形象、更易理解，从而更好地调动读者、观众的兴趣，使信息传达得更快。

向幻灯片插入图形,可以单击"插入"选项卡"插图"选项组中的"形状"按钮,在弹出的下拉列表中选择要插入的图形,如图 6.6 所示。用户插入图形后,可以对它的边框、填充、特殊效果进行设置,直至满意为止。

在 Microsoft Office 2007 及以后版本,用户都可以在文档中创建 SmartArt 图形。SmartArt 图形可以让文字图形化,并且通过选择合适的类型,作者可以很清晰、直观地表达出信息之间的逻辑关系,如并列关系、流程关系、循环关系、层次关系、递进关系等。所以在 PowerPoint 中 SmartArt 图形使用得非常广泛。

向幻灯片插入 SmartArt 图形,可以单击"插入"选项卡"插图"选项组中的 SmartArt 按钮,打开"选择 SmartArt 图形"对话框,如图 6.7 所示。如果选择 SmartArt 图形作布局,需要预先设计好需要传达什么信息以及希望信息以哪种方式呈现。同时,当切换布局时,大部分文字和其他内容、颜色、样式、效果和文本格式会自动带入新布局中。按照此方式,可以快速轻松地切换布局,所以可以尝试不同类型的不同布局观察其效果,直至找到一个最适合的信息进行图解的布局为止。

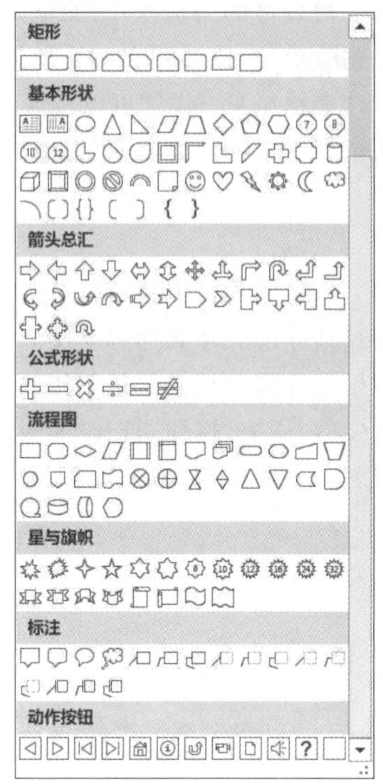

图 6.6 插入图形

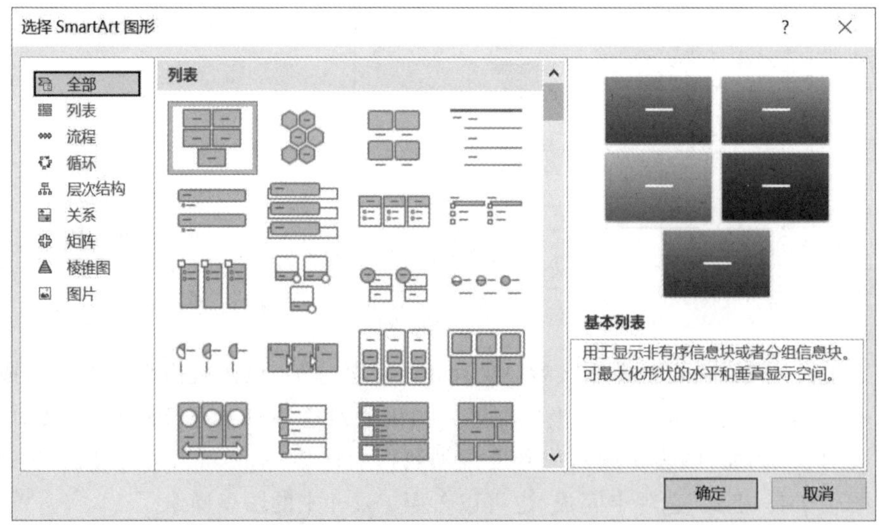

图 6.7 "选择 SmartArt 图形"对话框

6.2.3 超级链接

在 PowerPoint 中,超级链接技术可以实现从一个幻灯片转到本文档其他幻灯片、结束幻灯片放映、自定义放映、其他演示文稿、网页或其他文件。演示文稿在放映时,幻灯片是按照创建时的顺序播放的，但有时用户想根据实际情况需要改变播放顺序，这时就可以使用超级链接的方法实现。

PowerPoint 还预设了一些人们在工作生活中常见的图形按钮，如图 6.8 所示。这些就是动作按钮，可以将动作按钮插入幻灯片并为其设置超级链接。方法是单击“插入”选项卡“插图”选项组中的“形状”按钮，在弹出的下拉列表中找到“动作按钮”选项组，从中选择某一按钮，此时光标变为十字形状，用户在幻灯片相应的位置上拖动光标，系统会在该位置创建动作按钮的同时弹出“操作设置”对话框，如图 6.9 所示，用户就可以根据创建的动作按钮选择相应的超级链接目标了。

动作按钮

图 6.8　插入动作按钮

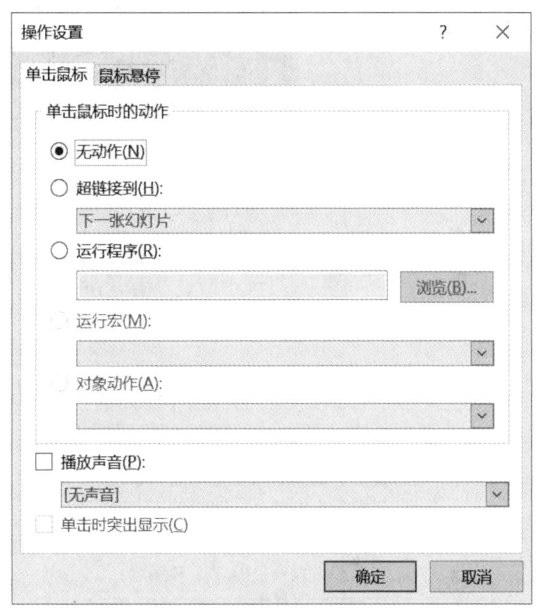

图 6.9　“操作设置”对话框

【例 6.2】　修改“唐诗欣赏.pptx”演示文稿中的幻灯片。具体操作步骤如下。

(1) 搜索、统计李白、杜甫、王维、孟浩然 4 位诗人所写的诗在《唐诗三百首》中收录的数量分别是 27、38、29 和 15 首；准备好你所在学校的校徽，放置到每张幻灯片的左上角。

(2) 打开“唐诗欣赏.pptx”演示文稿，将目录中各章标题的诗人姓名与简介的幻灯片分别创建超链接。具体操作：在普通视图的左侧窗格单击第二张幻灯片，在右侧窗格中选定“第一章 张九龄”，单击“插入”选项卡“链接”选项组中的“链接”按钮，打开“插入超链接”对话框，从“链接到”选项中选择“在本文档中的位置”，在“请选择文档中的位置”列表框中选择“张九龄简介”，并单击“确定”按钮。其他诗人操作相同。

(3) 把光标移到最后一张幻灯片后面，单击“插入”选项卡“幻灯片”选项组中的“新建幻灯片”按钮，从打开的下拉列表框中选择“标题和内容”选项，在标题文本框中输入“《唐诗三百首》简介”，在“内容”文本框中输入“《唐诗三百首》是一部流传很广的唐诗选集。唐朝是中国诗歌发展的黄金时代,云蒸霞蔚,名家辈出,唐诗数量多达五万余首。《唐诗三百首》收录了77家诗,共311首,其中收录的几位大家的诗数量如右图所示。各位如果有兴趣的话,可以找来仔细阅读、欣赏。”适当调整文本框大小并使之放在幻灯片标题下方的左侧;单击“插入”选项卡“插图”选项组中的“图表”按钮,在弹出的“插入图表”对话框中单击“确定”按钮,打开“Microsoft PowerPoint 中的图表”窗口,如图6.10所示。在区域A2:A5输入上述诗人姓名,区域B2:B5输入他们收录诗的数量,在B1输入“单位:首”,将C、D两列删除,完成后关闭该窗口。单击图表上“图表标题”对象,将内容修改为“收录诗的数量”,调整图表大小并放置合适的位置,如图6.11所示。

Microsoft PowerPoint 中的图表

	A	B	C	D	E
1		系列 1	系列 2	系列 3	
2	类别 1	4.3	2.4	2	
3	类别 2	2.5	4.4	2	
4	类别 3	3.5	1.8	3	
5	类别 4	4.5	2.8	5	

图 6.10 选中数据

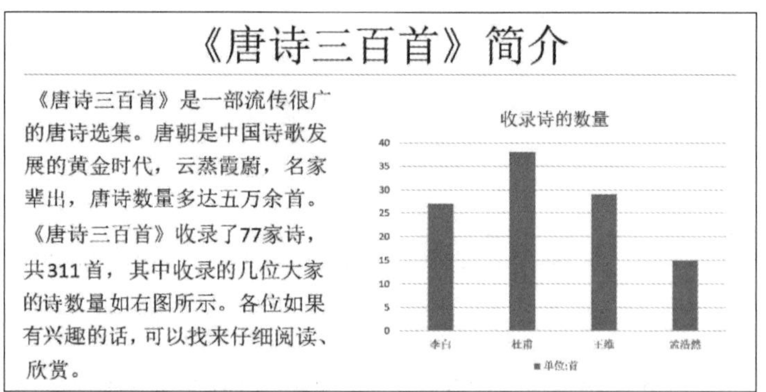

图 6.11 插入图表后

(4) 选中左侧窗格中第一张幻灯片,然后单击“视图”选项卡“母版视图”选项组中的“幻灯片母版”按钮,系统就切换到幻灯片“母版视图”。单击“插入”选项卡“图像”选项组中的“图片”,在弹出的下拉菜单中选择“此设备”命令,打开“插入图片”对话框,选择你学校的校徽图片后,单击“确定”按钮。调整图片大小并移至合适位置。右击校徽图片,从弹出的快捷菜单中选择“复制”命令,采用粘贴方法把图片复制到其他幻灯片相应的位置,如图6.12所示。

单击“幻灯片母版”选项卡“关闭”选项组中的“关闭幻灯片母版”按钮,系统返回到普通视图。

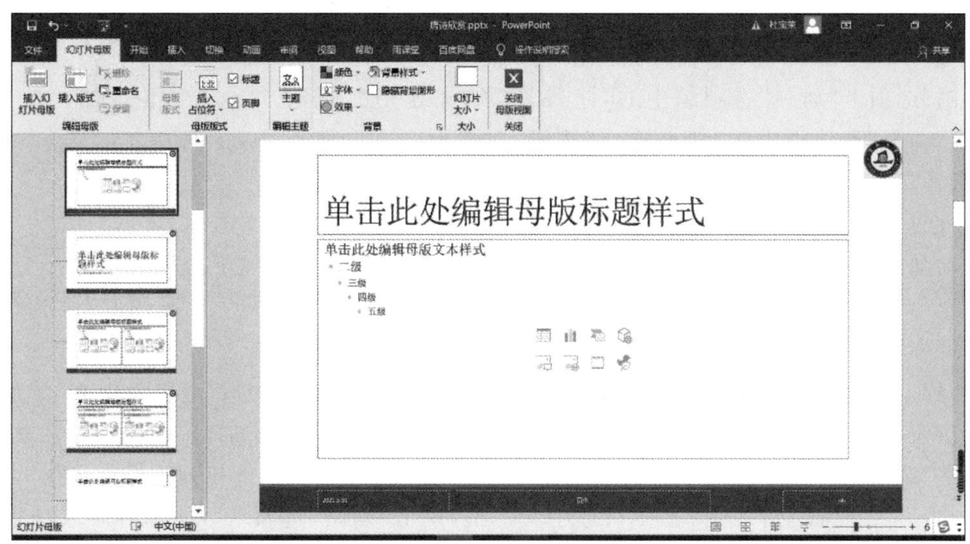

图 6.12　在母版中插入图片作为幻灯片背景

6.3　PPT 动画

在演示文稿的幻灯片中设置动画，可以让原来静止的演示文稿更加生动。PowerPoint 提供的动画效果十分生动有趣，且容易通过菜单实现。位于幻灯片中的文本、图片、形状、表格、SmartArt 图形和其他对象都可以设置动画效果，使它们从不同的位置，以不同的形式放映，可以有效地增强演示文稿对观众的吸引力，产生更好的感染效果。

6.3.1　4 种 PPT 动画

在演示文稿中创建的动画效果有各种各样的表现形式，但总体上来说大概有 4 种类型，分别是进入、强调、动作路径、退出，如图 6.13 所示。

退出
进入
PPT动画类型
动作路径
强调

图 6.13　PPT 动画种类

(1)“进入”动画：在幻灯片放映时元素进入放映界面的动画效果。

(2)“强调”动画：元素已经生成，通过旋转、缩放、更改颜色等形式让需要强调的元素突出的动画，元素不会发生位移。

(3)“动作路径”动画：元素已经生成，用于指定的元素在幻灯片放映时它移动的轨迹。

(4)“退出”动画：元素退出页面时的动画。

6.3.2　PPT 动画制作举例

【例 6.3】　对“唐诗欣赏.pptx”演示文稿中幻灯片添加动画。具体操作步骤如下。

(1) 打开"唐诗欣赏.pptx"演示文稿,在普通视图左侧窗格中选择第一张幻灯片,在右侧窗格选中标题文本框,单击"动画"选项卡"动画"选项组中的"浮入"选项,单击"动画"选项卡"动画"选项组中的"效果选项"按钮,在弹出的下拉列表中选择"下浮"选项,在"计时"选项组"开始"选项的下拉列表框中选择"上一动画之后","持续时间"框中输入 2;选中副标题文本框,单击"动画"选项卡"动画"选项组中的"擦除"选项,单击"效果选项"按钮,在弹出的下拉列表中选择"自右侧"选项,在"计时"选项组"开始"选项的下拉列表框中选择"与上一动画同时","持续时间"框中输入 2。

V6.2 "唐诗欣赏"添加动画

(2) 同理选中第二张幻灯片标题,单击"动画"选项卡"高级动画"选项组中的"添加动画"按钮,在弹出的下拉菜单中选择"更多进入效果"命令,打开"添加进入效果"对话框,在"基本"选项组中选择"轮子"选项,在"计时"选项组"开始"选项的下拉列表框中选择"上一动画之后""持续时间"框中输入 1;选中文本框,单击"动画"选项卡"高级动画"选项组中的"添加动画"按钮,在弹出的下拉菜单中选择"更多强调效果"命令,打开"添加强调效果"对话框,在"细微"选项组中选择"变淡"选项,在"计时"选项组"开始"选项的下拉列表框中选择"上一动画之后","持续时间"框中输入 1。

(3) 选中最后一张幻灯片标题,单击"动画"选项卡"动画"选项组中的"形状"选项,在"计时"选项组"开始"选项的下拉列表框中选择"上一动画之后","持续时间"框中输入 1;选中文本框,单击"动画"选项卡"高级动画"选项组中的"添加动画"按钮,在弹出的下拉菜单"进入"选项组中选择"随机线条"按钮,在"计时"选项组的"开始"选项的下拉列表框中选择"上一动画之后","持续时间"框中输入 1;选中图表,单击"动画"选项卡"高级动画"选项组中的"添加动画"按钮,在弹出的下拉菜单中选择"更多进入效果"命令,打开"添加进入效果"对话框,在"温和"选项组中选择"升起"选项,单击"确定"按钮,单击"动画"选项卡"动画"选项组中的"效果选项"按钮,在弹出的下拉列表中选择"按类别中的元素"选项,在"计时"选项组"开始"选项的下拉列表框中选择"上一动画之后","持续时间"框中输入 1。

(4) 选择上述添加了动画的幻灯片,单击状态栏上"幻灯片放映"按钮就可以查看动画效果。

6.4 PPT 放映

6.4.1 PPT 放映设置

V6.3 幻灯片放映设置

1. 设置幻灯片放映方式

制作好的演示文稿,在放映时可以根据实际情况选择不同的放映方式。单击"幻灯片放映"选项卡"设置"选项组中的"设置幻灯片放映"按钮,打开"设置放映方式"对话框,如图 6.14 所示。其中可以对放映类型、放映选项、放映幻灯片、推进幻灯片进行设置。

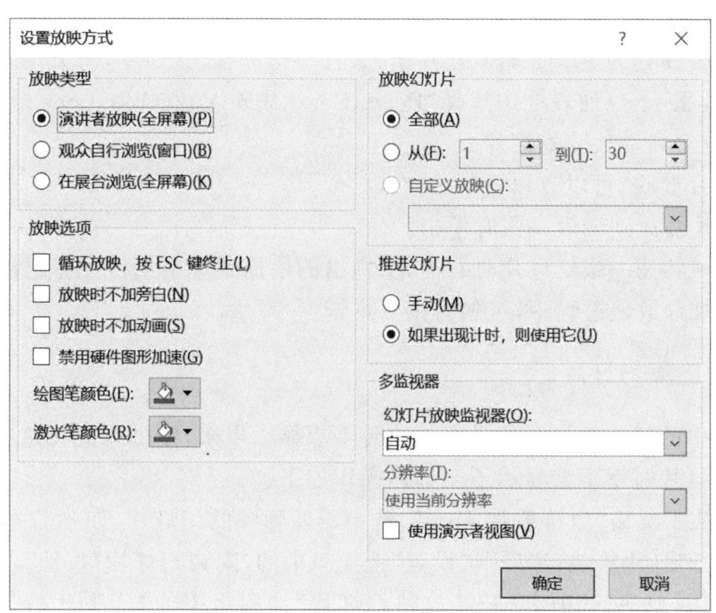

图 6.14　“设置放映方式”对话框

放映类型主要有以下 3 种方式。

(1) 演讲者放映(全屏幕)：这是系统默认的全屏幕放映方式，常用于演讲者边演讲边放映的情况。

(2) 观众自行浏览(窗口)：这种放映方式，演示文稿在放映时出现在小窗口内，并提供相应的操作命令，允许移动、编辑、复制和打印幻灯片。观众可以使用一些命令控制放映过程等。

(3) 在展台浏览(全屏幕)：这是自动放映方式，一般用于展会的舞台上自动播放演示文稿。如果要使系统自动循环播放整个演示文稿，还需要同时设置每张幻灯片的播放时间，然后在“推进幻灯片”选项组中选择“如果出现计时，则使用它”。

2. 幻灯片的放映和退出

幻灯片既可以在 PowerPoint 中打开演示文稿后放映，也可以不在 PowerPoint 中直接放映。

(1) 打开 PowerPoint 放映幻灯片。

① 从第一张幻灯片开始放映：单击“幻灯片放映”选项卡“开始放映幻灯片”选项组中的“从头开始”按钮或者按 F5 键。

② 从当前显示的幻灯片开始放映：单击“幻灯片放映”选项卡“开始放映幻灯片”选项组中的“从当前幻灯片开始”按钮、按 Shift＋F5 键或者单击 PowerPoint 程序右下方状态栏中的“幻灯片放映”按钮。

③ 启动自定义放映：单击“幻灯片放映”选项卡“开始放映幻灯片”选项组中的“自定义幻灯片放映”按钮，在打开的菜单中选择之前已经创建好的自定义放映名称即可。

(2) 不需要打开 PowerPoint,直接放映幻灯片。

需要将文件保存为 PPSX 格式。单击“文件”→“另存为”命令,打开“另存为”对话框,在文件“保存类型”下拉列表框中选择“PowerPoint 放映”。在 Windows 操作系统下打开这类文件时,它会自动放映幻灯片。

退出幻灯片放映,可以有以下 3 种方法。

(1) 幻灯片播放到最后一张时单击。

(2) 在放映到任一张幻灯片时右击,从弹出的快捷菜单中选择“结束放映”命令。

(3) 在幻灯片放映过程中,可随时按 Esc 键。

3. 放映时隐藏幻灯片

演示文稿中的某些幻灯片如果在放映时不想显示出来,则可以先将这些幻灯片隐藏,在全屏放映幻灯片时就不会显示了。具体操作如下。

(1) 打开演示文稿“唐诗欣赏.pptx”,选中需要隐藏的幻灯片,如第二张。

(2) 单击“幻灯片放映”选项卡“设置”选项组中的“隐藏幻灯片”按钮。

单击“幻灯片放映”选项卡“开始放映幻灯片”选项组中的“从头开始”按钮播放幻灯片,单击时,原来第二张“目录”幻灯片就没有显示。

4. 自定义幻灯片放映

即便是同一份演示文稿,但有时可能面对的是不同的观众,那么演讲时可能需要做出不同的选择。这时可以在演示文稿中创建自定义放映演示文稿。例如,创建“李白和杜甫简介”的唐诗幻灯片放映,具体操作如下。

(1) 打开演示文稿“唐诗欣赏.pptx”。

(2) 单击“幻灯片放映”选项卡“开始放映幻灯片”选项组中的“自定义幻灯片放映”按钮,在弹出的下拉菜单中选择“自定义放映”命令,弹出“自定义放映”对话框,如图 6.15 所示。在“自定义放映”对话框中单击“新建”按钮。

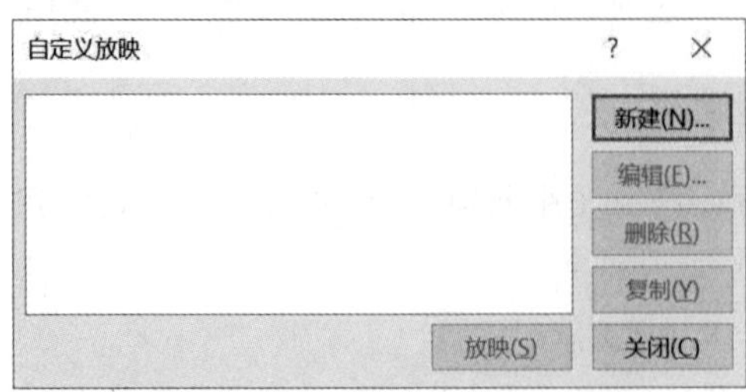

图 6.15 “自定义放映”对话框

(3) 弹出“定义自定义放映”对话框,如图 6.16 所示。在“幻灯片放映名称”文本框中输入“李白和杜甫简介”;在“演示文稿中的幻灯片”列表框中选中有关李白、杜甫简介和他们撰写的诗的幻灯片前的复选框,然后单击“添加”按钮,这时可见选中的幻灯片已经添加到右侧的列表框中。

(4) 单击“确定”按钮,返回“自定义放映”对话框,单击“放映”按钮。

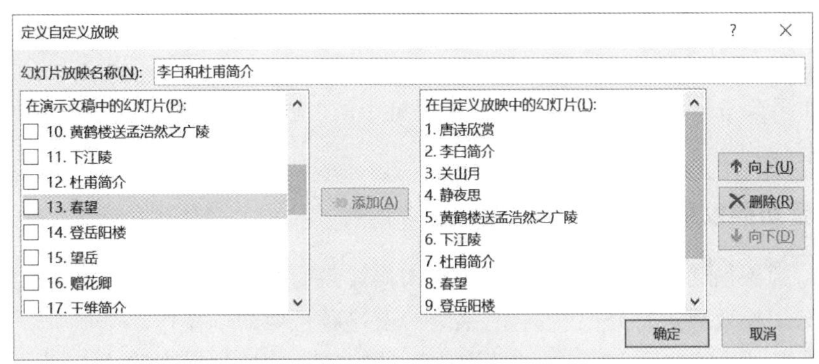

图 6.16　“定义自定义放映”对话框

6.4.2　切换效果

幻灯片切换效果是在幻灯片放映时，从一张幻灯片切换到下一张幻灯片时出现的类似动画的效果，使得幻灯片能以多种不同的方式出现在屏幕上，并且可以在切换时控制幻灯片切换的速度和添加声音。

1. 添加幻灯片切换效果

PowerPoint 提供了非常丰富的幻灯片切换效果，包括“细微型”“华丽型”和“动态内容”三类切换效果。例如，对“唐诗欣赏.pptx”演示文稿中介绍张九龄及他撰写的诗的幻灯片设置切换效果。具体操作如下：

（1）打开“唐诗欣赏.pptx”演示文稿，在“普通视图”左侧的幻灯片列表框中选中有关介绍张九龄的幻灯片(第 3～6 张幻灯片)。

（2）单击“切换”选项卡“切换幻灯片”选项组中的“擦除”切换效果后，单击“预览”选项组中的“预览”按钮就可以预览播放时的效果，如图 6.17 所示。

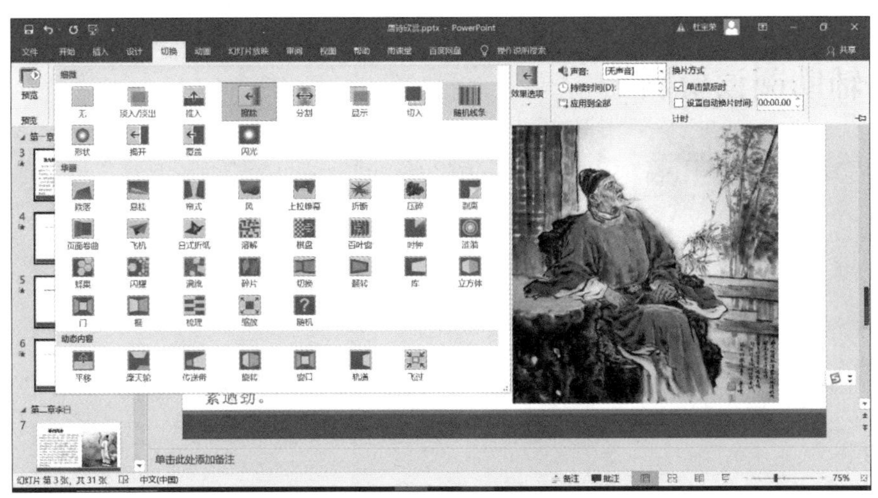

图 6.17　切换效果

(3) 如果想要查看更多的切换效果,可以单击图 6.17“切换”选项中靠右边的“更多”下拉箭头,即可显示系统提供的全部切换效果选项。

(4) 如果单击“切换”选项卡“计时”选项组中的“应用到全部”按钮,则选择的幻灯片切换效果将应用于演示文稿中的所有幻灯片。

2. 设置切换效果

为幻灯片添加切换效果时,还可以设置切换效果的持续时间并添加声音,以及对系统提供的部分切换效果进行修改。例如,继续对上述题目做如下操作。

(1) 单击“切换”选项卡,在“计时”选项组中的“持续时间”框中输入 2,表示幻灯片切换时间为 2。

(2) 在“声音”下拉列表框中选择“风铃”,表示幻灯片切换时的声音。如果选择“播放下一段声音之前一直循环”,则会在进行幻灯片放映时连续播放声音,直到出现下一个声音为止。

(3) 在“换片方式”选项组中,可以设置幻灯片切换的换片方式。例如,取消勾选“单击鼠标时”复选框,在“设置自动换片时间”框中输入 6,表示 6 秒之后,自动切换到下一张幻灯片。

(4) 选中第 5、6 张幻灯片,单击“切换”选项卡“切换到此幻灯片”选项组中的“效果选项”按钮,从下拉列表中选择“自左侧”选项,那么就将原来的“自右侧擦除”切换效果修改为“自左侧擦除”。

6.5 综合实验

创建一个演示文稿,首先简单介绍你的个人简况,然后以你的家乡为主题,向大家介绍你家乡的人文历史、风俗人情等内容。要求:至少包含 15 张幻灯片,使用的设计元素应有文本、表格、图表、图形、图片,其中还有超级链接、动画、切换效果,以及声音、视频等。

6.6 辅助阅读资料

微软官方网站:https://support.microsoft.com/zh-cn/office/。

第7章

视 频 制 作

Camtasia Studio 是 TechSmith 旗下的一套专业屏幕录像软件，同时包含 Camtasia 录像器、Camtasia 编辑器、Camtasia 菜单制作器、Camtasia 剧场、Camtasia 播放器和 Screencast 的内置功能。它能在任何颜色模式下轻松地记录屏幕动作，包括影像、音效、鼠标移动轨迹、解说声音等，另外，它还具有即时播放和编辑压缩的功能，可对视频片段进行剪辑、添加转场效果。尤其是它的编辑功能很有特色，可以编辑音频、缩放局部画面、插图、设置过渡效果及画中画效果等，同时支持录制 PowerPoint。

Camtasia 是适合零基础用户的视频制作软件，和会声会影、Premiere、Final Cut Pro、Vegas 这样的专业软件不同，Camtasia 是为非专业人士而生的，没有复杂的特效，没有成堆的按钮，功能易用、简洁。从录屏、录音、剪辑到场景变换、画面调整、音频调整，Camtasia 可以包揽制作一个视频的几乎全部工作。

7.1 视频及录制

视频(Video)泛指将一系列静态影像以电信号的方式加以捕捉、记录、处理、存储、传送与重现的各种技术。连续的图像变化每秒超过 24 帧(Frame)画面以上时，根据视觉暂留原理，人眼无法辨别单幅的静态画面，看上去是平滑连续的视觉效果，这样连续的画面称为视频。视频技术最早是为了电视系统而发展的，但现在已经发展为各种不同的格式。网络技术的发达也促使视频的纪录片段以串流媒体的形式存在于因特网之上并可被计算接收与播放。

7.1.1 视频技术要求

视频通常用于对某个对象进行动态介绍，可以是具体的实体，也可以是某个时间，也有人在用短视频来分享自己的生活和情绪。制作优质视频，需要一个合适的主题，围绕这个主题来选择素材、背景音乐、特效，然后加上后期的细节处理。虽然不同的软件支持的视频处理功能也有细小差别，但好的成品都需要满足一定的技术标准，如无噪声、有片头片尾等，具体介绍如表 7.1 所示。

表 7.1 视频的基本技术指标

指 标	技 术 要 求
格式	常见的视频格式为 MP4、AVI 等,分辨率最好大于 720(HD 是 1280×720(720P),Full HD 是 1920×1080(1080P),HDMI 是 1366×768、WUXGA(宽屏)1920×1200,超清 UHD(Ultra HD)多指 4K(3840×2160 或 4096×3072)、8K(7680×4320))
背景	背景统一使用纯白色或黑色,通篇配色不超过 4 种,背景音乐声音不宜过大
文字	汉字黑体、英文 Arial 比较适合观看,标题字号大小为 36~44,正文字号大小为 22~36。可通过调整字号大小和格式突出重点显示内容
音频	微课程制作应确保录音效果,无干扰、无噪声,音量适中,使用左右声道,声音清晰,语速适中
片头片尾	片头为微视频内容标题,标题居中显示,时长 3~5 秒;片尾可以附上主讲者、制作者、技术支持人及联系方式等信息
内容展示	视频一开始即进入主题,结束时统一用一句话概括讲解内容作为结束语。内容展示要预先设计好,根据所讲内容逐步展开,以引领观众思维。讲解过程中应充分利用视频特效,突出重点内容。引用的图片、动画、影视等,应注意版权信息

7.1.2 视频录制

1. 拍摄和录屏

拍摄视频是指用摄像机、录像机把人、物的形象记录下来。视频拍摄,如果以人为主,需要注意以下事项。

(1) 注意姿势:应该站稳站直,胸膛自然挺起,不要耸肩或过于昂着头。需要走动时,步幅不宜过大过急,不得走出摄像机拍摄范围。

(2) 注意肢体语言的使用:需要配以适度的手势来强化效果,手势要得体、自然、恰如其分,要随着相关内容进行,要从容、自然、亲切、精神饱满。

(3) 注意声音:声音要适量,通常应比平时加大一点,也可以加上字幕,以方便人们观看。

视频拍摄,如果以物为主,需要找准角度、避免抖动、合理移焦,在取景框里找两个有不同位置差的物体,然后练习将焦点从一个物体变换到另一个物体上,然后再移回来,避免快速、无目的的焦点移动。

录屏通常是把计算机桌面的操作录制下来,以视频的形式呈现。Camtasia 可以录制屏幕和网络摄像头,从桌面捕获清晰的视频和音频,当然也可以选择关闭摄像头,只录取屏幕。

2. 视频制作

视频制作是将图片、视频及背景音乐进行重新剪辑、整合、编排,从而生成一个新的视频文件的过程,不仅是对原素材的合成,也是对原素材的再加工。视频制作的基本流程如下。

1）素材准备

依据具体的视频剧本以及提供或准备好的素材文件，可以更好地组织视频编辑的流程。素材文件包括通过采集卡采集的数字视频 AVI 文件，由 Adobe Premiere 或其他视频编辑软件生成的 AVI 和 MOV 文件、WAV 格式的音频数据文件、无伴音的动画 FLC 或 FLI 格式文件，以及各种格式的静态图像（如 BMP、JPG、PCX、TIF 等）。

2）视频设计

运用视频编辑软件中的各种剪切编辑功能进行各个片段的编辑、剪切等操作。完成编辑的整体任务。目的是将画面的流程设计得更加通顺合理，时间表现形式更加流畅。

3）素材剪辑

各种视频的原始素材片段都称为一个剪辑。在视频编辑时，可以选取一个剪辑中的一部分或全部作为有用素材导入最终要生成的视频序列中。

剪辑的选择由切入点和切出点定义。切入点指在最终的视频序列中实际插入该段剪辑的首帧；切出点为末帧。也就是说，切入点和切出点之间的所有帧均为需要编辑的素材，使素材中的瑕疵降低到最少。

4）给视频后期加特效

添加各种过渡特技效果，使画面的排列以及画面的效果更加符合人眼的观察规律，更进一步进行完善。

5）添加字幕

在专业讲解、新闻或者采访的视频片段中，一般都需要添加字幕，以更明确地表示画面的内容，使人物说话的内容更加清晰。

6）处理声音效果

声音处理是指通过音频编辑，调节左右声道或者调节声音的高低、渐近、淡入淡出等效果，也可以通过音频剪辑修改、替换声音。

7）生成视频文件

基于视频设计内容，对于编排好的各种剪辑和过渡效果等进行最后生成结果的处理称为编译，经过编译才能生成一个最终视频文件，最后编译生成的视频文件可以自动地放置在一个剪辑窗口中进行控制播放。在这一步骤生成的视频文件不仅可以在编辑机上播放，还可以在任何装有播放器的机器上操作观看，生成的视频格式一般为 MP4、AVI 等。

7.2　Camtasia 视频剪辑

Camtasia 不仅能录屏，还可以进行视频剪辑，其界面如图 7.1 所示。Camtasia 视频相关的剪辑功能如下。

（1）添加效果：Camtasia 为您提供易于定制的预制动画。效果通过拖放功能为您的视频增添专业性和润色效果。

（2）音乐和音频：从免版税音乐和音效库中选择。Camtasia 可录制和编辑音频片段，为视频提供完美的音频。

（3）标题、注释和标注：通过引人注目的标题、注释、标注等提醒您的视频。

(4) 缩放、平移动画：添加放大、缩小和平移动画到屏幕录制。

(5) 创建测验：添加测验和互动，以鼓励和衡量视频中的学习内容。

(6) 转场：使用场景和幻灯片之间的过渡来改善视频流。

(7) 记录和导入演示文稿：将演示文稿转换为视频；将 PowerPoint 幻灯片直接录制或导入 Camtasia。

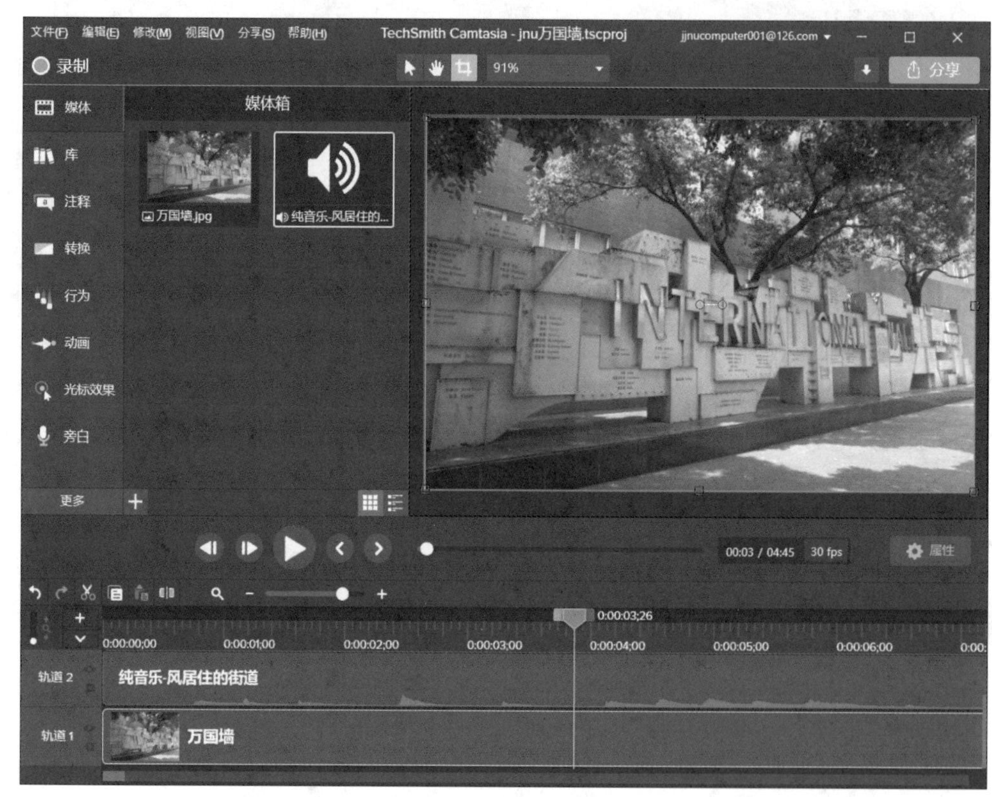

图 7.1 Camtasia 界面

7.2.1 音频处理

音画同步是视频的基本要求，视频通常以音频作为主时间轴，所以，首先要对音频进行处理，然后再设计画面。

1. 调整音量

V7.1 音频处理

视频开头声音不能太大，不然可能吓到观众，视频结束的时候通常声音也不要太大，否则可能会给人戛然而止的感觉。所以，Camtasia 中有声音的渐入渐出操作。图 7.1 中下方的轨道是音轨，可以通过鼠标滚轮放大或者缩小，可以对某个波形进行微调。视频中间的声音，最好音量大小适中，如果声音太小，就需要放大增益了，音频轨道上有根绿色的线，按住它上下滑动就是调整这一轨道上音量的大小。

可以选定某段音频对其进行专门处理，如音量设置、反复播放等，拖动起始位置即可，界面如图 7.2 所示。

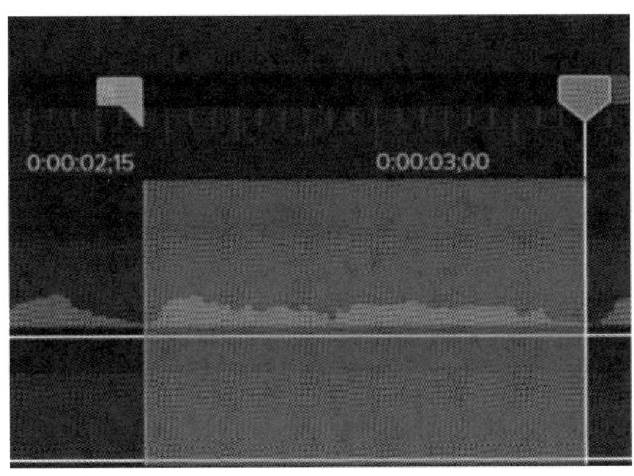

图 7.2　选中音频片段

2. 音频剪切

V7.2 音频剪切

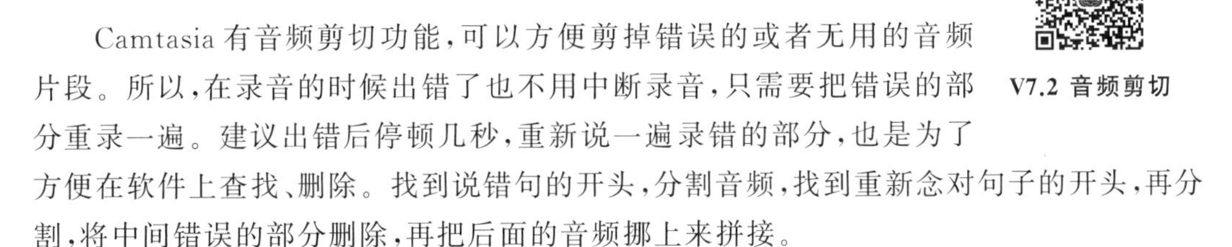

Camtasia 有音频剪切功能，可以方便剪掉错误的或者无用的音频片段。所以，在录音的时候出错了也不用中断录音，只需要把错误的部分重录一遍。建议出错后停顿几秒，重新说一遍录错的部分，也是为了方便在软件上查找、删除。找到说错句的开头，分割音频，找到重新念对句子的开头，再分割，将中间错误的部分删除，再把后面的音频挪上来拼接。

重复这样的操作，将录音中所有打绊的地方都剪掉，音频讲解就剪辑完成了。音频的剪辑最简单，因为人讲话能变动的东西不多，视频和背景音乐都要按照它来编辑。

3. 分离视频中的音频

V7.3 音频、视频分离

视频需要跟着音频走，把视频拖入轨道中，可以将音视频画面分离，单独调整音频或者画面，但要保证音画同步，Camtasia 的剪拼、增加/缩短时间、改变速度可以用来调节音频长度。如果需要对视频中的声音进行处理，如替换或者是修改，最好先分离出视频中的声音，在 Camtasia 中右击轨道上的视频，在弹出的快捷菜单中选择“分离视频和音频分离”命令实现。

4. 录音

V7.4 录音

单击“旁白”按钮，再单击“确定”按钮；打开“语音设置向导”对话框。单击“音频设置向导”按钮，弹出“音频设置向导”对话框，在“音频设置”下拉列表框中选择“麦克风”，单击“下一步”按钮，再单击“完成”按钮，即可进入录音模式，注意周围的环音，保持在一个较为安静的环境中。录好语音后，单击“完成”按钮，会提示保存录音文件。

7.2.2 视频编辑

V7.5 视频剪切

1. 视频剪切

视频拍摄过程中可能会有错误或者不合适的部分,可以通过剪切功能进行删除和添加,删除和添加之前需要剪切,选中一个视频单击“剪切”按钮即可把视频分成两段,依次把视频剪切,删除或者替换之后再把视频合起来即可完成剪切。也可以直接选中一段视频右击,在弹出的快捷菜单中选择“涟漪删除”(Ripple Delete)命令,直接删除某个片段。删除或者替换后的视频依然可以当作一个视频来进行处理,但是要注意视频的连贯度。

2. 为视频加上聚焦效果

对于录屏视频,虽然剪拼已经完成,但为了能让观看者注意屏幕中的重点部分,可以为视频添加许多效果。Camtasia 中预设的动画效果、单击效果,以及 5 个特别效果,可以让画面放大/缩小,添加鼠标提示、按键提示、触摸滑动的操作提示,以及对关键点/窗口进行聚焦。

可以在动画面板找到相应的聚焦特效,按以下步骤进行操作。

(1) 将动画效果挪入视频轨道的相应位置。

(2) 确定动画开始时的画面样式,一般这里不用动。

(3) 确定动画的时长,一般 1～2 秒就已经比较长了。

(4) 调整动画结束时的画面样式,放大到多少,放大哪里。

接下来就给视频中需要强调的地方加上动画效果,不过要注意两点:①任何放大、平移的动画都要加上一个回归原位的动画;②动画不能太多,不然观众会被带晕。

3. 添加背景音乐

背景音乐能起到非常大的作用,可以选择、剪辑能循环的背景音乐。通常,在制作视频的过程中,一直觉得录制的声音不太好听,听起来干涩、无趣,两分钟的视频都嫌长,但加上一个背景音乐后,立即就变得轻松很多,提升视频整体效果。

4. 字幕制作

V7.6 字幕制作

单击软件左侧窗格“更多”中的“字幕”按钮,然后选择需要添加字幕的位置单击“添加字幕”按钮,弹出字幕输入框,在这个字幕输入框中输入视频中相对应的视频字幕。输入完字幕后,展开文字格式设置,在文字格式中可以设置编辑当前字幕的属性,如大小、颜色、字体等。

如果已经设置了字幕,但是输出的视频文件没有字幕显示,则需要设置输出选项,在控制器中,取消勾选“控制器生成”复选框,如图 7.3 所示。

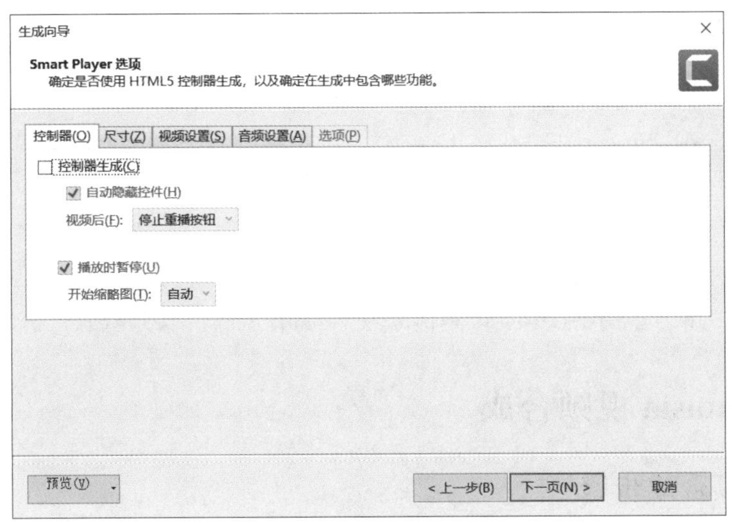

图 7.3 "显示字幕"设置

7.2.3 录屏

使用 Camtasia Recorder 录屏操作基本流程如下。

(1) 单击"录制"按钮，开始录制。最好熟练使用快捷键，其中F9 键为开始录制(Record)，F10 键为停止录像(Stop)，在录制过程中可以随时用快捷键暂停。

V7.7 录屏

(2) 设置录制选项。录屏界面如图 7.4 所示。在"选择区域"中可以选择录制的区域，主要分为两类：一类是"全屏"，另一类是"自定义"。其中，在"自定义"中提供了下拉菜单，可以选择录制的区域。

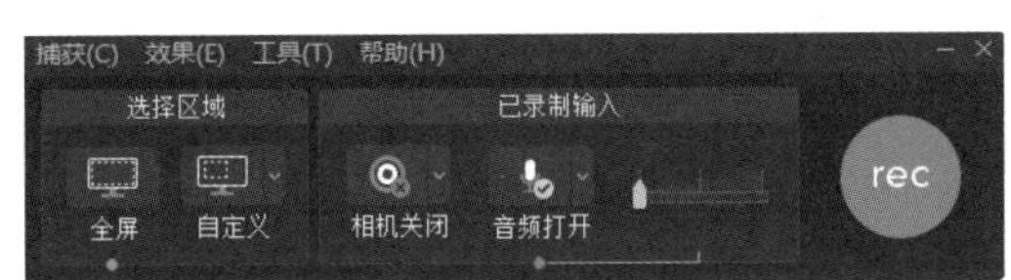

图 7.4 录屏界面

选择摄像头和音频设备：在"已录制输入"中主要提供了相机和音频选项，可以根据需要通过这两项来设置相机和音频的录制参数。例如，是否需要相机参与录制视频、录制帧数及声音的大小等。

全屏录制比较简单，这里介绍"锁定应用程序录制"，Camtasia Record 中提供了"锁定应用程序"选项，单击"录制"按钮后，选中要录制的应用程序窗口，即可锁定应用程序窗口(窗口四角会有绿色的光标闪烁)，按 F9 键进行录制。

(3) 按 F10 键结束录制，录屏文件会自动显示在媒体库中，可以将其放入轨道进行编辑。

7.2.4 视频导出

TechSmith 专门对 Codec 进行开发,研究开发了属于自己的一套压缩编码算法,称为 TSCC(TechSmith Screen Capture Codec),专门用于对动态影像的编码。Camtasia Studio 支持输出的格式有很多种,包括 MP4、AVI、WMV、M4V、CAMV、MOV、RM、GIF 动画等多种常见格式,MP4 有两种,推荐选择 MainConcept,有比较好的兼容性。在详细的选项中,选择 1080P 的分辨率,其他用默认设置,这样导出的 3 分钟视频约为 110MB,6 分钟的约为 260MB,大小刚好,上传到优酷或 BiliBili 也都可以上超清。

7.3 Camtasia 视频合成

7.3.1 视频合成步骤

视频制作之前,首先要非常明确视频的内容,也就是要做好脚本的设计、素材的设计以及素材的编辑等工作。整个视频合成大概包括以下 5 个步骤。

(1) 导入素材。方法有 3 种: ①单击"导入媒体"按钮;②在"文件"选项的下拉菜单中选择"导入"→"媒体"命令;③直接将素材文件拖曳到 Camtasia 的素材库中。

(2) 将素材拖曳到轨道。确定整个视频的长度以及各个素材在视频中的位置,将这些素材拖曳到轨道上,以便进行后续的编辑处理。如果在同一时间有多个素材需要展示在页面上,可以将素材放在不同的轨道上,进行单独编辑。

(3) 确定素材效果。放置在轨道上的各种素材,包括图片、声音、视频、文本等信息,需要确定素材的大小、所处坐标位置、有无重叠等,以便合理设置页面上的动态效果。

(4) 设置转场特效。转场特效是指两个场景(即两段素材)之间,采用一定的技巧(如划像、叠变、卷页等)实现场景或情节之间的平滑过渡,或达到丰富画面吸引观众的效果,如说两个图片之间的切换、图片与视频之间的切换等。

(5) 预览导出。视频导出的时候最好先预览一遍。以便发现整个视频过程中的一些问题,如一些特效设置、音频没有降噪等。由于视频的导出需要时间,所以如果视频比较长,导出的速度会比较慢,也比较消耗计算机的资源。

视频合成过程需要特别注意的是,要明确视频的整个时间线,通常以声音进行作为最基本的时间轴,按照音频的内容进行素材的摆放。

7.3.2 视频合成案例

制作一个视频,介绍暨南大学。素材包括七张照片、一个视频和两个音频。需要预先设计脚本,如表 7.2 所示。

表 7.2　视频的基本技术指标

段落	语音文本	图、视频
1	暨南大学隶属中央统战部,创建于 1906 年,是国家“211 工程”“985 平台”重点建设高校,在广东省排名第三,学校在广州、深圳、珠海三地设有 5 个校区,设有 27 所附属医院,暨南大学是华侨最高学府	Jnu,地图
2	2018 年 10 月 24 日,有关领导莅临暨南大学,勉励同学们好好学习、早日成才,为社会做出贡献,把中华优秀传统文化传播到五湖四海	有关领导到访图
3	暨南大学发展迅速,2021 年 QS 世界大学排名中位居第 601～650 位,国内排名第 33 名。中国港澳台学生的教育也取得了一定的成果	Qsranking、CCTV 视频
4	暨南大学建校至今,已为 170 多个国家和地区培养人才 40 余万人。目前学校在校生 4.2 万人中近 1.3 万人是外招生。谢谢观赏	万国墙,合家欢二维码

下面展示关键的制作步骤。

(1) 确定视频结构。整个视频包括三部分,其中第一部分主要以图片展示为主,第二部分嵌入一个视频,第三部分依然是图片介绍。整个时间的安排以语音长度为准,预先对脚本进行录音。

V7.8 视频合成（暨南大学简介）

(2) 动画效果设置。主要对页面上的素材进行位置的变化和大小的移动,比如放大某部分可以突出展示这一部分。直接将某个动画效果拖曳到相应素材上,即可实现动态效果,需要设置动画的起止位置,双击可以修改动画,设置完成的界面如图 7.5 所示。

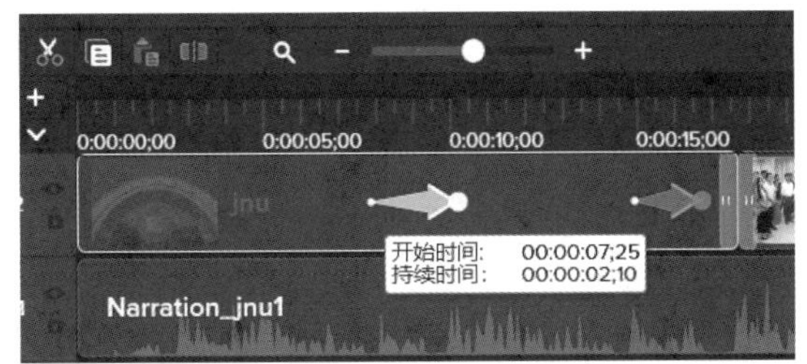

图 7.5　动画效果设置完成的界面

(3) 转场特效设置。特效主要是素材之间切换的时候,希望能够实现平滑顺畅过渡,转场特效不宜过多,也不需要太复杂。将转场特效拖曳至两个素材之间,即可实现转场特效效果,只需要设置转场特效持续的时间。光标悬停在转场特效上,会显示特效的名称、起止时间、持续时间等信息,如图 7.6 所示。

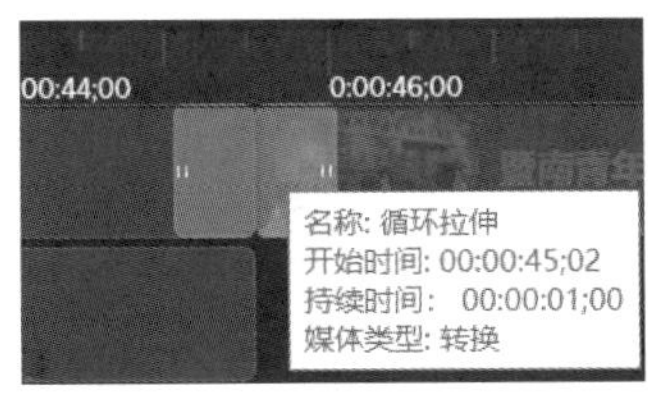

图 7.6　特效设置界面

(4) 打包工程文件。本视频制作涵盖了 10 个素材文件,包括刚刚录制的语音信息,所以需要将整个工程文件打包放在一个文件夹里面,以便后续再处理。图 7.7 给出的是整个视频合成最终的 Camtasia 界面。

V7.9 工程打包

图 7.7 视频合成最终的 Camtasia 界面

7.4 综合实验要求

1. 录屏

选择一个完整的主题进行录屏,如展示一个软件的使用过程,使用 PPT 动画介绍一个基本概念或者事物。要求录屏画面中的文字清晰(不要太小)、音频无噪声、画面切换速度适中,并且配有语音讲解。录屏长度 5 分钟左右,最好使用 Camtasia 软件,实在不具备条件的可以使用其他软件,如 FSCapture、EV 录屏等。

2. 视频合成

针对自己感兴趣的内容和专业知识进行深入介绍,制作一个 10 分钟以内的视频,也可以制作一个宣传片、一个广告等。具体要求如下。

(1) 素材要求。素材需要包括不同的类型,必须至少包含图片、视频、音频各一个。视频一定要简短,正能量,画质优美、目标明确、无杂音。如果使用自己拍摄的视频,最好使用补光、渲染处理。

(2) 动画要求。至少包含两个不同类的动画。静态画面不超过 20 秒。

(3) 转场特效。至少包含两个转场特效。

(4) 音质要求。没有噪声,有片头片尾,不能有长时间的语音空白。

(5) 视频要求。画面清晰,无噪声,文件不要太大(不超过50MB),需要导出为常见的文件格式,如MP4、AVI等。视频需要包括个人相关的信息,如专业信息、制作时间或者姓名等。

(6) 保留制作过程。录屏制作过程,或者将制作过程截图(配语音解释),放在Word中进行图文解释。

(7) 作品提交。将文件夹以主题内容命名(学号+姓名+内容),需要提交原始素材、制作过程说明文件、导出的视频文件和工程打包文件。

建议使用Camtasia软件,实在不具备条件的可以使用其他软件,如会声会影、Premiere等。

7.5 辅助阅读资料

官网教程:https://www.techsmith.com/tutorial-camtasia.html。

第8章

动画设计

动画是一种综合艺术，是集绘画、漫画、电影、数字媒体、摄影、音乐、文学等众多艺术门类于一身的艺术表现形式。动画的形成利用了人眼的视觉暂留特征：当一幅图像从眼前消失的时候，留在视网膜上的图像并不会立即消失，还会延迟很短的时间。在这段时间内，如果下一幅图像又出现了，眼睛里就会产生上一画面与下一画面之间的过渡效果从而形成连续的画面。动画就是将一些静态图像，经过动画制作软件进行合成与放映，变成活动的影像。本章介绍如何进行二维动画和手工绘制动画的设计和制作。

8.1 动画制作的前期准备

在动画制作之前，需要选择动画制作软件，本章将以 Adobe Animate（简称An）作为动画制作软件，重点讲解动画的设计和制作。Adobe Animate 是一款制作交互式二维动画的工具软件，由原 Adobe Flash 更名得来。Animate 除了原有 Flash 开发动画的工具之外，还新增了 HTML 5 创作工具，为网页开发者提供更适应现有网页应用的音频、图片、视频、动画等创作支持。本章介绍 Animate 动画制作，Animate 动画制作窗口如图 8.1 所示。

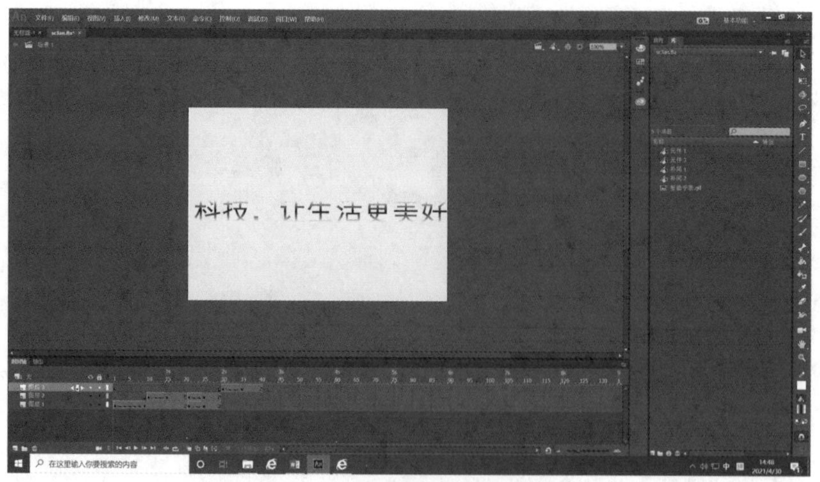

图 8.1　Animate 动画制作窗口

8.1.1　动画素材准备

动画素材包括图像、声音、视频等，动画素材准备是动画设计中非常重要的一步。我们可以通过专业的软件创作素材，也可以从网络上收集素材。这些外部素材，通常采用导入的方式导入动画制作软件中。

8.1.2　帧、图层和时间轴

动画是通过将一张张静态的图像连续快速播放而形成的，这些静态的图像称为帧(Frame)，帧是动画的基本单位。帧频是指每秒播放的帧数，单位为 f/s。帧频决定了动画的播放速度，较高的帧频可以使动画的过渡较为平滑、影片播放流畅，但过高的帧频又会使影片在播放时因文件过大而产生停顿。为了使动画流畅，帧频一般采用 12～24f/s。帧分为普通帧、关键帧和空白关键帧。关键帧是指允许用户直接在上面放置对象的帧，是时间轴中图层发生了突变(而不是渐变)的帧，而空白关键帧则是其中没有任何对象的关键帧。关键帧以实心小黑点来表示，空白关键帧以空白方框来表示，其余的都是普通帧。

时间轴是动画的核心部分，按图形方式排列影片的内容。时间轴分为帧序列(水平方向)和图层序列(竖直方向)两个基本区域。在时间轴上，每行代表一个图层，每个图层中的一个小方格代表某个时刻的帧。

图层就像堆叠在一起的多张幻灯片一样。一般情况下，上方图层帧中的对象会遮盖下方图层帧中的对象。每个图层都有一个默认的图层名，每个图层也可以重新命名。直接拖曳图层名可以轻易地改变图层的上下次序。

8.1.3　动画设置

在动画制作之前，一般需要设置舞台大小、舞台颜色和帧频。舞台是指用于展示的动画范围，就像演出的舞台一样。舞台大小需要设置宽和高，单位一般是像素。帧频一般设置为 12～24f/s，表示每秒钟播放的帧数。帧频越小，动画播放速度越慢；帧频越大，动画播放速度越快。在 Animate 中，单击“修改”→“文档”命令，在弹出的“文档设置”对话框中进行动画设置，如图 8.2 所示。

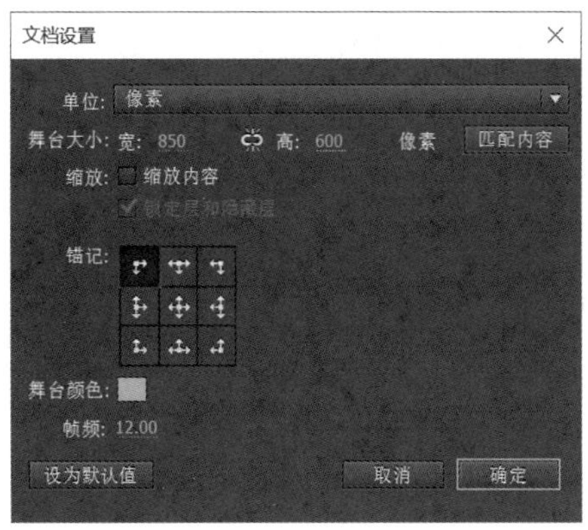

图 8.2　“文档设置”对话框

8.2 二维动画的设计与制作

制作动画时,根据动画角色的变化规律不同,动画可以分为两类:逐帧动画和补间动画。逐帧动画是指动画每个画面的变化没有明显的规律,需要在时间轴的每帧上逐帧绘制不同的内容;补间动画是指动画的画面变化有规律可循,制作动画时需要绘制首、尾两个关键帧,由计算机在这两个关键帧中间自动插入补间帧,实现动画效果。

补间动画可以分为动画补间和形状补间。如果动画效果是角色形状、颜色的变化,需要制作形状补间动画。如果动画效果是角色的位置、角度的变化,需要制作的是动画补间(也称动作补间动画)。大部分动画都是由多种动画混合得到的各种动态效果。

8.2.1 逐帧动画

在逐帧动画的一组连续画面中,每个画面都不相同,需要逐个制作画面上的内容,这些画面连续播放就可以看到动画效果。

V8.1 小鸟飞翔

【例 8.1】 打开第 8 章实验素材下的"小鸟"文件夹,利用小鸟素材图像制作小鸟飞翔的动画。

具体操作步骤如下。

(1) 新建文档并导入素材:启动 Animate,单击"新建"选项组中的 Action Script 3.0 选项,如图 8.3 所示。在新的文档窗口中,单击"文件"→"导入"→"导入库"命令,将"小鸟"文件夹中的所有图像导入库中,如图 8.4 所示。

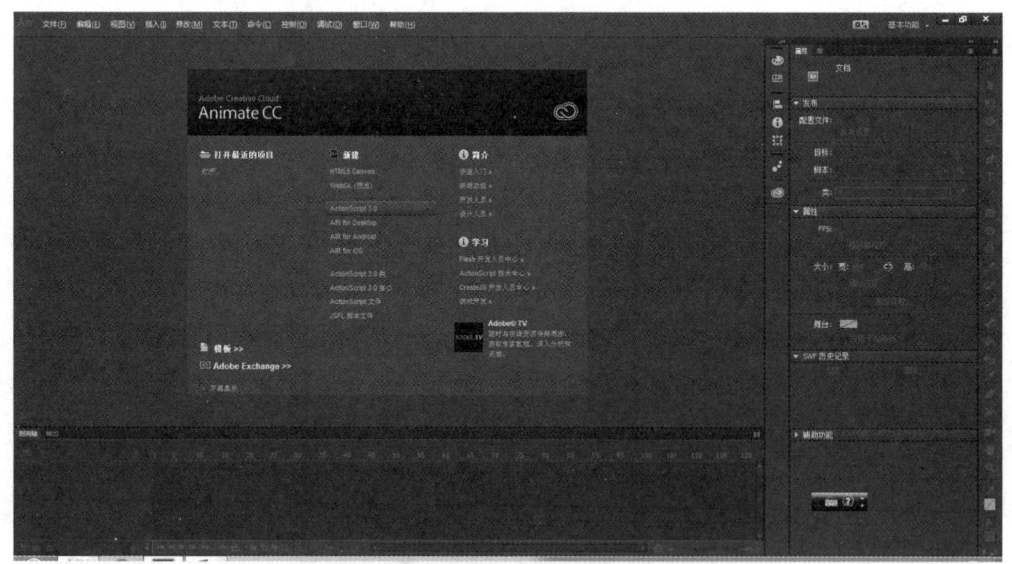

图 8.3 新建动画文件

(2) 动画文档设置:将库中的 bird1 图像拖曳到第 1 帧的舞台,单击"修改"→"文档"命令,在弹出的"文档设置"对话框中单击"匹配内容"按钮,使舞台的大小与舞台上的对象

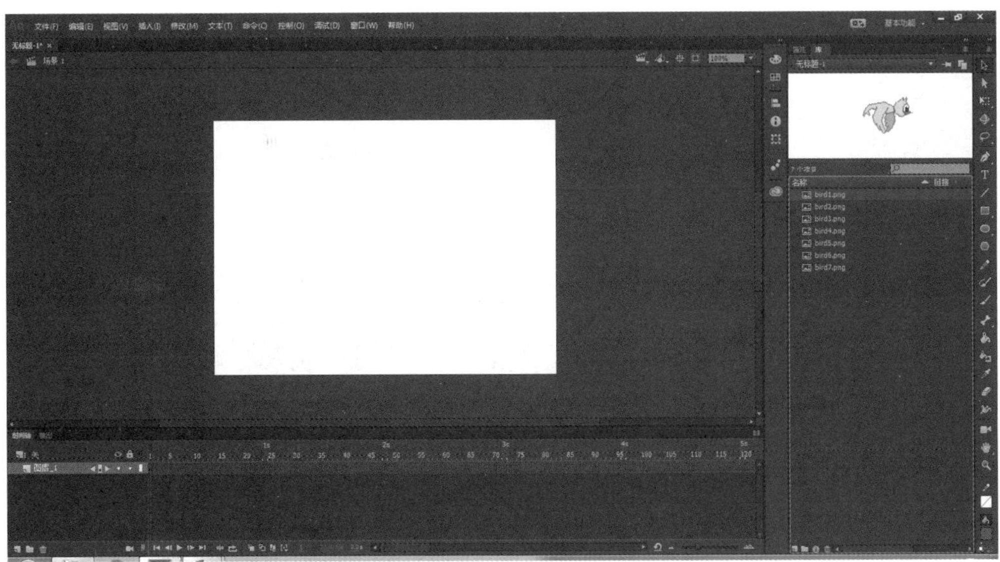

图 8.4　素材导入库

大小相匹配，并设置帧频为 12f/s，如图 8.5 所示，单击“确定”按钮。

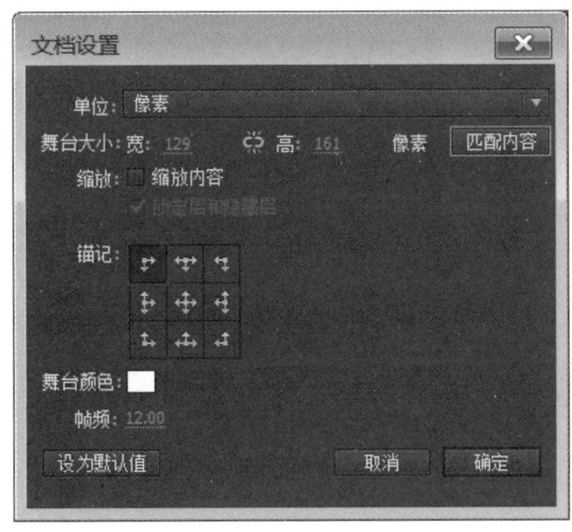

图 8.5　“文档设置”对话框

(3) 制作关键帧：在时间轴的第 2 帧上右击，从弹出的快捷菜单中选择“插入空白关键帧”命令，如图 8.6 所示，然后将 bird2 图像拖曳到第 2 帧的舞台上，单击“窗口”→“对齐”命令，在弹出的窗口的“对齐”选项中选中“与舞台对齐”复选框，并在“对齐”选项组中单击“水平中齐”和“垂直中齐”，使 bird2 在舞台中央对齐，如图 8.7 所示。用类似的方法在时间轴上的第 3～7 帧上插入空白关键帧，并将 bird3～bird7 分别拖曳到舞台上，并在舞台中央对齐。

(4) 测试影片：单击“控制”→“测试”命令，在弹出的窗口中可以观看制作的动画效果。

(5) 保存并导出动画：单击“文件”→“另存为”命令，将制作好的动画保存为 bird.fla。

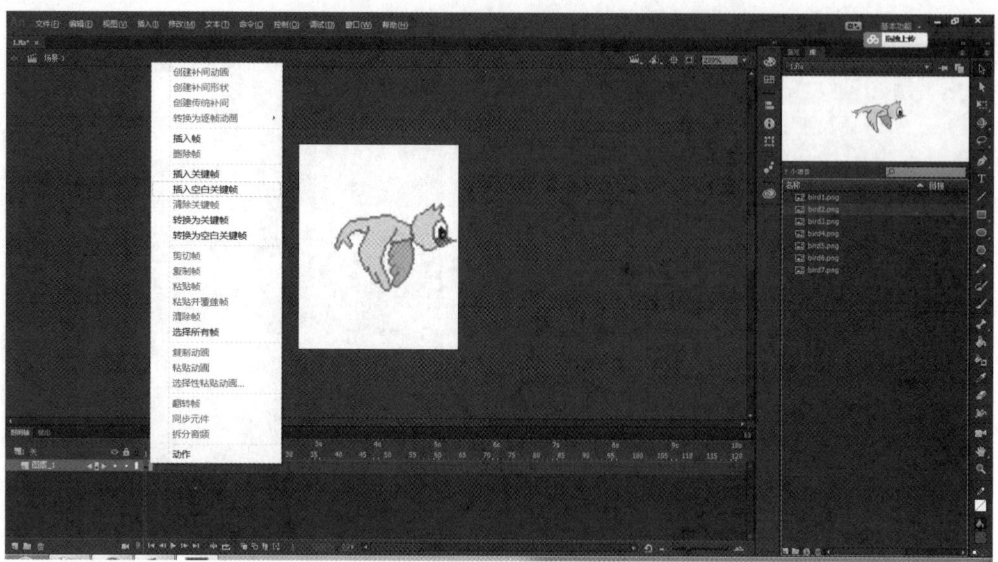

图 8.6　插入空白关键帧

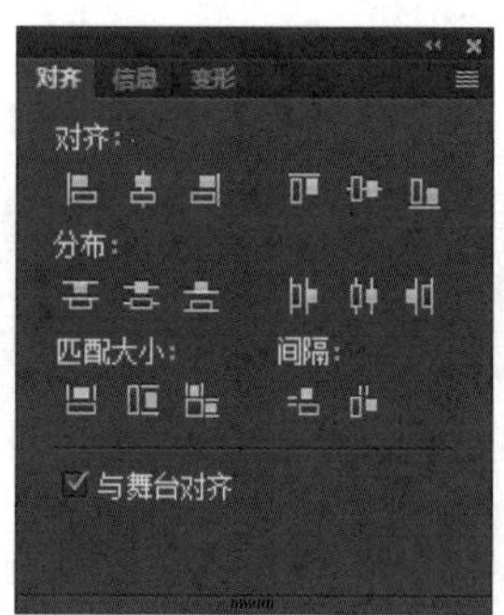

图 8.7　“对齐”选项卡

单击“文件”→“导出”→“导出动画 GIF”命令,将动画导出为 bird.gif,用浏览器打开可以观看动画。

8.2.2　动作补间动画

动作补间是指对象从一个位置移动到另外一个位置的过程,也就是运动渐变过程。运动渐变的对象可以是元件、导入的位图和文字等。动作补间动画除了用于将对象从一个位置移动到另一个位置外,还可用于制作对象的缩放、扭曲、旋转以及改变颜色或透明度的动画。

【例 8.2】 打开第 8 章实验素材下的“射门.fla”,制作足球射门的动画。

V8.2 足球射门

具体操作步骤如下。

(1) 打开“射门.fla”,单击“修改”→“文档”命令,设置“舞台大小”为

600×120px，并设置“帧频”为 10f/s，“背景颜色”为＃00FFFF，单击“确定”按钮。

(2) 制作动画背景：将库中的 playground 拖曳到第 1 帧的舞台中作为背景，单击“窗口”→“信息”命令，在弹出窗口的“信息”选项卡中设置 playground 的宽度为 600px，如图 8.8 所示。在“对齐”选项卡中选中“与舞台对齐”复选框，设置“水平中齐”和“垂直中齐”。在第 35 帧上右击，从弹出的快捷菜单中选择“插入帧”命令，将背景显示到 35 帧。

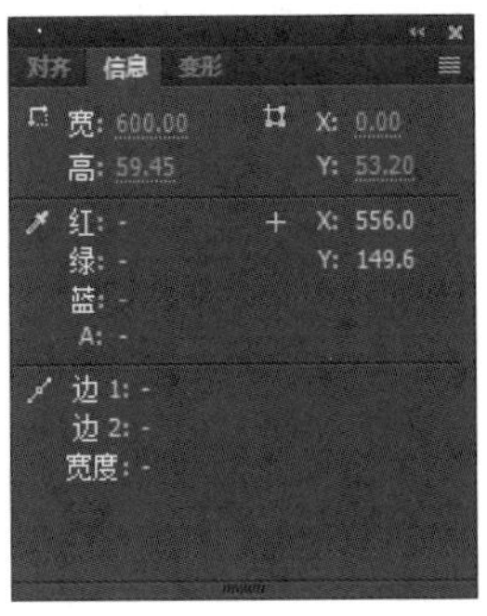

图 8.8 “信息”选项卡

(3) 制作足球射门动画：在图层面板中单击“新建图层”按钮，新建图层 2，如图 8.9 所示。将库中的“足球”拖曳到第 1 帧右下角，在“变形”选项卡中设置足球宽、高分别为原来的 50%，如图 8.10 所示。在第 1 帧上右击，从弹出的快捷菜单中选择“创建补间动画”命令，图层 2 中的第 1～35 帧变为蓝色，拖动第 35 帧到第 25 帧，将射门动画尾帧设置为 25 帧；把第 25 帧上的足球宽、高设置为原来的 30%，并拖曳到球门中间，此时两个足球中间出现一条直线表示足球的运曳轨迹，利用工具栏中的选择工具拖动轨迹点，将直线变为曲线，如图 8.11 所示。在第 35 帧上右击，从弹出的快捷菜单中选择“插入帧”命令，将足球显示到 35 帧。

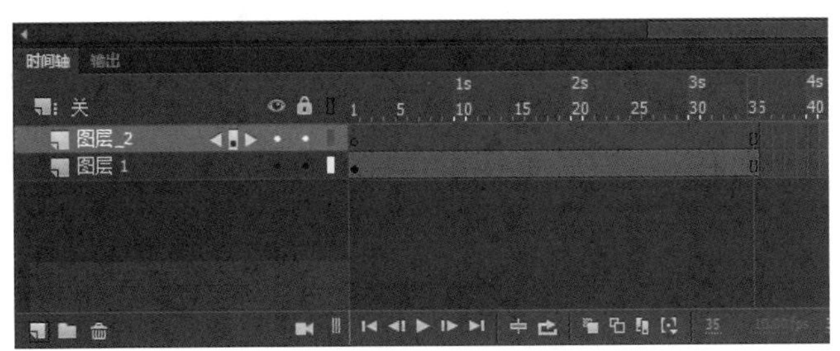

图 8.9 新建动画文件

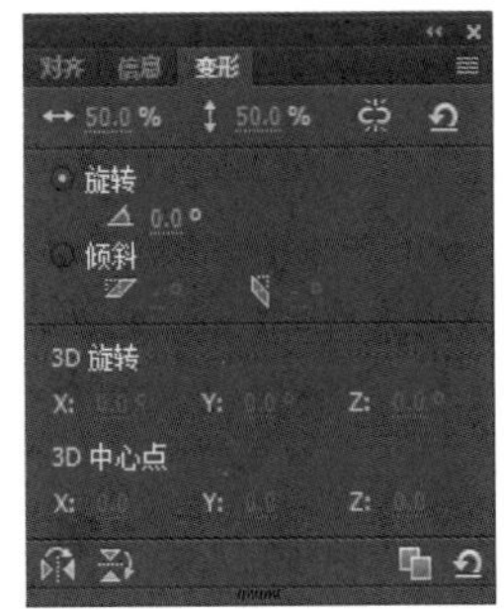

图 8.10 “变形”选项卡

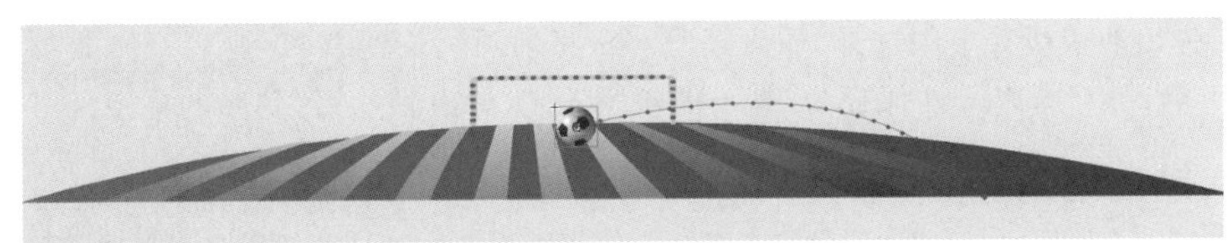

图 8.11 足球运动曲线

(4) 测试影片，将文件保存为“射门.fla”，导出影片为“射门.swf”。

8.2.3 形状补间动画

形状补间是指对象从一种形状逐渐变成另一种形状的过程，例如，三角形变成四方形、小鸡变成小狗等。形状补间的对象只能是矢量图，不能是元件、位图和文字。如果对元件、位图或者文字对象制作形状补间动画，就需要先将其转换为矢量图。形状补间动画可用于制作对象的变形、缩放、变色等效果。

【例 8.3】 打开第 8 章实验素材下的“梵高的星空.fla”,制作梵高作品变换以及文字变形的动画。

具体操作步骤如下。

V8.3 梵高的星空

(1) 打开“梵高的星空.fla”,将库中的作品 1 拖曳到第 1 帧的舞台,单击“修改”→“文档”命令,设置匹配内容,使舞台的大小与舞台上的对象大小相匹配,并设置“帧频”为 12f/s,单击“确定”按钮。

(2) 制作作品变换动画:在第 15 帧上插入关键帧,在第 1 帧上右击,在弹出的快捷菜单中选择“创建传统补间”命令;选择第 15 帧上的作品,在“属性”面板的“色彩效果”中,选择“样式”为 Alpha,并设置 Alpha 值为 30%,改变作品的透明度。在第 16 帧上插入空白关键帧,将作品 2 拖曳到第 16 帧舞台,在“对齐”选项卡中选中“与舞台对齐”复选框,设置大小与舞台匹配,并在舞台中央对齐。在第 30 帧上插入关键帧,并在第 16~30 帧中间创建传统补间;选择第 30 帧上的作品,设置 Alpha 值为 30%,如图 8.12 所示。

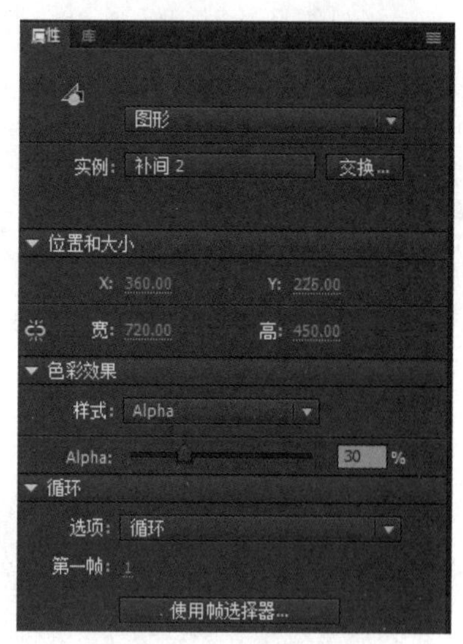

图 8.12 Alpha 值设置

(3) 制作文字变形动画:新建图层,单击新图层的第 1 帧,选择工具栏中的文字工具 T,在属性面板中设置文字为华文琥珀、100 点、黄色,在第 1 帧上输入文字“艺术欣赏”,并在舞台中央对齐。在第 30 帧上插入空白关键帧,利用文字工具输入“梵高的星空”,文字设置为隶书、130 点、青色。选中第 1 帧上的文字(文字外有外框),单击“修改”→“分离”命令两次,此时文字变为矢量图(图形上覆盖小黑点)。执行相同的操作将第 30 帧上的文字变为矢量图。在第 1 帧上右击,在弹出的快捷菜单中选择“创建补间形状”命令,制作第 1~30 帧的形状补间动画。在第 35 帧上右击,在弹出的快捷菜单中选择“插入帧”命令,将动画延长到第 35 帧。

(4) 测试影片,将文件保存为“梵高的星空.fla”,导出影片为“梵高的星空.swf”。

8.2.4 动画配乐

【例 8.4】 打开第 8 章实验素材下的“守护地球.fla”,参照样张,制作蝴蝶飞舞以及地球变文字的动画,并为动画配乐,制作的新动画保存为“守护地球.swf”。

具体操作步骤如下。

V8.4 守护地球

(1) 打开“守护地球.fla”,单击“文件”→“导入”→“导入库”命令,将“环保.jpg”图像导入库中,从库中将该图像拖曳到第 1 帧的舞台中作为背景,单击“修改”→“文档”命令,设置匹配内容,使舞台的大小与舞台上的对象大小相匹配,并设置“帧频”为 15f/s,单击“确定”按钮。右击第 55 帧,在弹出的快捷菜单中选择“插入帧”命令。

(2) 新建图层 2,将库中的“元件 2”蝴蝶拖曳到第 1 帧右上方,单击工具栏中的按钮(任意变形工具),将蝴蝶进行旋转和缩小。在第 1 帧上右击,从弹出的快捷菜单中选择“创建补间动画”命令,将第 25 帧上的蝴蝶拖曳到舞台的中下方,将第 50 帧上的蝴蝶拖曳到舞台的左上方,并根据蝴蝶的飞舞方向将第 50 帧上的蝴蝶旋转到合适的位置,右击第 55 帧,在弹出的快捷菜单中选择“插入帧”命令,参考配套素材样张“守护地球.swf”。

(3) 新建图层 3,在第 20 帧插入空白关键帧,将库中的元件 1 拖曳到第 20 帧的中下方,利用任意变形工具将其变小。在第 35 帧插入关键帧,将元件 1 拖曳到舞台中央,利用任意变形工具将其变大,并在 20～35 帧中间创建传统补间,在“属性”面板中设置顺时针旋转 2 次,如图 8.13 所示。在第 36 帧上插入关键帧,在第 50 帧插入空白关键帧,输入文字“美丽地球一起守护”:华文隶书、50 点、绿色。分别选择第 36 帧上的元件 1 和第 50 帧上的文字,单击“修改”→“分离”命令,将其变为矢量图,在第 36～50 帧上插入形状补间动画。在第 55 帧上右击,在弹出的快捷菜单中选择“插入帧”命令,将动画延长到第 55 帧。

(4) 新建图层 4,选择新图层的第一帧,单击“文件”→“导入舞台”命令,选择实验素材中的“守护地球配乐.mp3”,单击“打开”按钮,可以看到在时间轴上已经有导入的歌曲了。在“属性”面板“声音”中可以设置同步选项,如图 8.14 所示。事件表示音乐和动画一起开始播放,动画播放完,音乐继续播放;数据流表示音乐和动画一起开始播放,动画播放完,音乐也停止,可以根据音乐的播放需要,设置同步选项。测试影片,动画中已经有了背景音乐。

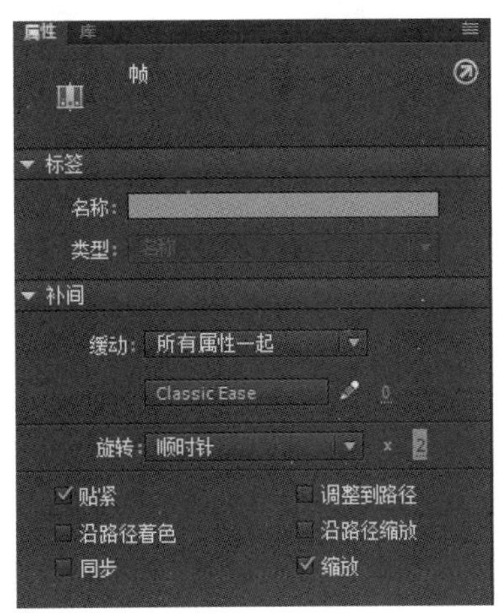

图 8.13 旋转方式设置

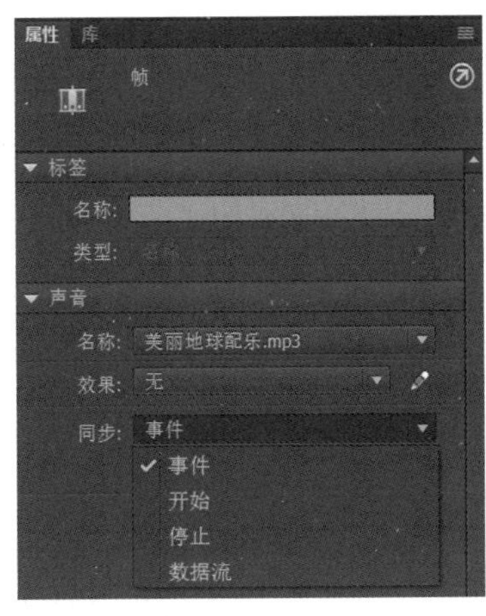

图 8.14 声音设置

(5) 将文件保存为“守护地球.fla”,导出影片为“守护地球.swf”。

8.3 手工绘制动画

与 Photoshop 类似,Animate 自带的工具可以绘制不同的图形,如图 8.15 所示。Animate 中的图形一般都是矢量图形,每个对象都有自己的属性,例如,直线有颜色、线型、粗细等属性,可以在“属性”面板中修改。通过 Animate 可以手工绘制图形,制作动画。

图 8.15 Animate 工具栏

【例 8.5】 打开第 8 章实验素材下“绘制动画.fla”，参照配套素材样张“绘制动画.swf”，绘制五角星并制作五角星变国旗的动画，制作的新动画保存为“绘制动画.swf”。

V8.5 绘制动画

具体操作步骤如下。

(1) 打开“绘制动画.fla”，在“工具”面板单击“多角星形工具”，设置笔触颜色为无，填充颜色为红色，在舞台中间绘制一个红色的五边形，如图 8.16(a)所示。单击“线条工具”按钮，设置笔触颜色为黄色，笔触大小为 5，如图 8.17 所示，在五边形中连接顶点，为五边形添加五条黄色线，如图 8.16 所示。单击“选择工具”，选中五角星右上角部分都删除，执行相同的操作将五角星之外多余的部分及线并删除，绘制出如图 8.16(d)所示的五角星。

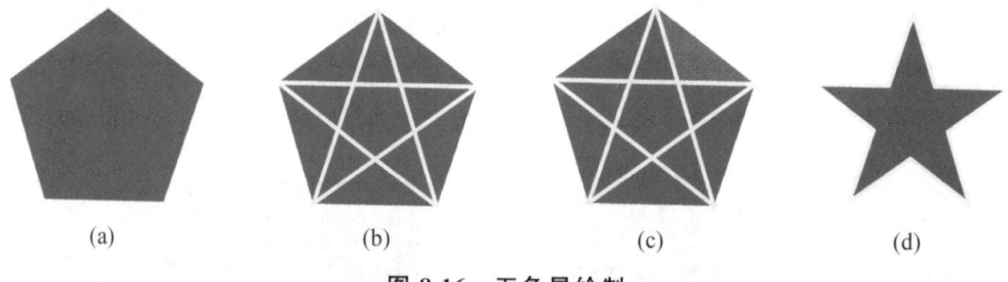

图 8.16 五角星绘制

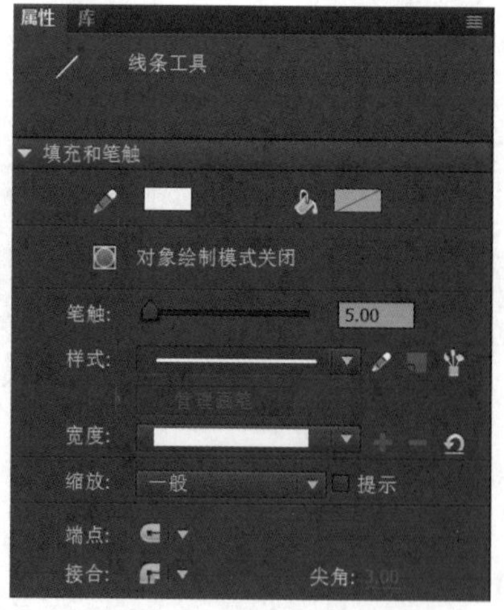

图 8.17 填充和笔触设置

(2) 选中绘制的五角星，单击“修改”→“转换为元件”命令，将五角星转换为“五角星”元件。单击“文件”→“导入”→“导入库”命令，将 flag.png 图像导入库中。

(3) 将五角星在舞台中央对齐，在第 15 帧上插入关键帧，创建第 1～15 帧的传统补间动画，并设置顺时针旋转 10 次。在第 16 帧上插入关键帧，在第 30 帧上插入空白关键帧，把库中的 flag 拖曳到 30 帧上，适当放大，并在舞台中央对齐。单击“修改”→“分离”命令，将五角星元件和国旗图像转换为矢量图，并在第 16～30 帧插入形状补间动画。在第 35 帧上插入帧，延长动画。

(4) 测试影片，将文件保存为“绘制动画.fla”，导出影片为“绘制动画.swf”。

8.4　综合实验

1. 实验目的

(1) 掌握二维动画的制作方法，包括逐帧动画、动作补间动画和形状补间动画。

(2) 能够利用动画工具制作手工绘制动画。

2. 实验内容

完成综合实验中的所有实践题目，并保存到文件夹中。

【实验 8.1】 打开 FL1 文件夹中的 sc1.fla 文件，参照样张制作动画，制作结果以 donghua1.swf 为文件名导出影片并保存在文件夹中。操作提示如下。

(1) 导入素材图像 bg.png 作为背景图，设置舞台大小与背景图片大小匹配，帧频为 12f/s。

(2) 在图层 1 上创建第 1～30 帧背景图淡入动画，并静止显示至第 80 帧。

(3) 新建图层 2，将卡通元件放在舞台中央，显示至第 80 帧。

(4) 新建图层 3，在第 30 帧上插入关键帧，将文字元件放在舞台上，分离文字，在第 35、40、45、50、55、60 和 65 帧上插入关键帧。第 30 帧上保留第一个字，删除其他文字，第 35 帧上保留前两个字，删除其他文字，以此类推，制作为第 30～65 帧文字逐字出现的逐帧动画，每 5 帧出现一个字，静止显示至第 80 帧。

【实验 8.2】 打开 FL2 文件夹中的 sc2.fla 文件，参照样张制作动画，制作结果以 donghua2.swf 为文件名导出影片并保存在文件夹中。操作提示如下。

(1) 设置舞台大小为 550×400px，帧频为 15f/s。

(2) 将库中“香格里拉”图片放置到舞台上，作为整个动画的背景，显示至第 40 帧。

(3) 新建图层 2，创建第 1～15 帧“文字 1”元件从下方中部向上方移出的动画效果。

(4) 新建图层 3，将“文字 2”元件放入第 20 帧，居中，创建第 20～32 帧逐字出现的动画效果，并显示至第 40 帧。

(5) 新建图层 4，将“光芒”元件居中放置在该图层，适当调整大小，创建第 1～40 帧逆时针旋转 4 圈的动画效果。

【实验 8.3】 打开 FL3 文件夹中的 sc3.fla 文件，参照样张制作动画，制作结果以 donghua3.swf 为文件名导出影片并保存在文件夹中。操作提示如下。

(1) 设置舞台大小 500×334px，背景颜色为黑色，帧频为 12f/s。

(2) 将库中图片 p_j1.jpg 放到舞台上，并与舞台对齐。在第 1～20 帧创建图片淡入的传统补间动画,显示第 60 帧。

(3) 新建图层 2,将库中“花朵”素材缩小放置到舞台 4 个角。在第 20～35 帧创建花朵到文本“合抱之木,生于毫末;九层之台,起于累土;千里之行,始于足下。”(华文中宋,白色,12 点,字母间距 2)的变形动画,文本一直显示至第 60 帧。

(4) 新建图层 3,在第 40 帧插入关键帧,书写文本“出自《老子》第六十四章”(黑体,黑色,12 点,字母间距 2)。在第 42、44、46、48 帧分别插入关键帧,然后删除第 42 和第 46 帧的文本。这样形成文字闪烁的动画效果。

【实验 8.4】 打开 FL4 文件夹中的 sc4.fla 文件,参照样张制作动画,制作结果以 donghua4.swf 为文件名导出影片并保存在文件夹中。操作提示如下。

(1) 设置舞台大小为 400×300px,帧频为 12f/s。

(2) 将“书卷”元件作为整个动画的背景,显示至第 80 帧。

(3) 新建图层 2,将“树枝”元件放置在该图层,创建树枝第 1～30 帧,再将第 60 帧上摇动的动画效果,显示至第 80 帧。

(4) 新建图层 3,利用“文字 1”元件和“文字 2”元件,创建动画效果:第 1～25 帧静止显示“青青绿草”,第 26～50 帧逐渐变为“请勿踩踏”,静止显示至第 80 帧。

(5) 新建图层 4,利用“幕布”元件,第 1～54 帧在左边静止,并创建第 55～80 帧拉上幕布的效果。

【实验 8.5】 打开 FL5 文件夹中的 sc5.fla 文件,参照样张制作动画,制作结果以 donghua5.swf 为文件名导出影片并保存在文件夹中。操作提示如下。

(1) 设置舞台大小为 550×400px,帧频为 12f/s。

(2) 将库中“金融机构 2”图片放置到舞台中央,作为整个动画的背景,并静止显示至第 60 帧。

(3) 新建图层 2,利用库中“金融中心”元件,使文字第 1～20 帧静止显示,第 20～40 帧创建形状补间动画,将文字由红色变为蓝色,并静止显示至第 60 帧。

(4) 新建图层 3,利用库中“红星”元件,第 1～40 帧逐渐从左下角上升,再移动到中央位置淡入变大,并静止显示至第 60 帧的动画效果。

(5) 新建图层 4,将库中的“光芒”元件放置到舞台并调整大小和位置,创建第 45～60 帧逆时针旋转两圈的动画效果。

【实验 8.6】 打开 FL6 文件夹中的 sc6.fla 文件,参照样张制作动画,制作结果以 donghua6.swf 为文件名导出影片并保存在文件夹中。操作提示如下。

(1) 设置舞台大小为 800×600px,在图层 1 的第 1 帧将库中 envir.jpg 图片放入舞台,使其与舞台重合,并显示至第 60 帧。

(2) 新建图层 2,在该图层第 1 帧将库中 smoke_fume 元件放入舞台。调整大小和方向,放到如样张所示的位置(动态烟)。该层也显示至第 60 帧。

(3) 新建图层 3,在该图层第 1 帧将库中的“元件 1”元件放入舞台,如样张所示置于舞台左起第 2 个烟囱上,在第 1～20 帧制作黑烟由小变大的补间动画。

(4) 在图层 3 的第 45 帧,使用文本工具输入文字“霾”(隶书、60 点、黑色)。如样张所示,在第 25～45 帧制作由黑烟到文字“霾”的形状补间动画,并显示至第 60 帧。

(5) 新建图层 4，在新图层的第 1 帧输入竖排文字“治理雾霾刻不容缓”(黑体、60 点、红色)。文字显示至第 60 帧，并在第 35～40 帧和第 45～50 帧消失两次(即这两段时间不显示文字)。

【实验 8.7】 打开 FL7 文件夹中的 sc7.fla 文件，参照样张制作动画，制作结果以 donghua7.swf 为文件名导出影片并保存在文件夹中。操作提示如下。

(1) 设置舞台大小 530×690px，帧频为 12f/s。

(2) 将库中图片 p_g2.jpg 放到舞台上，与舞台对齐，显示到第 60 帧。新建图层 2，在第 1～10 帧创建白色方形淡入的传统补间动画，显示至第 60 帧。

(3) 新建图层 3，在第 10 帧插入关键帧。复制图层 2 第 10 帧的白色方形，按 Ctrl+Shift+V 键原位置粘贴到图层 3 第 10 帧。在图层 3 的第 20 帧插入关键帧，将库中“边框”素材拖曳到舞台，与白色方形对齐，分离后修改为红色。在图层 3 的第 10～20 帧创建补间形状动画。在图层 3 的第 24、28、32、36 帧分别插入关键帧，然后删除第 24 帧和第 32 帧的图形。将第 28 帧和第 36 帧的边框分别修改为暗红色和黑色，这样形成边框变色闪烁的动画效果。

(4) 新建图层 4，在第 4～50 帧创建画面展开的传统补间动画，一直显示至第 60 帧。

【实验 8.8】 打开 FL8 文件夹中的 sc8.fla 文件，参照样张绘制灯笼并制作动画，制作结果以 donghua8.swf 为文件名导出影片并保存在文件夹中。操作提示如下。

(1) 设置帧频为 15f/s，导入“天安门.jpg”图片到库中，并放到舞台上，在“对齐”选项卡中设置图片大小匹配舞台大小，并在舞台中央对齐，作为背景图，显示到第 50 帧。

(2) 新建图层 2，在第 1 帧上利用“工具”面板中的“椭圆工具”和“矩形工具”，参照样张绘制灯笼，并将其转换为元件“灯笼”，调整大小。在第 20 帧上插入空白关键帧，在合适的位置输入文字“国”：华文琥珀，120 点，红色。将元件和文字分离，创建第 1～20 帧灯笼变为国字的形状补间动画。

(3) 新建图层 3，在第 21 帧上插入空白关键帧，将“灯笼”元件放在舞台合适的位置，调整大小和第一个灯笼一样大。在第 40 帧上插入空白关键帧，在合适的位置输入文字“庆”：华文琥珀，120 点，红色。将元件和文字分离，创建第 21～40 帧灯笼变为庆字的形状补间动画。

8.5　辅助阅读资料

Animate 中文官网：http://www.animate.net.cn/。

第三部分　编程式数据处理

第9章 网页设计与制作

本章以 Dreamweaver CS6 为网页制作工具，介绍了使用 Dreamweaver CS6 进行网页设计与制作需要掌握的基础知识，并给出了相关的实验案例。随着移动互联网的迅速发展，智能手机和平板计算机等移动设备的应用日益普及，网页设计和网站开发正在向移动端迁移。jQuery Mobile 是一套移动应用界面开发框架，它通过网页形式来呈现类似于移动应用的用户界面，旨在创建使智能手机、平板计算机和台式计算机设备都能访问的响应式移动网站和应用程序。本章也给出了在 Dreamweaver CS6 中利用 jQuery Mobile 框架进行移动网页设计和制作的相关案例。

9.1 Dreamweaver 网页制作基础

Dreamweaver 是 Micromedia 公司推出的一款网页制作工具，集网页制作和网站管理于一身，将“所见即所得”的网页设计方式与源代码编辑完美结合，在网站设计制作领域应用非常广泛。

9.1.1 Dreamweaver 的工作环境及设置

Dreamweaver 是一个集成的环境，进入 Dreamweaver，所有的窗口和面板都被集成到一个大的应用程序窗口中，如图 9.1 所示。

(1) 插入工具栏。提供了常用、布局、表单、数据、文本、收藏夹等工具组合，每组工具适应不同的编辑环境，在使用时根据不同的需要进行选择。例如，在进行一般的编辑时，可选择“常用”选项卡；而在进行页面布局时，可切换至“布局”选项卡。

(2) 文档工具栏。工具栏的标签上显示正在编辑的文件名，下方可选择文档编辑的视图方式“代码”“设计”“拆分”。当选择“代码”方式时，在窗口出现的是网页文档的代码，用于直接编写 HTML、JavaScript 等；当选择“拆分”方式时，将编辑窗口拆分为左右两个关联的部分，左侧是代码窗格，右侧是设计窗格；当选择“设计”方式时，出现的是可视化的页面布局、可视化编辑和快速开发环境。

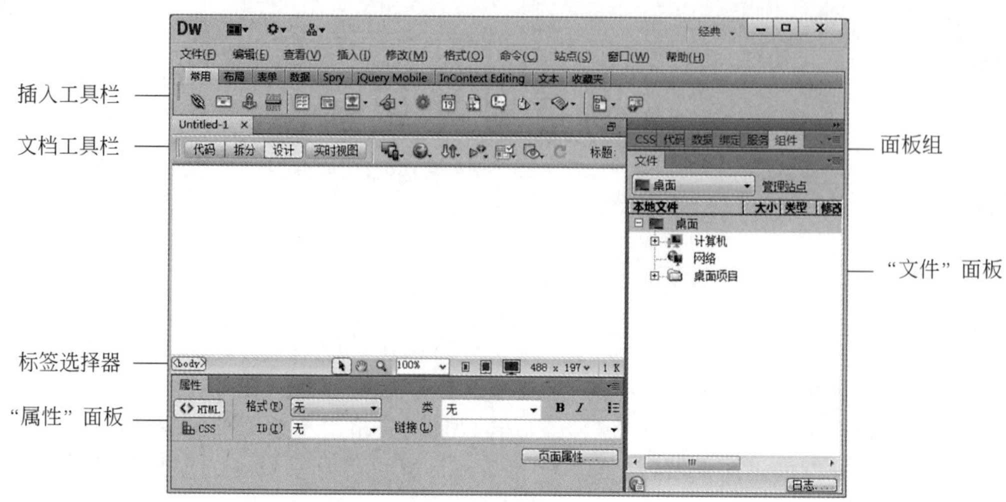

图 9.1 集成的 Dreamweaver 窗口

(3) 样式呈现工具栏。如果文档中使用了依赖于媒体的样式表,通过该工具栏可以查看设计在不同媒体类型中的呈现方式。只有在文档使用依赖于媒体的样式表时,此工具栏才有用。

(4) 标准工具栏。包含“文件”和“编辑”菜单中一般操作的按钮:“新建”“打开”“保存”“保存全部”“剪切”“复制”“粘贴”“撤销”“重做”。

(5) 标签选择器。在标签选择器中显示当前内容的标签层次结构,单击该层次结构中的任何标签,可以在不退出设计视图的情况下编辑或删除标签。

(6)“属性”面板。用于检查和编辑当前选定页面元素(如文本和插入的对象)的最常用属性。属性检查器自动与选定的元素关联,当选择不同的元素时,会自动显示该元素对应的属性。

(7) 面板组。Dreamweaver 将各面板集成到面板组中,同一组面板组中选定的面板显示为一个选项卡,各面板组可以折叠和展开,不同面板组中的各面板还可重新组合。

(8)“文件”面板。“文件”面板是一个常用的面板,与“资源”面板和“代码片段”面板一起组合在“文件”面板中,“文件”面板类似于 Windows 的资源管理器,以树状结构形式列出当前站点中的文件夹及文件,使得文件的使用、建立、编辑、链接等操作十分方便。

9.1.2 网页制作

1. 网页基础知识

什么是网页?在互联网上有众多的网站,每个网站都有大量的信息,这些信息包含文字、图形、图像、动画、表格等诸多元素,这些信息往往以“页”的形式出现,当上网浏览时,是一页一页浏览的,这些就是网页。一般每个网站都有一个首页,或称为主页。进入网站时首先进入其主页,然后通过主页的链接进入其他相关的页面。

制作网页的工具有很多,最常用的 Word 也可以,实际上就连 Windows 系统中自带的附件工具记事本也可以用来制作网页,但由于这些软件并非专门用于设计网页,所以在使用方面不够简单、直观。实际上,网页设计主要采用的是 HTML 语言。HTML 的英文是 Hypertext Markup Language,即超文本标记语言,它通过使用众多的标记来引用各种信息。如

```
<img src="美丽的校园.jpg" width="150" height="120" />
```

表示在页面中插入"美丽的校园.jpg"图像文件。其中,<img src=…>就是引用图像文件的标记,而 width 和 height 则是其属性,分别表示图像的宽度和高度。

直接使用 HTML 标记制作网页,设计人员必须记忆大量的标记、属性等,制作难度较高,而使用所见即所得的可视化网页制作工具软件,使得制作网页变得轻松多了。目前这类专门用于制作网页的工具软件有很多,如 Macromedia 公司的 Dreamweaver,这些工具软件大都具有可视化、集成化的功能,因此被广泛使用。

2. 制作网页的基本步骤

为了了解制作网页的基本步骤,下面就着手制作一个网页,用于显示一张校园风景图,并加上简单的文字。

(1) 准备工作。建立一个文件夹,为方便起见,在 E 盘建立一个名为 2021 的文件夹,并在该文件夹中建立名为 Images 的二级文件夹,将一张准备在网页中展示的校园风景图像文件"美丽的校园.jpg"复制到该文件夹中。

V9.1 网页制作

(2) 进入 Dreamweaver,在起始页的创建新项目栏选择 HTML,即创建一个 HTML 文件。结果出现一个空白的编辑区域。

(3) 在文档工具栏,修改标题为"美丽的校园"。

(4) 在空白区域输入文字"美丽的校园",在"属性"面板中的"格式"下拉列表框中选择 "标题 1",选择"格式"→"对齐"→"居中对齐"设置对齐方式。

(5) 选择"插入"→"图像"命令,在弹出的"选择图像源文件"对话框中选择 E:\2021\Images\文件夹中的风景图像文件"美丽的校园.jpg",插入图像后单击"格式"→"对齐"→"居中对齐"设置对齐方式。

(6) 选择"文件"→"保存"命令,出现"保存文件"对话框,选择 E:\2021 文件夹,输入文件名"美丽的校园.html",单击"保存"按钮,保存文件。

(7)按 F12 键,在浏览器中预览网页,如图 9.2 所示。

3. 网页代码

网页使用的是一种超文本标记语言,为了了解网页的语言描述,可以切换到代码窗格,可看到如下的代码:

图 9.2 在浏览器中预览网页效果

```
<!DOCTYPE html PUBLIC "-//W3C//DTD XHTML 1.0 Transitional//EN" "http://www.
w3.org/TR/xhtml1/DTD/xhtml1-transitional.dtd">
<html xmlns="http://www.w3.org/1999/xhtml">
<head>
<meta http-equiv="Content-Type" content="text/html; charset=utf-8" />
<title>美丽的校园</title>
</head>
<body>
<h1 align="center">美丽的校园</h1>
<p align="center"><img src="Images/美丽的校园.jpg" width="800" height=
"600" /></p>
</body>
</html>
```

代码中的第 1 行是文件类型说明,说明该文件的类型是 HTML,采用 W3C 的标准建立。

第 2 行的<html…>是 HTML 网页的开始标记,在最后有相应的</html>作为 HTML 网页的结束标记。

在网页的代码中,使用了大量的标记,标记一般都是成对出现的,如<head>和</head>、<title>和</title>、<body>和</body>等。每对标记可以嵌套,但不可以交叉。在 HTML 中使用有很多的标记，类似的还有<div>和</div>、<p>和</p>等。本书介绍部分标记，有关其更详细的用途及用法，读者可查阅有关书籍。

(1) <title>…</title>：标题的成对标记，中间的内容即为网页的标题。

(2) <head>…</head>：文件头说明标记，其中可嵌套<title>…</title>、<style>…</style>等成对的标记。

(3) <body>…</body>：网页主体的标记，网页中所有的内容将出现在这对标记内部，包括网页的文字、图像、表格、动画、流媒体等。

(4) <p>…</p>：段落属性设置标记，其中的 align 即为对齐方式。

9.1.3　站点管理

V9.2 站点管理

网页是指某个页面，一个网站则是由很多个页面组成的，用于向浏览者传递一个较完整的信息。如一个学校网站，一般应包括学校概况、校园展示、招生信息、招聘信息、联系方式等诸多内容，这些内容如何进行组织，才能更方便访问者获取信息呢？这就要进行网站的规划。

以一个“资讯科技”课程学习网站为例，可采用自上而下的树状目录结构进行网站的规划。在该网站中要涉及课程学习的各项内容，设计第一级目录结构包含课程公告、课程指南、课程内容、范例学习、学习交流、作业提交、在线测试等模块，每个一级目录下均可有二级目录、三级目录等子目录。例如，学习交流模块下面可分为教师教案精选和学生习作展示等二级目录，而学生习作展示又可分为多媒体设计、数据库设计、网页设计等三级目录，以此类推，如图 9.3 所示，但一般不宜层次过多。

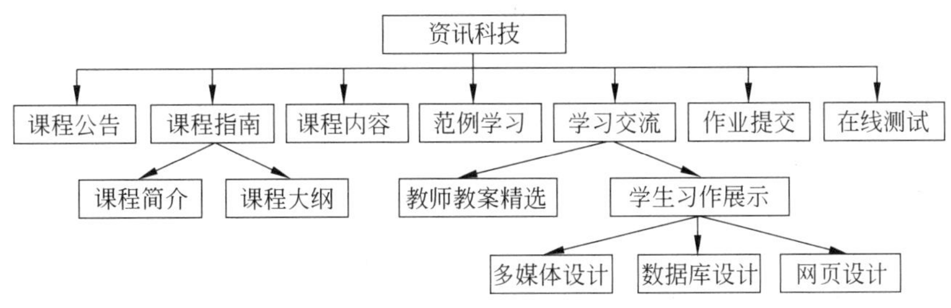

图 9.3　网站规划图示例

规划的站点，其每个最低级模块均对应一个网页，而每个网页均可包含相应的文字、图片、动画、图标、按钮、链接等元素，因此对应网站的规划，也要规划文件的存放方式。目前大多采用的方式是每个一级模块（当然如果文件较多，也可以到二级、三级模块等）对应于一个文件夹，每个文件夹下均设立相应的图片、动画等文件夹，用于保存该页面所使用的图片及动画等。而对于整个网站每个网页都共同使用的部分（如 Logo、背景等），也建立一个文件夹，用于分门别类存放共用的部分。

站点的文件夹及文件的命名应该简洁、直观并易于理解，一般可用英文、拼音或数字等方便理解的组合来命名。

1. 建立站点

建立站点就是将规划好的站点文件夹告知 Dreamweaver 软件,使得以后可用该站点来管理该网站的各页面及元素。具体操作如下。

选择“站点”→“新建站点”命令,打开“站点设置对象”对话框,如图 9.4 所示。

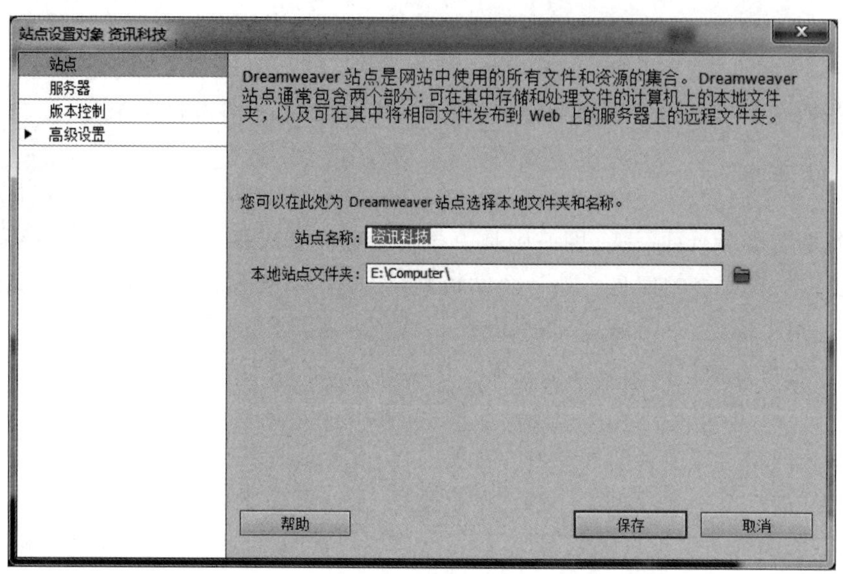

图 9.4 “站点设置对象”对话框

站点名称:输入站点的名称,可以是中文名,如“资讯科技”。

本地站点文件夹:输入在本地计算机中保存站点的路径,如 E:\Computer。

单击“保存”按钮,在 Dreamweaver 的“文件”面板出现该站点的文件夹结构。

2. 主页制作

每个站点一般有一个主页面,作为站点的开始页面,该页面起到一个开门见山、总揽全局的作用,在主页中包含进入各分支的链接。主页一般命名为 index.htm、index.html 等。

(1) 建立好站点后,在站点“文件”面板的根文件夹右击,在弹出的快捷菜单中选择“新建文件”命令,结果出现一个新文件名 untitled.html。

(2) 将该文件重新命名为 index.html,双击即可进入编辑状态。

其他页面的制作与此类似,在“文件”面板中展开各文件夹后,新建文件,即可在对应文件夹建立新的页面文件。

9.1.4 超级链接

超级链接是 Internet 的核心技术,通过超级链接将各个独立的网页文件及其他资源链接起来,形成一个网络。根据链接到的对象不同,可分为页面超级链接,即链接到某个页面文件；也可以是链接到某个网站，可称为站点链接；也可以链接到其他非页面文件，如提供下载或直接播放运行等，可称为下载链接，还可以是空链接。

1. 超级链接的创建

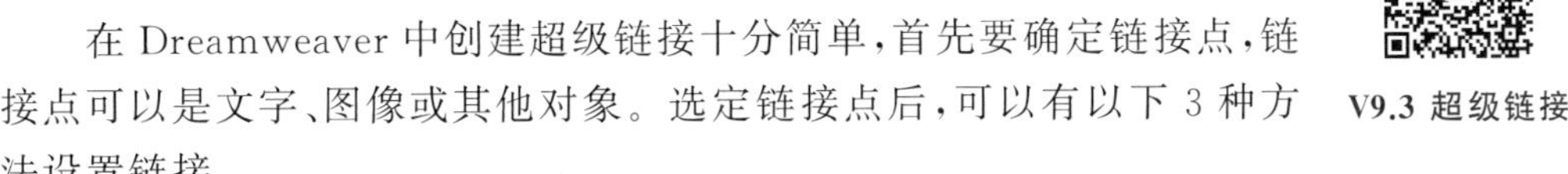

V9.3 超级链接

在 Dreamweaver 中创建超级链接十分简单，首先要确定链接点，链接点可以是文字、图像或其他对象。选定链接点后，可以有以下 3 种方法设置链接。

（1）直接在“属性”面板的“链接”框输入要链接的对象。如要链接到暨南大学站点，则在“链接”框输入暨南大学的站点 http://www.jnu.edu.cn。

（2）如果要链接本站点的其他文件，还可以通过按“链接”框旁边的文件夹图标，使用浏览方式找到要链接的页面文件。

（3）如果要链接本站点的其他文件，还可以通过拖动“属性”面板链接栏的“指向文件”图标，直接指向要链接的文件。这种方法显得更加形象直观。

2. 超级链接的设置

超级链接的设置主要是对链接目标的设置，设置链接后在“属性”面板“目标”框可选择链接的目标对象的显示方式，包含以下 4 项。

_blank：表示链接的对象将在一个新的窗口中打开。

_parent：表示链接的对象在父窗口打开。

_self：表示链接的对象在当前窗口打开。

_top：表示链接的对象在顶层窗口打开。

默认情况下是在当前窗口打开链接的页面。

3. 锚记链接

通常情况下，在浏览一个页面时，是从头开始显示这个页面，如果该页面内容很长，则可以通过窗口的垂直滚动条向下浏览。但如果页面特别长，如何能快速定位到要浏览的位置呢？那就是利用锚记链接。

锚记，其“锚”字与航海的“锚”字同义，锚记则为一个停靠点。这个锚记可以被插入网页的任何一个位置。

（1）插入“锚记”。选中需设置“锚记”的位置，选择“插入”→“命名锚记”命令，弹出“命名锚记”对话框，输入锚记名称。锚记名称可以是字母、数字等。

（2）锚记链接。锚记链接，即链接到网页的锚记。选中链接点，按一般链接方法设置链接到文件，如 jnu.htm。在“属性”面板的“链接”框即出现链接的文件 jnu.htm，在后面加入＃和锚记名称。如 jnu.htm＃2，即为链接到 jnu.htm 的锚记为 2 的位置。当打开链接浏览时，自动转到 jnu.htm 页面的锚记为 2 的地方。

4. 邮箱链接

邮箱链接，即直接设置链接点指向邮箱，方便浏览者直接发送邮件到指定的邮箱。

插入邮箱链接有两种方法：①选中链接点(如“与我联系”)，然后直接使用“属性”面板，在“链接”框输入“mailto：具体的邮箱名”，如 mailto：jucc@jnu.edu.cn；②选择“插入”→“电子邮件链接”命令，在出现的对话框中输入文本和邮箱地址，按“确定”按钮。

5. 下载文件链接

在设计网页时，有时要提供一些文件供浏览者下载，则要设置下载文件链接。下载文件链接的设置十分简单，可按一般的链接方法设置指向要链接的下载文件，如 myphoto.rar，当然这种设置是针对非网页类文件，如果网页类文件也要供下载，不妨将其做成压缩包的形式。

6. 空连接

空链接就是在“属性”面板的“链接”框输入 #，这种链接仅具有链接的属性，但不指向任何对象。空链接一般在调试时使用，预留以后修改为要链接的对象。

9.1.5 页面布局

网页设计既是一门技术，也是一门艺术。这是因为网页在向浏览者传递信息时，既要考虑用户获取信息时的方便性，也要考虑人们阅读时的感觉和心情。网页包括文字、图形、动画等诸多元素，在网页版面布局方面必须综合考虑，以实现良好的视觉效果。

V9.4 页面布局

1. 使用表格进行页面布局

使用表格进行页面布局是一个传统有效的方法，表格上可以有很多的单元格，网页页面的各元素放置在不同的单元格中实现布局效果。

图 9.5 是某个学校主页的页面布局图，要制作这样一种页面布局图，可考虑按图把主页分成 LOGO 区、内容区和版权区三大板块。其中内容区又分为文字导航区、校训展示区、动态新闻区和重点内容导航区四个版块。

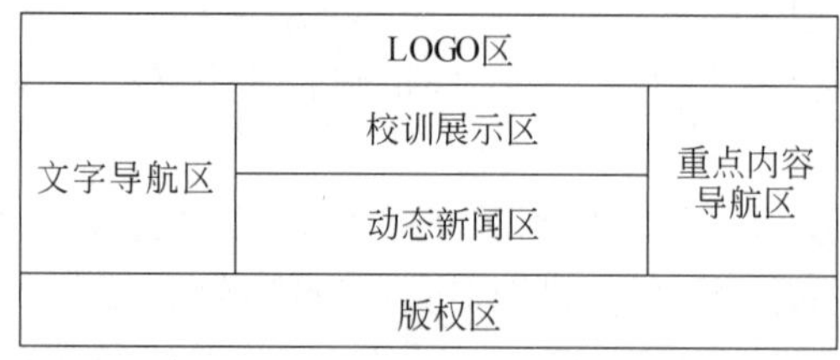

图 9.5　使用表格进行某个学校主页的页面布局

2. 使用 AP Div 进行页面布局

在页面中随意移动表格是不可以的，因此使用表格进行布局，必须预先进行严谨的规划。利用 AP Div 的可移动性，就可以很好地解决这个问题，可以较为灵活地进行布局。

AP Div 是 DIV 标签中的一种定位技术，在 Dreamweaver 中也称层，用来控制浏览器窗口中元素的位置、层次。AP Div 最主要的特性就是它是浮动在网页内容之上的，也就是说，可以在网页上任意改变其位置，实现对 AP Div 的准确定位。把页面元素放在 AP Div 中，可以控制 AP Div 堆叠次序、显示或隐藏等性质。

使用 AP Div 进行布局，就是在页面中插入多个 AP Div，直接在 AP Div 上放置网页对象。以图 9.5 的页面为例，要制作这个版面，可直接使用“绘制 AP Div”工具，在页面上“画”各个版块。为方便控制 AP Div 的位置，可以将参考的网格线显示出来并设置靠齐到网格（选择“查看”→“网格设置”→“显示网格”→“靠齐到网格”命令）。

AP Div 在布局中具有较好的灵活性，但为了兼容性和控制版面的精确性，在制作好以后，可以将 AP Div 转化为表格，反之，如果要重新调整布局位置，还可以将表格再转换为 AP Div 进行移动等操作。方法是选择“修改”→“转换”→“将 AP DIV 转换为表格”或“将表格转换为 AP Div”命令。

3. 使用框架进行页面布局

框架可以方便地把窗口划分为多个子窗口，每个窗口分别显示不同的网页文件。即使某个子窗口中的内容发生改变，仍能保持其他子窗口内容不变，整个页面布局不变，这样就很容易创建使用相同布局的多个网页。

框架由两部分组成：一部分是框架集，另一部分是单个框架文件。框架集是用于定义一组框架结构的一个 HTML 文档；单个框架文件是定义在框架某个区域内的单个网页文件。

1）创建框架页面

选择“插入”→HTML→“框架”命令，再选择需要的框架即可。

2）保存框架页面

框架页面包含框架集和单个框架，因此在“文件”菜单下包含了几个子菜单项。

“保存框架集”：仅保存框架集。

“保存框架页”：仅保存光标所在页面。

“保存全部”：保存框架集及所有页面。

每个框架页都相当于一个单独的网页，每个框架页都有各自独立的页面属性（如背景、字体、链接样式等），各框架页通过框架集融为一体，尽管可单独打开框架页来进行编辑，但一般应打开框架集，以保证各框架页在布局上的统一。

3）框架的链接

应用框架的一个最主要目的是在同一个框架集中显示链接页面，例如在“左对齐”框架中，在左侧显示链接项，在右侧显示相应的内容。要实现这种链接并不难，当使用框架后，链接的目标除了一般链接的目标 _ blank、_ parent、_ self、_ top 外，还增加了 mainFrame、leftFrame 两项，分别代表链接目标在主框架页、左侧框架页中显示。

9.1.6　CSS

1. 认识 CSS

CSS(Cascading Style Sheets)，即串联样式表，也称层叠样式表。CSS 使用一系列规范的格式来设置一些规则,称为样式,并通过样式来控制页面内容的外观及特效。

V9.5 CSS

CSS 中的样式由两部分组成:选择器和声明。选择器是标识已设置格式元素(如 P、H1、类名称或 ID)的术语,并按规定以“.”开头,而声明则用于定义样式元素使用的规则。在下面的示例中,txt14 是选择器,介于花括号({})之间的所有内容都是声明:

```
.txt14 {font-family: "宋体";
    font-size: 14px;
    line-height: 20px;
    color: #FF0000;
}
```

声明本身也由两部分组成:属性(如 font-family)和值(如"宋体")。上述示例创建了样式 txt14,使用的规则:字体=宋体、字号=14 像素,行高=20 像素,颜色=#FF0000(红色)。

层叠是指对同一个元素或页面应用多个样式的能力。例如,可以创建一个 CSS 规则来定义颜色,创建另一个规则来定义边距,然后将二者应用一个页面中的同一文本,所定义的样式“层叠”到页面上的元素。

CSS 的显著优点是容易更新,只要对 CSS 规则中定义的样式进行修改,则应用该样式的所有文档都可以自动更新。例如,假设一个网站的正文文字要由原来的 14px 改为 12px,如果不使用 CSS,则要逐个打开站点的页面进行修改。如果应用了 CSS,则只需要在 CSS 文件中修改相应的样式,所有页面均可自动更新,真正达到事半功倍的效果。

CSS 就是样式定义的集合,即把多个样式的定义以列表的方式集合在一起。下面就是一个 CSS 的例子:

```
.nh1 {font-family: "隶书";font-size: 36px;color: #FF0000;}
.nh2 {font-family: "黑体";font-size: 16px;}
.txt14 {font-family: "宋体";font-size: 14px;line-height: 24px;}
.txt12 {font-family: "宋体";font-size: 12px;line-height: 16px;}
```

在上述 CSS 中,定义了 nh1、nh2、txt14、txt12 四种样式,每种样式定义了字体、字号、颜色及行高等属性。

如果将 CSS 的内容插入 HTML 文档中(一般是在<head>与</head>之间),则称为内部样式表。形式如下:

```
<head>
<meta http-equiv="Content-Type" content="text/html; charset=gb2312" />
<title>艺海无涯</title>
```

```
<style type="text/css">
<!- -
.nh1 {font-family: "隶书";font-size: 36px;color: #FF0000;}
.nh2 {font-family: "黑体";font-size: 16px;}
.txt14 {font - family: "宋体"; font - size: 14px; line - height: 24px; color: #
666666}
.txt12 {font-family: "宋体";font-size: 12px;line-height: 16px;}
-->
</style>
</head>
```

如果把样式表内容单独保存为一个文件，后缀名为.css，例如 art.css，则称为外部样式表。

2. “CSS 样式”面板

Dreamweaver 中的“CSS 样式”面板内容丰富且功能强大，既列出了定义的样式及属性，又可以通过面板直接编辑和添加新的属性，这对于样式的建立、修改十分便捷。

选择“窗口”→“CSS 样式”命令，显示“CSS 样式”面板。

选择“全部”选项，则显示当前页面可使用的所有样式；选择“当前”选项，则显示正在使用的样式。面板的构成包含以下 3 部分。

(1) 规则列表：位于面板上方，显示规则(选择器)名称。

(2) 属性列表：位于面板下方，显示对应的属性及属性值。

(3) 控制按钮：位于面板右下角，包含“附加 CSS”“新建 CSS 规则”“编辑样式”“删除 CSS 规则”4 个按钮。通过这 4 个按钮，可完成有关样式的主要操作。

“CSS 样式”面板提供了对 CSS 文件及样式的一个集成编辑及管理环境，在“CSS 样式”面板上可直接新建样式表、修改样式、排序样式等。“CSS 样式”面板上方显示了定义的所有样式规则，下方显示了对应的属性及属性值。

(1) 通过单击属性值，可从其下拉菜单中直接重设其属性值。

(2) 通过下方的“添加属性”按钮可以增加该规则的属性设置。

(3) 通过右下角的“编辑样式”按钮，可进入样式的编辑窗口，添加属性或修改属性。

3. CSS 样式的建立

单击“CSS 样式”面板右下角的“新建 CSS 规则”按钮，弹出“新建 CSS 规则”对话框，对选择器类型、选择器名称、规则定义进行设置。

1)选择器类型

(1) 类。可应用于任何标签，如标题、正文、段落等，只在任一页面元素中设置 class 属性，即可套用该样式。当选择类后，样式名称应以“.”开头。如.txt14、.arth1 等。

(2) 标签。用于重新定义 HTML 中预设的标签，如 a-链接、body-网页主体、div-层、table-表格等。

(3) ID。用于定义超级链接等,包含 a:link、a:visited、a:hover、a:active 等。

2) 规则定义

如果选择"仅限该文档"选项,则所建立的样式是以内部 CSS 的形式,插入 HTML 文档的<head>和</head>之间。如果选择"新建 CSS 文件"选项,则为外部 CSS,单击"确定"按钮后,要选择保存的文件夹及输入文件名(.css),如 myStyle.css。以后新建的样式,则可直接选定义在 myStyle.css 中。

在创建 CSS 规则名称后,进入"CSS 规则定义"对话框。在 CSS 规则定义中,可设置以下规则。

(1) 类型:定义字体、大小、颜色、行高等。

(2) 背景:定义可使用颜色、背景图像等。

(3) 区块:定义单词间距、字符间距、对齐方式等。

(4) 方框:定义宽度、高度、填充左右上下的间距等。

(5) 边框:定义边框样式,包括点线、虚线、实线等。

(6) 列表:定义列表符号、位置等。

(7) 定位:定义定位的类型、宽度、高度等。

(8) 扩展:定义鼠标类型、使用滤镜等。

4. 使用 CSS 样式

对于内部 CSS,可直接使用。如果是外部 CSS,则必须先将其链接进来。链接外部 CSS 文件,可使用"CSS 样式"面板,单击面板中的"附加 CSS"按钮,弹出"链接外部样式"对话框。

在该对话框中,单击"浏览"按钮,找到要链接的 CSS 文件,可以选择链接(推荐)或导入,单击"确定"按钮即可使用外部 CSS 文件中定义的样式了。

链接附加 CSS 后,CSS 中所定义的样式就会出现在"属性"面板的"样式"下拉列表框中,选定对象后,直接在"属性"面板的"样式"下拉列表框中选用。

9.2 移动网页设计与制作

9.2.1 认识 jQuery 和 jQuery Mobile

1. jQuery

jQuery 是一个优秀的 JavaScript 框架,是一个兼容多浏览器的 JavaScript 库,同时也兼容 CSS。jQuery 可以让用户方便地处理 HTML 文档、事件和实现动画效果,能够使用户的 HTML 页面保持代码和内容相分离,用户无须在 HTML 中插入众多 JavaScript 外部文件来调用命令,只需定义 id 即可。jQuery 是免费、开源的,其语法设计可以使开发更加便捷。另外,jQuery 还提供应用程序接口(Application Programming Interface,API)供用户编写插件,模块化的使用方式使用户可以方便快捷地开发出功能强大的静态或动态网页。

2. jQuery Mobile

jQuery Mobile 基于打造一个顶级的 JavaScript 库,在不同的智能手机和平板计算机的浏览器上形成统一的用户界面(User Interface,UI)。它兼容所有主流的移动平台,如 iOS、Android、Windows Mobile、BlackBerry、Palm WebOS、Symbian 等,以及所有支持 HTML 的移动平台。

与 jQuery 核心库一样,用户的开发计算机上无须安装任何东西,只需将各种"*.js"和"*.css"文件直接包含到网页中即可。

3. 下载 jQuery Mobile

若想搭建移动应用页面需要包含 3 个框架文件(文件的版本会持续更新)。

(1) jQuery-3.1.1.min.js(jQuery 主框架插件)。

(2) jQuery Mobile-1.4.5.min.js(jQuery Mobile 框架插件)。

(3) Mobile-1.4.5.min.css(与框架配套的 CSS 样式文件)。

登录 jQuery Mobile 官方网站,单击主页导航条中的"Download"链接或主页右侧的 Download jQuery Mobile 下的链接都可进入文件下载页面。

还可以通过统一资源定位符(Uniform Resource Locator,URL)从 jQuery CDN 下载插件文件。CDN(Content Delivery Network),即内容分发服务,用于快速下载跨 Internet 常用的文件。在"代码"视图的<head>和</head>标签中添加如下代码,同样可以执行 jQuery Mobile 移动应用页面。

```
<link rel="stylesheet" href="http://code.jquery.com/mobile/1.4.5/jquery.
mobile-1.4.5.min.css" />
<script src="http://code.jquery.com/jquery-1.11.1.min.js"></script>
<script src="http://code.jquery.com/mobile/1.4.5/jquery.mobile-1.4.5.min.
js"></script>
```

9.2.2 使用 jQuery Mobile 创建移动网页

Dreamweaver 与 jQuery Mobile 互相集成,可以帮助用户快速设计适合大部分移动设备的网页,同时也可以使网页自身适应各类尺寸的设备。下面介绍在 Dreamweaver 中使用 jQuery Mobile 创建移动网页的方法。

V9.6 创建移动网页

1. 使用 jQuery Mobile 起始页创建

jQuery Mobile 起始页包含 HTML、CSS、JavaScript 和图像文件,可以帮助用户设计移动网页。安装 Dreamweaver 时,会将 jQuery Mobile 文件的副本复制到用户计算机中。选择 jQuery Mobil(本地)起始页时所打开的 HTML 页会链接到本地 CSS、JavaScript 和图像文件。

(1) 选择"文件"→"新建"命令,在"新建文档"对话框中选择"示例中的页"选项,在右侧的“示例文件夹”列表中选择“Mobile 起始页”，“示例页”选择“jQuery Mobile(本地)”。单击“创建”按钮，完成文档的创建。

(2) 选择“文件”→“保存”命令，弹出“复制相关文件”对话框，单击“复制”按钮，完成文件的保存。

2. 通过空白文档创建

在 Dreamweaver 中，用户也可以通过创建 HTML5 空白文档，然后在页面中添加 jQuery Mobile 组件来创建移动网页。

(1) 选择“文件”→“新建”命令，在弹出的“新建文档”对话框中选择“空白页”选项，在“页面类型”中选择 HTML，设置右下角“文档类型”为 HTML5，单击“确定”按钮，新建 HTML5 空白文档。

(2) 选择“插入”→jQuery Mobile→“页面”命令，弹出“jQuery Mobile 文件”对话框，选择适当的类型后单击“确定”按钮。在弹出的“jQuery Mobile 页面”对话框中输入 ID 名称，设置是否需要标题和脚注，单击“确定”按钮完成页面的创建。

9.2.3 移动网页基础

1. 页面结构

jQuery Mobile 提供一个标准的框架模型，在页面中通过将一个<div>…</div>标签的 data-role 属性设置为 page，即可设计一个视图。

视图一般包含 3 个基本结构，分别是 data-role 属性为 header、content 和 footer 的 3 个子容器，用于定义“标题”“内容”“脚注”3 个页面组成部分，用于容纳不同的页面内容。

代码如下：

```
<div data-role="page">
<div data-role="header">标题</div>
<div data-role="content">内容</div>
<div data-role="footer">脚注</div>
</div>
```

2. 页面控制

一般情况下，移动设备的浏览器显示页面的宽度默认为 900px，这种宽度会导致屏幕缩小、页面放大，不适合页面浏览。为了更好地支持 HTML5 的新增功能和属性，使页面的宽度与移动设备的屏幕宽度相适应，用户可以在页面的<head>和</head>中添加<meta>标签，设置 content 属性值为 width＝device-width，initial-scale＝1，并设置其 name 属性为 viewport。

3. 插入多容器页面

一个 jQuery Mobile 文档可以包含多页面结构，即在一个文档中可以包含多个标签属性 data-role 为 page 的容器,从而形成多容器页面结构。每个容器拥有唯一的 ID 值,且各自独立。当页面加载时,这些容器同时被加载,并通过锚记链接的形式访问容器,即"#+容器 ID 值"的方式设置链接。当用户单击该链接时,jQuery Mobile 将在页面文档中寻找对应 ID 的容器,并以动画效果切换至该容器,实现容器间内容的访问。

4. 设置页面转场

在多页面切换过程中,可以使用 jQuery Mobile 框架内置的多种基于 CSS 的页面转场效果进行页面的切换,默认情况下,jQuery Mobile 应用的是从右到左划入的转场效果。通过在链接中添加 data-transition 属性可以自定义页面的转场特效。

9.3 综合实验

9.3.1 网页制作及 CSS 样式应用

1. 实验目的

(1) 熟悉 Dreamweaver 的操作环境,掌握建立站点和管理站点的基本操作。

(2) 掌握网页的建立、编辑和保存的基本操作。

(3) 了解 CSS 样式的简单使用。

2. 实验内容

(1) 将"实验素材\ Site_1"文件夹复制到 E:\。

(2) 启动 Dreamweaver,在 E:\建立一个新站点 MySite_1。

(3) 管理站点。

① 在 MySite_1 站点的根文件夹中分别建立文件夹 picture 和 poetry。

- 在"文件"面板中选择站点的根文件夹。
- 打开快捷菜单,在其中选择"新建文件夹"命令,新建一个文件夹,输入名称为 picture。
- 同上,新建新文件夹 poetry。

② 将站点根文件夹中的所有图像文件(.jpg、.gif)移到文件夹 picture 中。

③ 将站点根文件夹中的所有网页文件(.htm)移到文件夹 poetry 中,其中会弹出"更新以下文件的链接吗?"对话框,单击"更新"按钮。

(4) 在 MySite_1 站点中制作如图 9.6 所示的网页,并以 list1.htm 为文件名保存。

① 在站点 MySite_1 的根文件夹中新建文件 list1.htm。

② 单击"属性"面板中的"页面属性"按钮,设置页面属性:网页的标题为"唐诗选读",背景颜色为 #CCCCCC,文本颜色为 #990033。

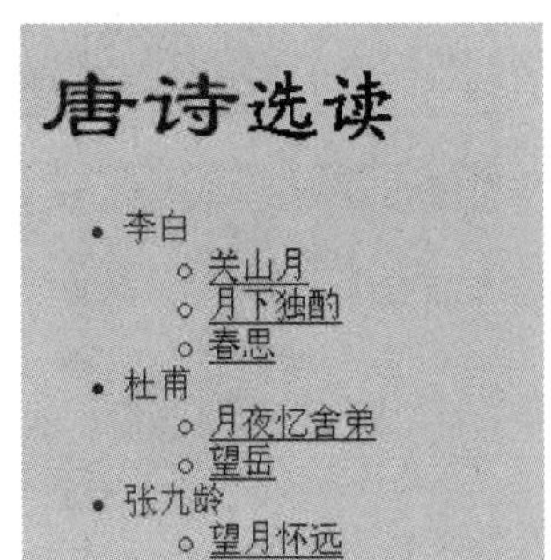

图 9.6 网页中的项目列表

③ 在网页中输入下面 10 行文字,每行按 Enter 键结束。

> 唐诗选读
> 李白
> 关山月
> 月下独酌
> 春思
> 杜甫
> 月夜忆舍弟
> 望岳
> 张九龄
> 望月怀远

④ 将第 1 行文字的格式设置为隶书、7 号、颜色为#000099。

⑤ 将第 2~10 行的文字设置为项目列表。

⑥ 按 Tab 键,将文字"关山月""月下独酌""春思"降为次级列表。

⑦ 按 Tab 键,将文字"月夜忆舍弟""望岳""望月怀远"降为次级列表。

⑧ 按表 9.1 的对应关系建立超级链接。

表 9.1 文字与超级链接对应关系

热点文字	关山月	月下独酌	春思	月夜忆舍弟	望岳	望月怀远
目标文件	gsy.htm	yxdz.htm	cs.htm	yyysd.htm	wy.htm	wyhy.htm

(5) 在 MySite_1 站点中制作如图 9.7 所示的网页,并以 list2.htm 为文件名保存。

唐诗选读

作者	诗名
李白	关山月
	月下独酌
	春思
杜甫	月夜忆舍弟
	望岳
张九龄	望月怀远

图 9.7 网页中的表格

V9.7 网页制作(表格)

① 在站点 MySite_1 的根文件夹中新建文件 list2.htm。

② 网页的标题为“唐诗选读”，背景图片为文件 background.gif，文本颜色为白色。

③ 链接颜色、已访问链接和活动链接均为白色，变换图像链接为黄色，下画线样式为仅在变换图像时显示。

④ 第 1 行文字的格式为隶书、大小为 48px、颜色为＃000099、居中对齐。

⑤ 表格的宽度为 60％，背景颜色为＃990000，边框粗细为 1；每行的高度为 30px；第 1 行设为“标题单元格”；第 1 列的宽度为 90px；表格内的文本取默认格式；表格及单元格内容全部居中。

⑥ 表格下面的图片来自文件 tianqi.gif，要求居中显示。

⑦ 按表 9.1 的对应关系建立超级链接，要求目标在新窗口中打开。

(6) 利用已有网页制作新的网页。

① 将网页 list1.htm 复制到站点 MySite_1 的根目录下产生一个备份文件，将其改名为 list3.htm。

V9.8 网页制作（项目列表）

② 修改页面属性，将背景图像设置为 background.gif。

③ 建立仅对该文档起作用的自定义 CSS 样式 List1st。具体要求：字体为楷体，大小为大，粗细为粗体，行高为 60px，项目符号图像为 dot.gif，位置为内。可按下列步骤进行操作。

- 选择“格式”→“CSS 样式”→“新建”命令。
- 在“新建 CSS 规则”对话框中输入选择器名称 List1st。
- 在“.List1st 的 CSS 规则定义”对话框的“类型”界面中设置字体(font-famlily)为楷体，大小(font-size)为大(large)，粗细(font-weight)为粗体(bold)，行高(line-height)为 60px。
- 在“.List1st 的 CSS 规则定义”对话框的“列表”界面中设置项目符号图像(list-style-image)为 dot.gif，位置(line-style-position)为内(inside)。
- 单击“确定”按钮完成设置。

④ 对“李白”“杜甫”“张九龄”3 行文字应用 CSS 样式 List1st。

⑤ 建立仅对该文档起作用的自定义样式 CSS 样式 List2nd。具体要求：字体为幼圆，大小为中，行高为 40px，列表类型为方块(square)。

⑥ 对 6 首诗名文字应用 CSS 样式 List2nd。

9.3.2　使用 AP Div 和框架进行网页布局

1. 实验目的

(1) 使用 AP Div(层)实现网页布局。

(2) 掌握框架网页的制作。

2. 实验内容

(1) 将“实验素材\Site_2”文件夹复制到 E:\。

(2) 启动 Dreamweaver,在 E:\建立一个新站点 MySite_2。

(3) 在 MySite_2 站点中制作如图 9.8 所示的网页,并以 TSXD1.htm 为文件名保存,要求用 AP Div 实现布局,用内嵌式框架显示各个链接的网页。

图 9.8 AP Div 布局网页

① 在站点 MySite_2 的根文件夹中新建文件 TSXD1.htm。

V9.9 网页制作(AP Div 布局)

② 网页的标题为"唐诗选读",文本颜色为白色,链接颜色、已访问链接、活动链接和变换图像链接均为白色,下画线样式为仅在变换图像时显示。

③ 按表 9.2 给出的属性参数建立 3 个 AP Div。

表 9.2 AP Div 属性设置

名称	宽/px	高/px	左/px	上/px	背景颜色
apDiv1	800	50	10	10	#009999
apDiv2	198	400	10	62	#0000FF
apDiv3	600	400	210	62	#FFFF00

④ 在 apDiv1 中输入文字"唐诗选读",设置样式:白色、粗体、隶书、大小 36px、行高 50px。

⑤ 在 apDiv2 中输入图示文字,设置作者文本样式:白色、粗体、大小 24px、行高 40px、缩进 20px。设置诗名文本样式:白色、大小 16px、行高 16px、缩进 60px。

⑥ 在 apDiv3 中插入名称为 IDD 的内嵌式框架。将光标置于层 apDiv3 内,单击"插入"→HTML→"框架"→IFRAME 命令,再单击"标签检查器"面板中的"属性"按钮,设置

名称(name)为 IDD,链接(src)为 poetry/ts.htm,宽度(width)为 598px,高度(height)为 398px。

⑦ 按表 9.1 的对应关系建立超级链接,目标为内嵌式框架 IDD。

(4) 在 MySite_2 站点中制作如图 9.9 所示的框架网页,并以 TSXD2.htm 为文件名保存。

图 9.9　框架布局网页

① 选择"插入"→HTML→"框架"→"左对齐"命令,在站点 MySite_1 的根文件夹中新建一个框架网页。

② 选择"窗口"→"框架"命令,在"框架"面板中分别选择"左侧框架网页""右侧框架网页",观察"属性"面板中框架的名称。

V9.10 网页制作(框架布局)

③ 设置框架集网页的有关属性。

- 页面属性:标题为"唐诗选读"。
- 在"属性"面板中设置:边框宽度为 1,不显示边框,左列宽度为 200px。
- 选择左侧框架,在"属性"面板中设置:名称为 contents,在浏览器中不能调整大小,自动决定是否显示滚动条。
- 选择右侧框架,在"属性"面板中设置:名称为 main,不显示滚动条,源文件为 poetry/ts.htm。

④ 在框架 contents 新建网页,然后进行以下操作。

- 页面属性:标题为"目录",背景色设置为 # CCCCCC,上边距和左边距设置为 50px。
- 输入 6 首诗名:"关山月""月下独酌""春思""月夜忆舍弟""望岳""望月怀远",每个诗名各占一行。
- 按表 9.1 的对应关系建立超级链接,目标为框架 main。

⑤ 保存所有文件。选择"文件"→"保存全部"命令,框架集网页以 TSXD2.htm 为文件名,框架中新建的网页以 list.htm 为文件名。

9.3.3 使用 jQuery Mobile 框架制作移动网页

1. 实验目的

(1) 了解 jQuery Mobile 移动应用界面开发框架。

(2) 掌握利用 jQuery Mobile 框架进行移动网页的设计和制作。

2. 实验内容

(1) 将"实验素材\Site_3"文件夹复制到 E:\。

(2) 启动 Dreamweaver,在 E:\建立一个新站点 MySite_3。

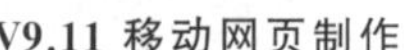

V9.11 移动网页制作

(3) 在 MySite_3 站点中制作移动网页,并以 TSXD.htm 为文件名保存。

① 新建 jQuery Mobile 起始页。选择"文件"→"新建"命令,在"新建文档"对话框中选择"示例中的页"选项,"示例文件夹"选择"Mobile 起始页",在"示例页"中选择 jQuery Mobile(本地),单击"创建"按钮。

② 保存文档。选择"文件"→"保存"命令,将文件另存为 TSXD.htm,并保存在站点根文件夹下,在弹出的"复制相关文件"对话框中,单击"复制"按钮,把相关的框架文件复制到本地站点。

③ 设置页面控制。单击文档工具栏上的"拆分"按钮,进入拆分界面,在左侧的代码窗格中找到＜meta＞标签,并在＜meta＞标签中添加"name="viewport" content="width=device-width,initial-scale=1""属性,使页面的宽度与移动设备的屏幕宽度相适应。

④ 命名 page 容器。设置 4 个 page 容器的 ID 值分别为 page、libai、dufu 和 zhangjiuling。

⑤ 设置标题。在设计界面设置 4 个 page 容器标题分别为"唐诗选读""李白""杜甫""张九龄",脚注为空。

⑥ 设置主题样式。单击文档工具栏的"代码"按钮,为 header、content 和 footer 容器添加"data-theme"属性,并设定主题样式分别为 b、d 和 b,效果如图 9.10 所示。

图 9.10 移动网页中的主题样式

⑦ 设置返回按钮。为 ID 值为 libai、dufu 和 zhangjiuling 的 page 容器添加"data-add-back-btn="true" data-back-btn-text="返回""属性,即可在页面头部栏的左侧增加一个名为"返回"的后退按钮。

⑧ 设置容器内容及超级链接。

- 将 ID 值为 page 容器中的 3 个列表项分别修改为“李白”“杜甫”“张九龄”，选中“李白”文本，在“属性”面板的“链接”下拉列表框中输入 # libai；选中“杜甫”文本，在“属性”面板“链接”下拉列表框中输入 # dufu；选中“张九龄”文本，在“属性”面板的“链接”下拉列表框中输入 # zhangjiuling。
- 在 ID 值为 libai 容器中输入 3 个段落文本，分别为“关山月”“月下独酌”“春思”。选中这 3 个段落文本，单击“属性”面板的“项目列表”按钮，将文本设置为项目列表；在 ID 值为 dufu 容器中输入两个段落文本，分别为“月夜忆舍弟”和“望岳”。选中这两个段落文本，单击“属性”面板的“项目列表”按钮，将文本设置为项目列表；在 ID 值为 zhangjiuling 的容器中输入一个段落文本“望月怀远”。选中这个段落文本，单击“属性”面板的“项目列表”按钮，将文本设置为项目列表。
- 进入代码窗格，为“关山月”文本创建超级链接，添加 data-rel 属性，并设置值为 dialog。当单击该链接时，打开的页面即以对话框的形式显示。代码为如下：

```
<a href="gsy.html" data-transition="pop" data-rel="dialog">关山月</a>
```

按表 9.1 的对应关系分别为“月下独酌”“春思”“月夜忆舍弟”“望岳”“望月怀远”建立超级链接，效果如图 9.11 所示。

图 9.11　移动网页中的容器内容及超级链接

(4) 为 6 首唐诗制作移动网页，应用了对话框属性的页面会以圆角方式显示，页面周围增加边缘及深色的背景，使对话框浮在页面之上。

① 新建 HTML5 文档。选择“文件”→“新建”命令，在“新建文档”对话框中选择“空白页”选项，“页面类型”选择 HTML，“文档类型”选择 HTML5，单击“确定”按钮。

② 保存文档。选择“文件”→“保存”命令，将文件另存为 gsy.html，并保存在站点根文件夹下。

③ 插入页面。选择“插入”→jQuery Mobile→“页面”命令，在文档中插入一个 ID 值为 dialog 的页面。

④ 设置页面文本。定义标题文本为“关山月”，脚注为空，内容信息为唐诗“关山月”的全文，居中显示。

⑤ 设置主题样式。单击文档工具栏的“代码”按钮，为 header、content 和 footer 容器添加 data-theme 属性，并设定主题样式分别为 b、d 和 b，效果如图 9.12 所示。

⑥ 按表 9.1 的对应关系分别为“月下独酌”“春思”“月夜忆舍弟”“望岳”“望月怀远”制作移动网页。

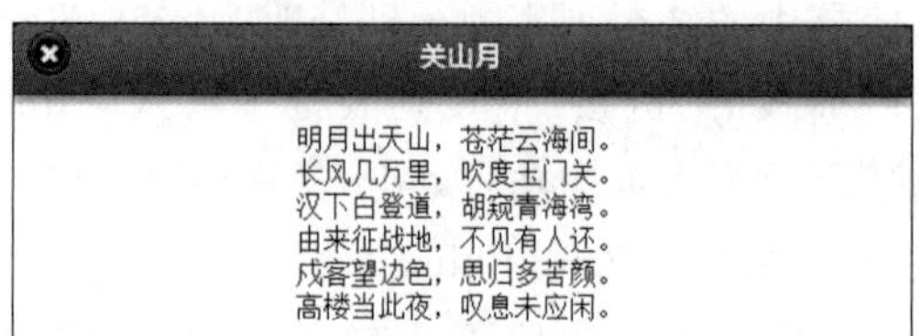

图 9.12　移动网页中的 dialog 页面

9.4　辅助阅读材料

9.4.1　网站的发布

1. 申请网站存放空间

要将制作完成的网站发布出去，首先必须申请网站存放空间。

有很多因特网服务组织，如阿里云、腾讯云等，利用自己的服务器和网络资源，给中小企业或个人提供存放网站的空间。这些空间有收费与免费之分，通常收费空间提供的服务比较全面，主要针对企业用户和要求较高的个人用户。对于建站新手，申请免费空间则比较方便、实用。

在选择网站存放空间的提供者时，需要考虑以下因素。

(1) 网站信誉。

(2) 网站带宽。

(3) 空间大小。

(4) 技术支持。

2. 申请域名

域名就像是网站的门牌号码，有了网站空间之后，接下来就需要注册一个自己喜欢的域名。

与网站存放空间的申请类似，域名也有收费和免费两种。对于企业用户，通常应该申请能代表企业形象的专用的收费域名，以保护企业的无形资产。对于普通的个人用户，免费域名便能满足需求。

3. 发布网站

网站的发布通常有两种方法：一种是使用网站制作工具提供的网站发布功能；另一种是使用 FTP 工具。

9.4.2　网站的评价

评价一个网站的优劣没有绝对的标准，但主要可从以下 5 方面来考虑。

1. 网站的主题和内容

选择恰当的主题和内容是网站建设者首先要考虑的，也是网站的价值所在。通常，网站主题的定位要小而精，有明确的目标访问者。在内容的选择上应紧扣主题，发布的信息要准确、全面、系统和及时。

2. 网站的易用性

网站的易用性主要体现在网站内容的组织形式上，包括设计网站栏目超级链接和网页布局等几方面。

网站要有清晰、合理的层次式栏目设计。栏目的名称要能够充分体现栏目的内容，以便访问者能快速地了解网站的全貌，确定其是否符合自己的需要。网站超级链接的设计也非常讲究，合理的超级链接设计可以让访问者顺利地找到所需的信息，避免在网站中迷失方向。

网页的布局也是决定网站易用性的主要因素之一，混乱的布局很难让访问者有兴趣阅读。

另外，网站域名的选择对网站的易用性也有影响。通常，选择简单易记、能体现网站主题和特色的域名有助于增加网站的访问量。

3. 网站功能的可用性

网站提供的所有功能，如超级链接查询、论坛、聊天室等都应该是可以实际使用的。尚未完成或未经测试的功能最好不要发布，以免带来负面影响。

另外，一个好的网站还应该确保良好的浏览器兼容性、方便的浏览方式、较快的浏览速度和下载速度(如果有下载服务)，最好还能提供站内检索等服务。

4. 网站的风格

网站的风格主要包括语言风格和版面设计风格。网站的风格应取决于网站的目标访问者的年龄、职业特征、爱好和使用习惯。例如，青少年学习网站和专业技术网站在语言风格和版面设计风格上就应该截然不同。

网站的版面设计风格要通过文字、图片、动画等各种网页元素的有机结合来展现。因此，合理地、符合美学原则地使用这些网页元素非常重要。

5. 其他因素

影响网站优劣的其他因素还有网站的安全性、可扩展性和用户支持等。

9.4.3 网络学习资源

(1) 菜鸟教程：https://www.runoob.com/。

(2) Web 前端开发，中国大学 MOOC(慕课)，孙俏。

(3) Web 前端设计，中国大学 MOOC(慕课)，陈明晶。

第10章

微信小程序开发

微信小程序是一种不用下载就能使用的应用，自 2017 年 1 月 9 日正式上线以来，其开发团队不断推出新功能，现在已经有许多小程序项目实现了商业上的成功。本章介绍微信小程序开发需要掌握的基础知识，并给出相关的实验案例。

10.1 微信小程序概述

10.1.1 认识微信小程序

1. 小程序简介

微信(WeChat)是腾讯公司于 2011 年 1 月 21 日推出的一款为智能终端提供即时通信(Instant Messaging，IM)服务的应用程序。小程序是微信的一种新的开发能力，具有出色的用户使用体验，可以在微信内被便捷地获取和传播。小程序是一种不需要下载安装即可使用的应用，它实现了应用“触手可及”的梦想，用户扫一扫(二维码)或者搜一搜(关键词)即可打开应用。微信小程序体现了“用完即走”的理念，用户不用关心是否安装太多应用的问题。有了微信小程序，应用将无处不在，随时可用，且无须安装与卸载。

2. 小程序的特征

小程序嵌入微信之中，不需要下载安装外部应用，用户通过扫描二维码和搜索相关功能的关键词即可使用，具备无须安装、触手可及、用完即走、无须卸载的特性。小程序可以被理解为镶嵌在微信的超级应用程序(Application，App)。

(1) 无须安装。小程序内嵌入微信程序之中，用户在使用过程中无须在应用商店下载安装外部应用。

(2) 触手可及。用户通过扫描二维码等形式直接进入小程序，实现线下场景与线上应用的即时联通。

(3) 用完即走。用户在线下场景中，当有相关需求时，可以直接接入小程序，使用服务功能后便可以对其不理会，实现用完即走。

(4) 无须卸载。用户在访问小程序后可以直接关闭小程序,无须卸载。

3. 小程序的应用场景

微信小程序对用户来说,应该是"无处不在、触手可及、随时可用、用完即走"的一种"小应用",重点在"小",主要体现在以下两方面。

(1) 简单的业务逻辑。简单是指应用本身的业务逻辑并不复杂。例如,出行类应用哈罗单车,用户通过扫描二维码就可以实现租车,该应用的业务逻辑非常简单,服务时间很短暂,扫完即走。此外,各类线上到线下(Online to Offline,O2O),如家政服务、订餐类应用、天气预报类应用,都符合简单这个特性。不过对于业务复杂的应用,无论从功能实现上还是从用户体验上,小程序都不如原生 App。

(2) 低频度的使用场景。低频度是小程序使用场景的另一个特点。例如,提供在线购买电影票服务的小程序应用猫眼,用户对该小程序的使用频度不是很高,就没有必要在手机中安装一个单独功能的 App。

10.1.2 微信小程序开发流程

1. 注册小程序账号

(1) 在微信公众平台官网首页(https://mp.weixin.qq.com)单击位于右上角的"立即注册"按钮。

(2) 选择注册的账号类型,单击"小程序"选项,如图 10.1 所示。

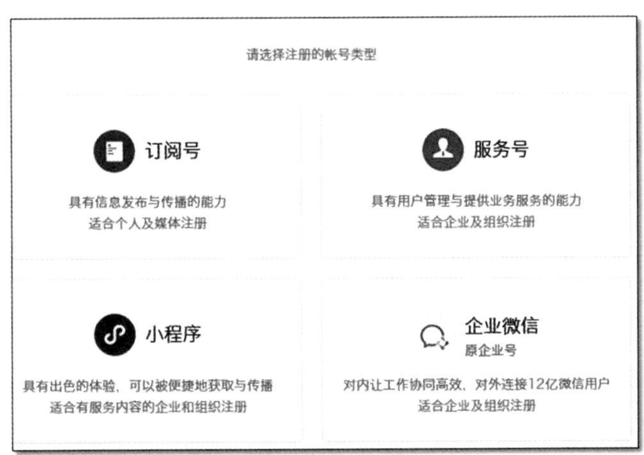

图 10.1　选择注册的账号类型

(3) 进入"账号信息"页面,如图 10.2 所示,填写邮箱地址(该邮箱未注册过公众平台、开放平台、企业号,未绑定个人微信),该邮箱地址将作为以后登录小程序后台的账号。

(4) 填写账号信息后,邮箱中会收到一封激活邮件,单击该邮件中的激活链接,进入"主体信息"页面进行主体类型选择,在此选择"个人"选项。

(5) 进入"主体信息登记"页面,如图 10.3 所示,完善主体信息,即可完成注册流程。

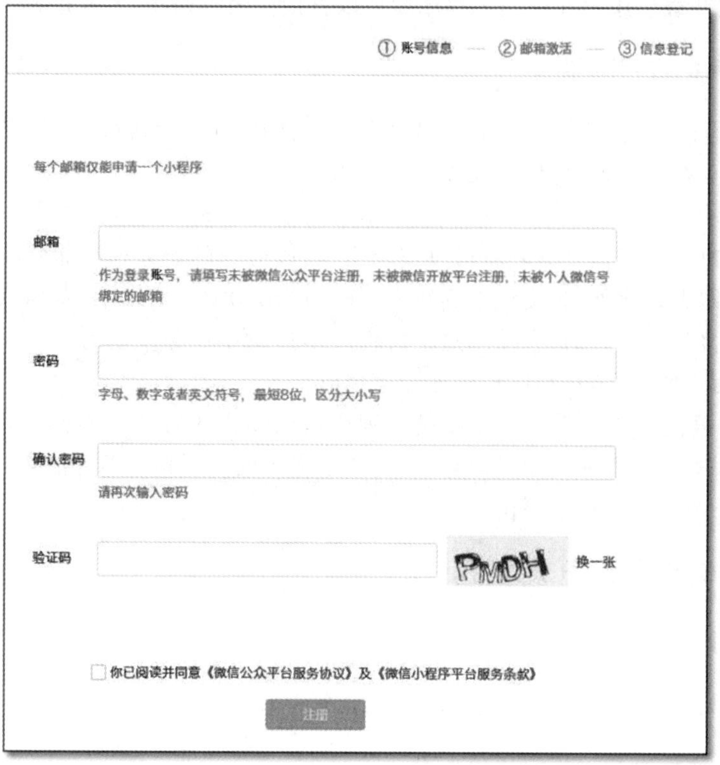

① 账号信息 —— ② 邮箱激活 —— ③ 信息登记

每个邮箱仅能申请一个小程序

邮箱

作为登录账号，请填写未被微信公众平台注册，未被微信开放平台注册，未被个人微信号绑定的邮箱

密码

字母、数字或者英文符号，最短8位，区分大小写

确认密码

请再次输入密码

验证码　PMDH　换一张

你已阅读并同意《微信公众平台服务协议》及《微信小程序平台服务条款》

注册

图 10.2 “账号信息”页面

主体信息登记

身份证姓名

信息审核成功后身份证姓名不可修改；如果名字包含分隔号“·”，请勿省略。

身份证号码

请输入您的身份证号码。一个身份证号码只能注册5个小程序。

管理员手机号码　获取验证码

请输入您的手机号码，一个手机号码只能注册5个小程序。

短信验证码　无法接收验证码?

请输入手机短信收到的6位验证码

管理员身份验证　请先填写管理员身份信息

继续

图 10.3 “主体信息登记”页面

2. 开发环境准备

完成账户注册后，登录微信公众平台官网(https://mp.weixin.qq.com)。

单击“设置”→“填写”按钮，进入如图 10.4 所示的“填写小程序信息”页面，填写小程序信息。小程序发布前，可修改两次名称。发布后，个人账号可一年内修改两次名称。

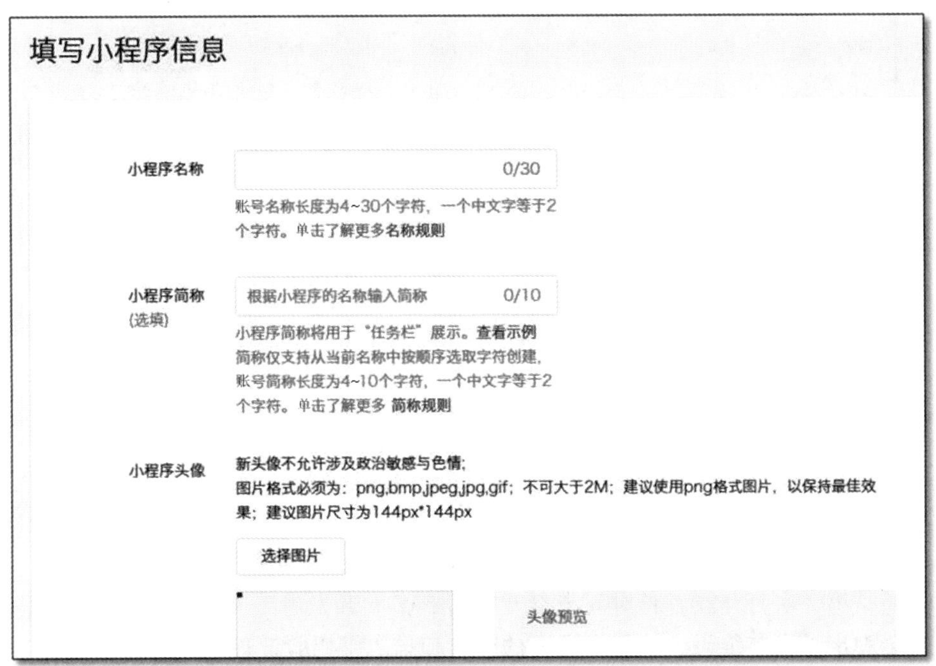

图 10.4　“填写小程序信息”页面

单击“开发”→“开发管理”→“开发设置”选项，获取 AppID(小程序 ID)，申请界面如图 10.5 所示。只有填写了 AppID 的项目，开发者才能通过手机微信扫描二维码对其进行真机测试。

图 10.5　获取 AppID

3. 开发工具的下载及安装

单击“开发”→“开发工具”→“开发者工具”选项,然后单击“下载”按钮,进入如图 10.6 所示的“开发者工具”页面,官方提供了 3 个版本的开发工具安装包: Windows 64、Windows 32 和 macOS。

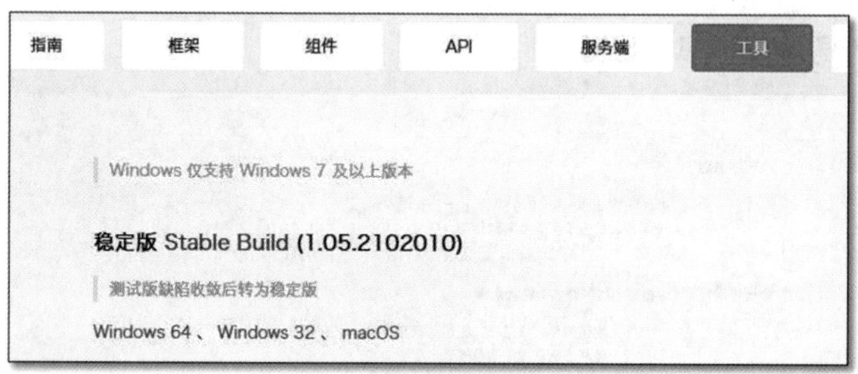

图 10.6 “开发者工具”页面

双击下载的安装包,将出现安装向导。按照安装向导提示进行操作,直到安装完成。

4. 创建第一个小程序项目

如果是第一次打开或者长时间未打开“微信 Web 开发者工具”,双击快捷方式后,开发工具会弹出一个二维码。使用开发者的微信扫描二维码验证进入后,出现图 10.7。

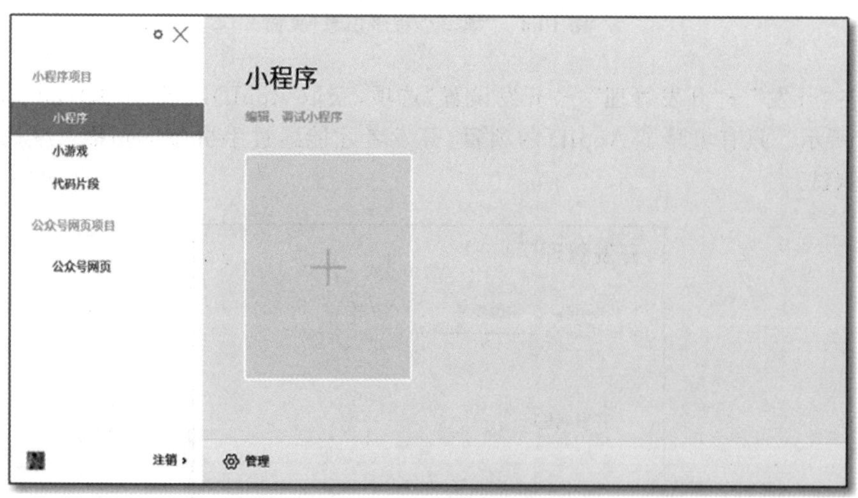

图 10.7 选择项目类型

在界面的左边窗格选择“小程序”选项,在界面的右边窗格单击+按钮,将出现如图 10.8 所示的“新建项目”对话框,填入“项目名称”“目录”“AppID”,若无 AppID 可注册或使用测试号。

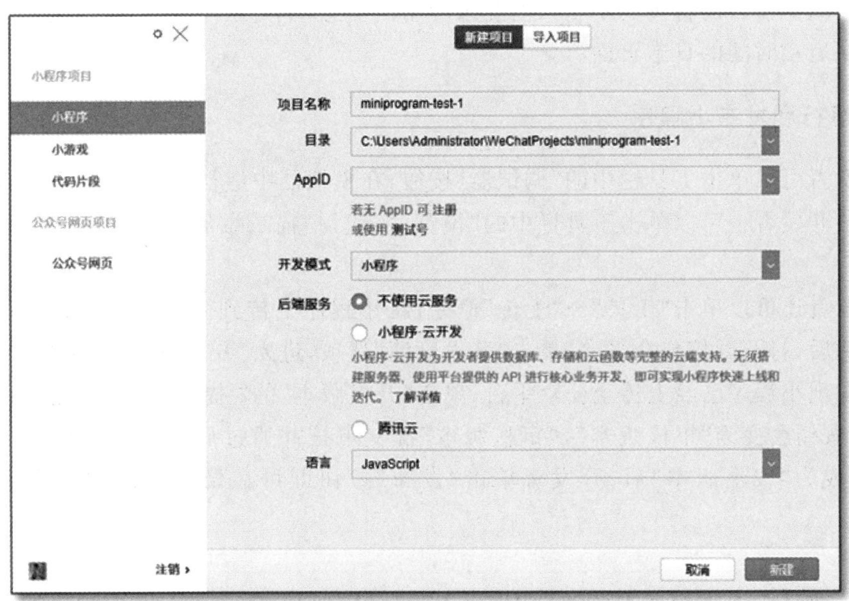

图 10.8　“新建项目”对话框

单击“新建”按钮后，将成功创建一个系统默认的项目，如图 10.9 所示。

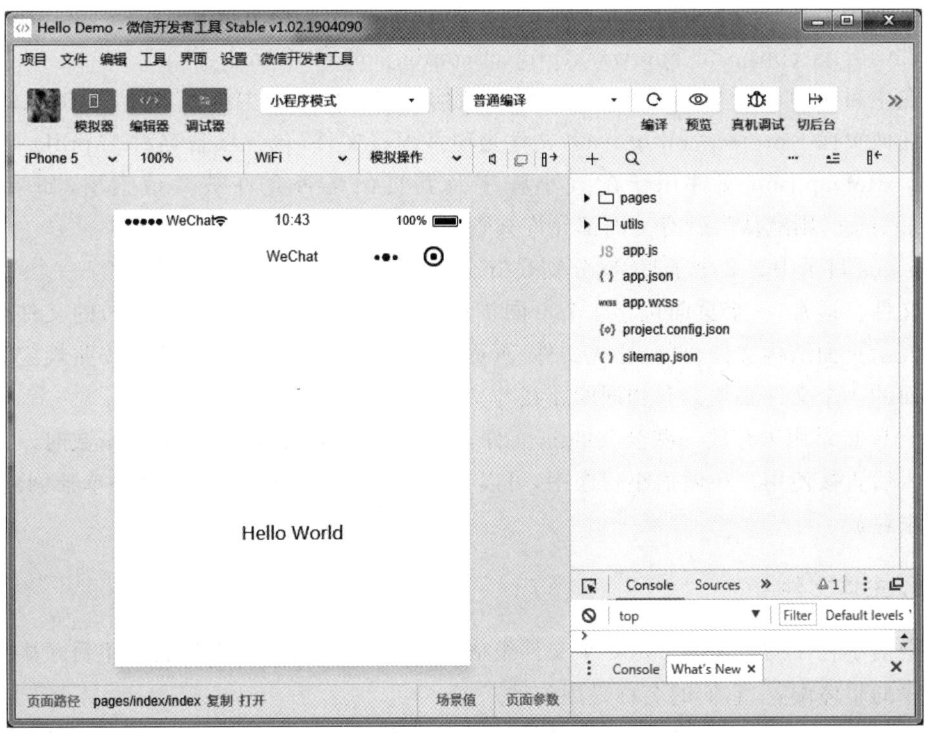

图 10.9　微信开发者工具

这个默认项目的首页展示了当前登录的用户信息，单击用户头像，跳转到一个记录当前小程序启动时间的日志页面。

5. 运行和发布小程序

开发者可以单击工具栏中的“调试器”按钮，在模拟器中运行小程序，查看小程序的运行效果。开发者也可以单击工具栏中的“预览”按钮，扫描二维码后即可在微信客户端中体验。

开发者还可以单击“工具”→“上传”命令，将小程序上传到微信公众平台。将小程序上传成功后，打开微信公众平台，单击“开发管理”选项，进入“开发管理”对话框。此时，开发者会发现小程序已经上传至公众平台，单击“开发版本”的“ 提交审核”按钮。待通过审核后，该按钮会变为“审核版本”，“审核版本”提交审核并通过后，该按钮会变为“线上版本”。当成为“线上版本”后，开发者单击“发布”按钮即可在微信发现中搜索该小程序项目。

10.2 微信小程序开发基础

10.2.1 小程序的目录结构

在微信小程序的基本目录结构中，项目主目录下有 2 个子目录(pages 和 utils)和 5 个文件(app.js、app. json、app.wxss、project.config.json 和 sitemap.json)。

在主目录中，3 个以 app 开头的文件是微信小程序框架的主描述文件，这 3 个文件不属于任何页面。project.config. json 文件是项目配置文件，包含项目名称、AppID 等相关信息。sitemap.json 文件用于配置小程序及其页面是否允许被微信索引，如果没有 sitemap.json，则默认为所有页面都允许被索引。

pages 目录中有 2 个子目录，分别是 index 和 logs，每个子目录中保存着一个页面的相关文件。通常，一个页面包含 4 个不同扩展名(.wxml、.wxss、.js 和.json)的文件，分别用于表示页面结构文件、页面样式文件、页面逻辑文件和页面配置文件。按照规定，同一个页面的 4 个文件必须具有相同的路径与文件名。

utils 目录用来存放一些公共的.js 文件，当某个页面需要用到 utils.js 函数时，可以将其引入后直接使用。在微信小程序中，可以为一些图片、音频等资源类文件单独创建子目录用来存放。

1. 主体文件

微信小程序的主体部分由 3 个文件组成，这 3 个文件必须放在项目的主目录中，负责小程序的整体配置，它们的名称是固定的。

(1) app.js。小程序逻辑文件，主要用来注册小程序全局实例，是小程序项目的启动入口文件。

(2) app. json。小程序公共设置文件，用于对小程序进行全局配置。

(3) app. wxss。小程序主样式表文件，存放整个小程序的公共样式。在主样式表文件中设置的样式在其他页面文件中同样有效。

2. 页面文件

小程序通常是由多个页面组成的，每个页面包含 4 个文件，同一页面的这 4 个文件必须具有相同的路径与文件名。当小程序被启动或小程序内的页面进行跳转时，小程序会根据 app.json 设置的路径找到相对应的资源进行数据绑定。

(1) .js 文件。页面逻辑文件，在该文件中编写 JavaScript 代码控制页面的逻辑。

(2) .wxml 文件。页面结构文件，用于设计页面的布局、数据绑定等。

(3) .wxss 文件。页面样式表文件，用于定义本页面中用到的各类样式表。当页面中有样式表文件时，文件中的样式规则会层叠覆盖 app.wxss 中的样式规则；否则，直接使用 app.wxss 中指定的样式规则。

(4) .json 文件。页面配置文件。

10.2.2 小程序的开发框架

微信团队为小程序的开发提供了 MINA 框架。MINA 框架通过微信客户端提供文件系统、网络通信、任务管理、数据安全等基础功能，对上层提供了一整套 JavaScript API，让开发者能够非常方便地使用微信客户端提供的各种基础功能，快速构建应用。

小程序 MINA 框架将整个系统划分为视图层(View)和逻辑层(App Service)。视图层由框架设计的标记语言 WXML(WeiXin Markup Language)和用于描述 WXML 组件样式的 WXSS(WeiXin Style Sheets)组成。逻辑层是 MINA 框架的服务中心，由微信客户端启用异步线程单独加载运行。页面数据绑定所需的数据、页面交互处理逻辑都在逻辑层中实现。MINA 框架中的逻辑层使用 JavaScript 来编写交互逻辑、网络请求、数据处理，小程序中的各个页面可以通过逻辑层来实现数据管理、网络通信、应用生命周期管理和页面路由。

MINA 框架为页面组件提供了 bindtap、bindtouchstart 等与事件监听相关的属性，并与逻辑层中的事件处理函数绑定在一起，实现面向逻辑层与用户同步交互数据。MINA 框架还提供了很多方法将逻辑层中的数据与页面进行单向绑定，当逻辑层中的数据变更时，小程序会主动触发对应页面组件的重新数据绑定。

微信小程序不仅在底层架构的运行机制上做了大量的优化，还在重要功能(如 page 切换、tab 切换、多媒体、网络连接等)上使用接近系统层(Native)的组件承载。所以，小程序 MINA 框架有着接近原生 App 的运行速度，对 Android 端和 iOS 端的呈现高度一致，并为开发者准备了完备的开发和调试工具。

1. 视图层

MINA 框架的视图层由 WXML 与 WXSS 编写，由组件来进行展示。对于微信小程序而言，视图层就是所有.wxml 文件与.wxss 文件的集合，.wxml 文件用于描述页面的结构，.wxss 文件用于描述页面的样式。

微信小程序在逻辑层将数据进行处理后发送给视图层展现,同时接收视图层的事件反馈。视图层以给定的样式展现数据并反馈事件给逻辑层,而数据展现是以组件来进行的。组件是视图的基本组成单元。

2. 逻辑层

逻辑层用于处理事务逻辑。对于微信小程序而言,逻辑层就是所有.js 脚本文件的集合。微信小程序在逻辑层将数据进行处理后发送给视图层,同时接收视图层的事件反馈。

微信小程序开发框架的逻辑层是采用 JavaScript 编写的。在 JavaScript 的基础上,微信团队做了适当修改,以便提高开发小程序的效率。主要修改如下。

(1) 增加 App()和 Page()方法,进行程序和页面的注册。

(2) 提供丰富的 API,如扫一扫、支付等功能。

(3) 每个页面有独立的作用域,并提供模块化能力。

逻辑层就是通过各个页面的.js 脚本文件来实现的。开发者开发编写的所有代码最终会被打包成独立的 JavaScript 文件,并在小程序启动的时候运行,直到小程序被销毁。

3. 数据层

数据层在逻辑上包括页面临时数据或缓存、文件存储(本地存储)和网络存储与调用。

(1) 页面临时数据或缓存。

在 Page()中,使用 setData()函数将数据从逻辑层发送到视图层,同时改变对应的 this.data 的值。

setData()函数的参数接收一个对象,以(key,value)的形式表示将 key 在 this. data 中对应的值改变成 value。

(2) 文件存储(本地存储)。

使用数据 API:

wx.getStorage:获取本地数据缓存;

wx.setStorage:设置本地数据缓存;

wx. clearStorage:清理本地数据缓存。

(3) 网络存储与调用。

上传或下载文件 API:

wx.request:发起网络请求;

wx.uploadFile:上传文件;

wx.downloadFile:下载文件。

调用 URL 的 API:

wx. navigateTo:新窗口打开页面;

wx. redirectTo:原窗口打开页面。

10.2.3 配置文件

小程序的配置文件按其作用范围可以分为全局配置文件(app. json)和页面配置文件

(＊.json)。全局配置文件作用于整个小程序，页面配置文件只作用于当前页面。页面配置文件的优先级高于全局配置文件的优先级，当全局配置文件与页面配置文件有相同配置项时，页面配置文件会覆盖全局配置文件中的相同配置项内容。

V10.1　配置文件

1. 全局配置文件

小程序的全局配置保存在全局配置文件(app.json)中，使用全局配置文件来配置页面文件(pages)的路径、设置窗口(window)表现、设定网络请求 API 的超时时间值(networkTimeout)以及配置多个切换页(tabBar)等。

全局配置文件内容的整体结构如下：

```
{
//设置页面路径
"pages":[ ],
//设置默认页面的窗口表现
"window":{},
//设置底部 tab 的表现
"tabBar":{},
//设置网络请求 API 的超时时间值
"networkTimeout":{},
//设置是否开启 debug 模式
"debug" :false
}
```

1) pages 配置项

pages 配置项接收一个数组，用来指定小程序由哪些页面组成，数组的每项都是字符串，代表对应页面的"路径"+"文件名"。数组的第一项用于设定小程序的初始页面，在小程序中新增或减少页面时，都需要对数组进行修改。文件名不需要写文件扩展名，小程序框架会自动寻找路径及对.js、.json、.wxml 和.wxss 文件进行整合数据绑定。

例如，app.json 文件的 pages 配置项如下：

```
"pages":[
    " pages /news /news "
    " pages /index /index"
]
```

2) window 配置项

window 配置项负责设置小程序状态栏、导航条、标题、窗口背景色等系统样式。

例如，在 app.json 中设置如下 window 配置项：

```
"window":{
    " navigationBarBackgroundColor": "#fff",
    "navigationBarTextStyle": "black"
    "navigationBarTitleText": "小程序 window 功能演示",
    "backgroundColor": " #ccc",
    "backgroundTextStyle": "light"
}
```

3) tabBar 配置项

当需要在程序顶部或底部设置菜单栏时,可以通过配置 tabBar 配置项实现。

4) networkTimeout 配置项

小程序中各种网络请求 API 的超时时间值通过 networkTimeout 配置项进行统一设置。

5) debug 配置项

debug 配置项用于开启开发者工具的调试模式,默认为 false。开启后,页面的注册、数据更新、事件触发等调试信息将输出到 Console(控制台)面板上。

2. 页面配置文件

页面配置文件(*.json)只能设置本页面的窗口表现,而且只能设置 window 配置项的内容。在配置页面配置文件后,页面中的 window 配置值将覆盖全局配置文件(app.json)中的配置值。

10.2.4 逻辑层文件

小程序的逻辑层文件分为项目逻辑文件和页面逻辑文件。

1. 项目逻辑文件

V10.2 逻辑层文件

项目逻辑文件 app.js 中可以通过 App()函数注册小程序生命周期函数、全局属性和全局方法,已注册的小程序实例可以在其他页面逻辑文件中通过 getApp()获取。

App()函数用于注册一个小程序,参数为 Object,用于指定小程序的生命周期函数、用户自定义属性和方法。

当启动小程序时,首先会依次触发生命周期函数 onLanuch 和 onShow 方法,其次通过 app.json 的 pages 属性注册相应的页面,最后根据默认路径加载首页。当用户点击右上角的"关闭"按钮或按设备的 Home 键离开微信时,小程序没有被直接销毁,而是进入后台,这两种情况都会触发 onHide 方法。当用户再次进入微信或再次打开小程序时,小程序会从后台进入前台,这时会触发 onShow 方法。只有当小程序进入后台一段时间或者系统资源占用过高时,小程序才会被销毁。

2. 页面逻辑文件

页面逻辑文件的主要功能有设置初始数据、定义当前页面的生命周期函数、定义事件处理函数等。每个页面文件都有一个相应的逻辑文件，逻辑文件是运行在纯 JavaScript 引擎中。因此，在逻辑文件中不能使用浏览器提供的特有对象（document、window）改变页面，只能采用数据绑定和事件响应来实现。

1）设置初始数据

设置初始数据是对页面的第一次数据绑定。对象 data 将会以 JSON 的形式由逻辑层传至视图层。因此，数据必须是可以转成 JSON 的格式（字符串、数字、布尔值、对象、数组）。视图层可以通过 WXML 对数据进行绑定。

2）定义当前页面的生命周期函数

在逻辑层，Page()函数用来注册一个页面，并且每个页面有且仅有一个。在 Page()函数的参数中，可以定义当前页面的生命周期函数。页面的生命周期函数主要有 onLoad、onShow、onReady、onHide、onUnload。

3）定义事件处理函数

开发者在 Page()中自定义的函数称为事件处理函数。视图层可以在组件中加入事件绑定，当达到触发条件时，小程序就会执行 Page()中定义的事件处理函数。

4）使用 setData()更新数据

小程序在 Page()中封装了一个名为 setData()的函数，用来更新 data 中的数据。函数以 key:value 对的形式表示将 this.data 中的 key 对应的值修改为 value。

10.2.5　页面结构文件

页面结构文件 WXML 是框架设计的一套类似 HTML 的标记语言，结合基础组件、事件系统，可以构建出页面的结构，即.wxml 文件。在小程序中，类似 HTML 的标签被称为组件，是页面结构文件的基本组成单元。这些组件有开始（如<view>）和结束（如</view>）标记，每个组件可以设置不同的属性（如 id、class 等），组件之间还可以嵌套。

V10.3 页面结构文件

WXML 还具有数据绑定、条件数据绑定、列表数据绑定、模板、引用页面文件、页面事件等能力。

1. 数据绑定

小程序在进行页面数据绑定时，框架会将 WXML 文件与逻辑文件中的 data 进行动态绑定，在页面中显示 data 中的数据。

(1) 简单绑定。简单绑定是指使用双花括号（{{}}）将变量包起来，在页面中直接作为字符串输出使用。简单绑定可以作用于内容、组件属性、控制属性等的输出。

(2) 运算。在{{}}内可以做一些简单的运算（主要有算术运算、逻辑运算、三元运算、字符串运算等），这些运算均应符合 JavaScript 运算规则。

2. 条件数据绑定

条件数据绑定就是根据绑定表达式的逻辑值来判断是否数据绑定当前组件。

3. 列表数据绑定

列表数据绑定用于将列表中的各项数据进行重复数据绑定。

4. 模板

在小程序中,如果要经常使用几个组件的组合(如“登录”选项),通常把这几个组件结合定义为一个模板,以后在需要的文件中直接使用这个模板。

5. 引用页面文件

在 WXML 文件中,不仅可以引用模板文件,还可以引用普通的页面文件。WXML 提供了两种方式来引用其他页面文件。

(1) import 方式。如果在要引用的文件中定义了模板代码,则需要用 import 方式引用。

(2) include 方式。include 方式可以将源文件中除模板外的其他代码全部引入,相当于将源文件中的代码复制到 include 所在位置。

6. 页面事件

简单来说,小程序中的事件是用户的一种行为或通信方式。在页面文件中,通过定义事件来完成页面与用户之间的交互,同时通过事件来实现视图层与逻辑层的通信。可以将事件绑定到组件上,当达到触发条件时,事件就会执行逻辑层中对应的事件处理函数。

要实现这种机制,需要定义事件函数和调用事件。

(1) 定义事件函数。在.js 文件中定义事件函数实现相关功能,当事件响应后就会执行事件处理代码。

(2) 调用事件。调用事件也称注册事件。调用事件就是告诉小程序要监听哪个组件的什么事件,通常在页面文件中的组件上注册事件。事件的注册以 key=value 形式出现,key(属性名)以 bind 或 catch 开头,再加上事件类型,如 bindtap、catchlongtap。value(属性值)是在.js 文件中定义的处理该事件的函数名称,如 click。

10.2.6 页面样式文件

页面样式文件 WXSS 是基于 CSS 拓展的样式语言,用于描述 WXML 的组成样式,决定 WXML 的组件如何显示。WXSS 具有 CSS 的大部分特性,小程序对 WXSS 做了一些扩充和修改。

V10.4 页面样式文件

1. 尺寸单位

由于 CSS 原有的尺寸单位在不同尺寸的屏幕中得不到很好呈

现，WXSS 在此基础上加了尺寸单位 rpx(responsive pixel)。WXSS 规定屏幕宽度为 750rpx，在系统数据绑定过程中 rpx 会按比例转化为 px。

2. 样式导入

为了便于管理 WXSS 文件，可以将样式存放于不同的文件中。如果需要在某个文件中引用另一个样式文件，使用@ import 语句导入。

3. 选择器

目前，WXSS 仅支持 CSS 中常用的选择器，如. class、# id、element、:: before、::after 等。

4. WXSS 常用属性

WXSS 文件与 CSS 文件大部分属性名及属性值相同。

10.3 综合实验

10.3.1 成绩计算器

1. 实验目的

(1) 了解小程序的开发流程，掌握注册小程序账号和设置小程序信息的方法。

(2) 了解小程序的目录结构，掌握搭建小程序开发环境以及配置小程序的方法。

(3) 编写或修改相关的页面文件、样式文件、配置文件和逻辑文件，了解实现页面逻辑的方法。

2. 实验内容

V10.5 成绩计算器小程序

1) 开发环境搭建

使用浏览器打开微信公众平台(https://mp.weixin.qq.com)，单击“立即注册”按钮，进入“注册”页面。之后选择注册的账号类型，单击“小程序”选项，填写小程序的注册登记信息。

2) 安装开发工具

在小程序开发工具的下载界面，下载安装包。按照提示进行开发工具的安装。打开小程序开发工具，出现新建项目的配置界面。选择新建“小程序”项目，修改“项目名”“目录”等信息，AppID 选择测试号即可。单击“新建”按钮即可新建项目。

3) 修改界面布局

打开 index.wxml 文件，将其中的代码修改如下：

```
<!--index.wxml-->
<view>
```

```
<text>请输入平时成绩:</text><input type="number"/>
</view>
<view>
<text>请输入考试成绩:</text><input type="number"/>
</view>
<button>计算</button>
<view><text>总评成绩:</text></view>
```

按 Ctrl+S 键保存文件,开发工具会自动进行编译,并生成所需的页面文件。打开模拟器进行界面的测试,观察界面显示。

4) 修改界面样式

打开 index.wxss 文件,尝试使用不同的选择器进行样式设置。首先使用 element 选择器,为 view 组件设置样式,代码如下:

```
/**设置 view 组件的页边距**/
view {
    margin: 20px;
}
```

观察模拟器显示的界面。在 index.wxml 文件中,同样可以使用标签的 style 属性进行样式修改。将第一个 view 组件的 style 属性添加 margin:40px,将其与之前的设置进行区分,观察添加后模拟器显示的界面。代码如下:

```
<view style="margin:40px;">
```

也可以使用 class 选择器的方式进行样式设置。在 index.wxml 文件中的第二个 view 组件上,设置其 class 属性为 viewcontainer,代码如下:

```
<view class="viewcontainer">
```

然后在 index.wxss 文件中,添加 container 属性为 margin:25px。为了界面美观,将第一个组件的 style 属性,也修改为边距 25px。代码如下:

```
.viewcontainer {
    margin: 25px;
}
```

观察在模拟器中测试的界面结果。

为了更加直观地对比 WXCS 中的 rpx 和 px 两种单位的区别,同时统一组件的尺寸规格,在 index.wxss 文件中,修改文件中的样式内容,代码如下:

```
input {
    width: 600rpx;
    margin-top: 20rpx;
    border-bottom: 2rpx solid #ccc;
}
button {
    margin: 50rpx;
    color: #fff;
    background: #369;
}
```

其中,主要设置了 input 组件的宽度、顶层边距以及底边框线条颜色,设置了 button 按钮的外边框。需要注意的是,尺寸单位使用了 rpx 响应式像素,rpx 规定了任何手机的屏幕宽度均为 750rpx,由小程序负责将逻辑像素自动转换为当前手机中的物理像素。也就是按照手机屏幕比例进行缩放,这样就不用担心手机宽度不同的问题了。

位于根目录下的 app.wxss 文件是一个全局样式文件,便于代码修改和维护。修改该文件,设置全局 button 组件的字符间距为 12rpx,代码如下:

```
button {
    letter-spacing: 12rpx;
}
```

注意:当全局样式与页面样式发生冲突时,页面样式的优先级更高,会覆盖全局样式。

5) 设置配置文件

小程序的页面均可以通过 JSON 文件进行配置,其中又分为页面配置文件和全局配置文件。首先进行页面配置文件的设置,在 index.json 文件中编写代码如下:

```
{
    "navigationBarTitleText": "成绩计算",
    "navigationBarBackgroundColor": "#369"
}
```

然后进行全局配置文件的设置,修改根目录下的 app.json 配置文件,代码如下:

```
{
    "pages": [
        "pages/index/index"
    ],
    "window": {
        "navigationBarTitleText": "成绩计算",
        "navigationBarBackgroundColor": "#369",
```

```
        "navigationBarTextStyle": "white",
        "backgroundColor": "#eeeeee",
        "backgroundTextStyle": "dark",
        "enablePullDownRefresh": false
    },
    "debug": true
}
```

其中,navigationBarTitleText 表示导航栏标题文字内容,navigationBarBackgroundColor 表示导航栏背景颜色,navigationBarTextStyle 表示导航栏标题颜色,backgroundColor 表示窗口的背景颜色,backgroundTextStyle 表示下拉 loading 的样式,enablePullDownRefresh 表示是否允许当前页面的下拉刷新,debug 表示是否允许程序进行调试。

6) 设置逻辑文件

微信小程序中,.js 文件表示程序的逻辑文件。打开 index.js 文件,可以看到开发者工具已经初始化生成了一些代码,现在在此基础上进行修改。

(1) 为两个 input 组件绑定两个不同的事件处理函数。

input 组件提供了 change 事件,该事件在输入框中的内容发生变化时触发,并能获取用户输入的数字。下面在两个 input 组件中,分别绑定 change 事件,对应的两个事件处理函数的代码如下:

```
num1change: function (e) {
    this.num1=Number(e.detail.value)
    console.log('第 1 个数字为'+this.num1)
},
num2change: function (e) {
    this.num2=Number(e.detail.value)
    console.log('第 2 个数字为'+this.num2)
},
```

上述代码中需要注意的是 Number()函数,它用于将字符串数据转换为数字类型的数据。通过该函数,用户输入的数字数据就被分别赋值在 this.num1 和 this.num2 中。

当用户单击“计算”按钮时,对 this.num1 和 this.num2 进行计算。为了将计算结果显示出来,可以在 index.wxml 文件添加一个变量 result,代码如下:

```
<view>
<text>总评成绩:{{result}}</text>
</view>
```

上述代码中需要注意的是,在 WXML 中使用了双花括号数据绑定的格式,{{}}中填写变量名,在程序初始化过程中,就会到逻辑文件的 data 字段里查找变量的初始值。

然后在 index.js 逻辑文件中的 data 字段添加 result 变量的初值为空字符，num1 和 num2 变量的初值为 0，代码如下：

```
data:{
    result:'',
    num1: 0,
    num2: 0
},
```

最后在 index.js 文件中，修改 button 的事件处理函数 calcmark，将计算的结果通过 this.setData()显示在页面中，具体代码如下：

```
calcmark: function(e){
    var mark
    mark=Math.round(this.num1 * 0.3+this.num2 * 0.7)
    this.setData({result: mark})
},
```

上述代码中需要注意的是，如果想要改变 result 的值，不能通过直接赋值的方式，而是使用 this.setData()方法实现。该方法的参数是一个对象，传入{result: str}表示将 result 的值赋为 str。最后通过 console.log(str)在控制台中显示提示信息。

现在程序的计算逻辑部分已经完成，在模拟器中进行测试，显示界面如图 10.10 所示。

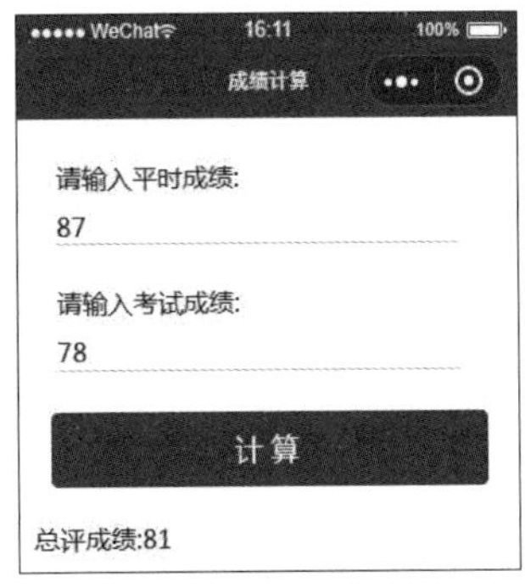

图 10.10　成绩计算器小程序界面

（2）为两个 input 组件绑定两个相同的处理函数。

可以为多个 input 组件绑定相同的事件处理函数，然后通过不同组件的 id 进行区分。在 index.wxml 文件的 input 组件中，添加 id 属性，并绑定相同的事件处理函数 btnchange，代码如下：

```
<view style="margin:25px;">
<text>请输入平时成绩:</text>
<input id="num1" type="number" bindchange='btnchange'/>
</view>
<view class="viewcontainer">
<text>请输入考试成绩:</text>
<input id="num2" type="number" bindchange='btnchange'/>
</view>
```

然后在 index.js 文件中编写 btnchange 函数，用于获取用户在 input 组件输入的数值，代码如下：

```
btnchange: function (e) {
    this[e.currentTarget.id]=Number(e.detail.value)
     console. log ( " 第 " + e. currentTarget. id +" 个 数 字 的 值 是: " + this [ e.
currentTarget.id])
},
```

10.3.2 学生信息登记

1. 实验目的

(1) 了解组件在小程序页面的定义、属性设置,掌握小程序中组件的应用场景和使用方法。

(2) 了解事件的定义、绑定,掌握在小程序中事件的使用方法。

2. 实验内容

学生信息登记小程序的功能是利用组件完成学生个人信息的登记,如图 10.11 所示。使用 input 组件作为姓名、联系电话的输入框,picker 组件作为性别、出生日期、生源地输入的选择器,checkbox 组件作为特长选择复选框,button 组件实现提交和重置按钮,form 组件实现完善学生信息的表单。

V10.6 学生信息登记小程序

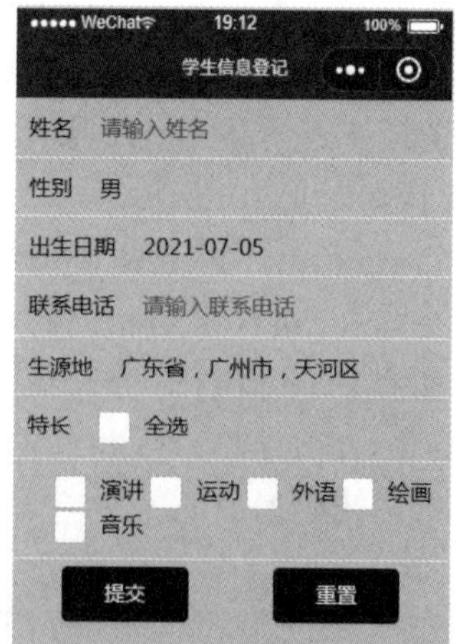

图 10.11 学生信息登记小程序界面

1) 编写 index.wxml 文件代码

```
<form bindsubmit="formSubmit" bindreset="formReset">
  <view class="container">
    <label class='line'>姓名
      <view>
        <input name='userName' class='line_nick' placeholder='请输入姓名'>
        </input>
```

```
  </view>
</label>
<label class='line'>性别
  <view>
    <picker name="userSex" bindchange="bindSexCha
        nge" value="{{index}}" range="{{array}}">
      <view class="line_nick">{{array[index]}}</view>
    </picker>
  </view>
</label>
<label class='line'>出生日期
  <view>
    <picker name="userBirthday" mode="date" value="{{date}}" start=
        "2000-09-01" end="2050-09-01" bindchange="bindDateChange">
      <view class="line_nick">{{date}}</view>
    </picker>
  </view>
</label>
<label class='line'>联系电话
  <view>
    <input name="userTel" type='number' class='line_nick' placeholder=
        '请输入联系电话'></input>
  </view>
</label>
<label class='line'>生源地
  <view>
    <picker name="userRegion" mode="region" bindchange="bindRegionChange"
        value="{{region}}" custom-item="{{customItem}}">
      <view class="line_nick">
        {{region[0]}},{{region[1]}},{{region[2]}}
      </view>
    </picker>
  </view>
</label>
<label class='line'>特长
  <checkbox-group class="line_nick" bindchange="checkboxChange">
    <label wx:for="{{selects}}">
      <checkbox value="{{item.name}}" checked="{{item.checked}}" />
        {{item.value}}
    </label>
  </checkbox-group>
</label>
<label class='line' for='id'>
```

```
      <checkbox-group name="userGoodat" class="line_nick" bindchange=
          "goodatChange">
        <label wx:for="{{items}}">
          <checkbox value="{{item.name}}" checked="{{item.checked}}" />
              {{item.value}}
        </label>
      </checkbox-group>
    </label>
    <view class="btn-area">
      <button form-type="submit">提交</button>
      <button form-type="reset">重置</button>
    </view>
  </view>
</form>
```

上述代码用 bindsubmit 属性绑定表单提交事件,用 bindreset 属性绑定表单重置事件。另外,给每个需要返回数据的组件定义了 name 属性,用于提交表单时使用 e.detail.value 返回表单中输入的数据。

2）编写 index.wxss 文件代码

```
.line {
  display: flex;
  flex-direction: row;
  padding: 10px;
  border-width: 2px;
  border-bottom: 1px solid whitesmoke;
}
.line_nick {
  padding-left: 20px;
}
.btn-area {
  padding: 5px;
  display: flex;
  flex-direction: row;
}
button {
  font-size: 15px;
  background: #000fff;
  color: white;
  width: 30%;
  height: 40px;
}
```

3）编写 index.js 文件代码

```
Page({
  data: {
    region: ['广东省', '广州市', '天河区'],
    date: '',
    index: 0,
    array: ['男', '女'],
    selects: [{name: 'all', value: '全选'}],
    items: [{name: 'speech',value: '演讲',checked: false},
      {name: 'sport', value: '运动',checked: false},
      {name: 'foreign', value: '外语', checked: false},
      {name: 'painting',value: '绘画',checked: false},
      {name: 'music',value: '音乐',checked: false} ],

  },
  onLoad: function(option) {
    var now=new Date();
    var year=now.getFullYear();
    var month=now.getMonth()+1;
    var day=now.getDate();
    if (month<10) {
      month='0'+month;
    };
    if (day<10) {
      day='0'+day;
    };
    var formatDate=year+'-'+month+'-'+day;
    this.setData({
      date: formatDate
    })
  },
  bindSexChange: function(e) {
    this.setData({
      index: e.detail.value
    })
  },
  bindRegionChange: function(e) {
    this.setData({
      region: e.detail.value
    })
  },
  bindDateChange: function(e) {
```

```
    this.setData({
      date: e.detail.value
    })
  },
  checkboxChange:function(e){
    for(var i=0;i<this.data.items.length;i++){
      if (e.detail.value=='all'){
        this.data.items[i].checked=true
        console.log(this.data.items[i].name)
      }else{
        this.data.items[i].checked=false
      }
    }
    this.setData({
      items:this.data.items
    })
  },
formSubmit: function (e) {
    var str,len;
    console.log('form 发生了 submit 事件,携带数据为:', e.detail.value)
    str="姓名:"+e.detail.value["userName"]
    str=str+"\r\n 性别:"+this.data.array[e.detail.value["userSex"]]
    str=str+"\r\n 出生日期:"+e.detail.value["userBirthday"]
    str=str+"\r\n 联系电话:"+e.detail.value["userTel"]
    str=str+"\r\n 生源地:"+e.detail.value["userRegion"][0]+e.detail.value["
userRegion"][1]+e.detail.value["userRegion"][2]
    len=e.detail.value["userGoodat"].length
    if(len>0)
    {
      str=str+"\r\n 特长:"
      for(var i=0;i<len;i++){
        for(var k=0;k<this.data.items.length;k++)
          if (this.data.items[k].name==e.detail.value["userGoodat"][i])
          {
            str=str+this.data.items[k].value
            break
          }
      }
    }
    wx.showToast({
      title: str, icon: 'none', duration: 2000
    })
  },
})
```

上述代码中，最后部分是表单提交的代码，表示单击界面上的“提交”按钮后，弹出消息提示框，输出在表单中填入的数据。

10.4　辅助阅读资料

10.4.1　线上运营推广方式

传统的 App 应用开发完成之后，主要通过与百度应用、360 手机助手、AppStore 等应用市场进行合作，引导用户下载安装，推广成本高。小程序则更多借助微信朋友圈、线下经营门店、优惠促销活动等方式吸引用户扫描二维码来添加，综合推广成本低。

目前，小程序线上推广方式主要有以下 4 种。

1. 附近的小程序入口

附近的小程序基于位置服务（Location Based Service，LBS）的门店位置的推广，会带来访问量，为门店带来有效客户。要想在附近的小程序中出现并靠前，小程序申请时的名称及类别选择是非常重要的。小程序的名称相当于网站的域名，最好见名知意、短小精练，且和小程序功能一致。

2. 通过关键词推广

开发者可以在小程序后台的“推广”模块中，配置与小程序业务相关的关键词。关键词在配置生效后，会和小程序的服务质量、用户使用情况、关键词相关性等因素共同影响用户的搜索结果。开发者可以在小程序后台的“推广”模块中查看通过自定义关键词带来的访问次数。

3. 通过公众号关联方式推广

同一个小程序可以关联多个公众号。通过微信公众平台＋小程序＋小程序管理可以实现公众号关联小程序功能。通过公众号关联小程序，可以实现更多的功能。

（1）相互转化。不管是通过公众号流量导入小程序，还是通过小程序往公众号引流，公众号与小程序是相互连通的。

（2）更多营销。在公众号内无法实现的营销手段，可以借助小程序来有效实施。

（3）更多的流量。小程序与公众号的完美衔接能最大限度导入流量。此外，小程序还提供了很多免费的流量入口等。

4. 通过好友分享、社群和朋友圈推广

小程序的应用场景很普遍，也很多元化，建立在微信的基础上使用户能更便捷地交流。熟人推荐是小程序电商的重要客户来源。熟人推荐还会降低用户对店家的不信任度，从而加大成交的概率。

10.4.2 线下运营推广方式

随着小程序的不断发展,越来越多的线下实体店使用小程序,除了在线上推广以外,更多地采用线下方式推广小程序,主要有以下3种方式。

1. 通过特定场景做线下推广

以点餐为例,接入小程序后,解决了用户点餐时间长的问题。用户扫描二维码即可点餐,不用排长队,从根本上改善了客户的点餐体验,提升了门店的运营效率。

2. 通过已有的门店做线下推广

基于拥有实体门店的优势,在点餐处立一个广告宣传牌,同时开展使用小程序独享的优惠活动。“不用排队+优惠活动”,这样的策略很快就吸引了大批用户使用小程序来点餐。在体验到方便后,用户对小程序的使用习惯也被培养起来。

无论是大品牌还是小门店,都可以利用微信小程序来提升店铺的点餐效率。

3. 通过地面推广的方式做线下推广

地面推广的活动有许多种,如聚会、学习、旅游等。地面推广活动是真正的商业推广行为。如果地面推广活动策划得好,效果直接,将有助于小程序快速积累资源。

10.4.3 第三方推广

除了自身采用线上和线下方式来推广以外,还可以借助第三方力量来实现小程序的推广。

1. 小程序商店、公众号

通过付费或其他方式将小程序投放至第三方小程序商店进行宣传,第三方会根据具体规则放置该小程序至首页或前列。

2. 新媒体软文

通过推文的方式从微信及其以外的媒体平台将流量导入,要注意文案的客观性和软文的优质度。找到媒体粉丝与小程序的目标用户具有很多共性的媒体是推广的关键。

3. 运营公司推广

第三方推广最常见的方式是将小程序委托于运营公司,转而在运营公司下的万千微信社群中转发流通促成大量激活。此方法的优点是见效快,但缺点是投放的用户群不一定都是小程序的目标用户。

10.4.4　网络学习资源

(1) 小程序开发指南：https://developers.weixin.qq.com/miniprogram/dev/framework/。

(2) 微信小程序开发，中国大学 MOOC(慕课)，杜春涛。

(3) 微信小程序开发从入门到实践，中国大学 MOOC(慕课)，诸葛斌。

(4) 学做小程序——基础篇，学堂在线，刘强。

(5) 学做小程序——实战篇，学堂在线，刘强。

第11章 Raptor算法工具

算法是利用计算机求解问题的方法和步骤。程序设计的关键是算法,算法是编程思想的核心,程序是算法用某种程序设计语言的具体实现。本章只强调理解算法概念和描述方法,不涉及程序语言。学习和设计计算机解决各类问题的算法,目的是掌握分析问题、解决问题的思路,锻炼和培养计算思维的能力。

11.1 Raptor使用基础

Raptor(the Rapid Algorithmic Prototyping Tool for Ordered Reasoning)是一种基于有序推理的快速算法原型工具。Raptor方案由多种图形符号构成,直观地创建、跟踪可执行的流程图。为帮助学生想象他们的算法,抽象问题具体化,避免语法错误,算法可视化提供强有力的支撑,也为算法和程序的初学者铺就了一条平缓、自然的学习阶梯。

1. Raptor主界面

Raptor启动后的操作界面,包括主界面窗口和主控台窗口,如图11.1所示。主界面窗口包括已有Start和End符号的流程图编辑主界面区、基本符号区和变量显示区;主控台窗口用于显示运行状态和运行结果。

Raptor算法用一组连接的符号,表示要执行的一系列动作,符号间的连接箭头确定所有操作的执行顺序。算法执行时,从开始(Start)符号起步,按照箭头所指方向执行流程,直到结束(End)符号时停止。在开始和结束符号之间插入一系列Raptor基本符号,就可以创建有意义的Raptor程序了。

2. 常量

Raptor没有为用户定义常量的功能,只是在系统内部定义了若干表示常量的符号。如常用的4种数值型常量。

- Pi:圆周率,定义为3.1416。
- e:自然对数的底数,定义为2.7183。
- true/yes:布尔值真,定义为1。
- false/no:布尔值假,定义为0。

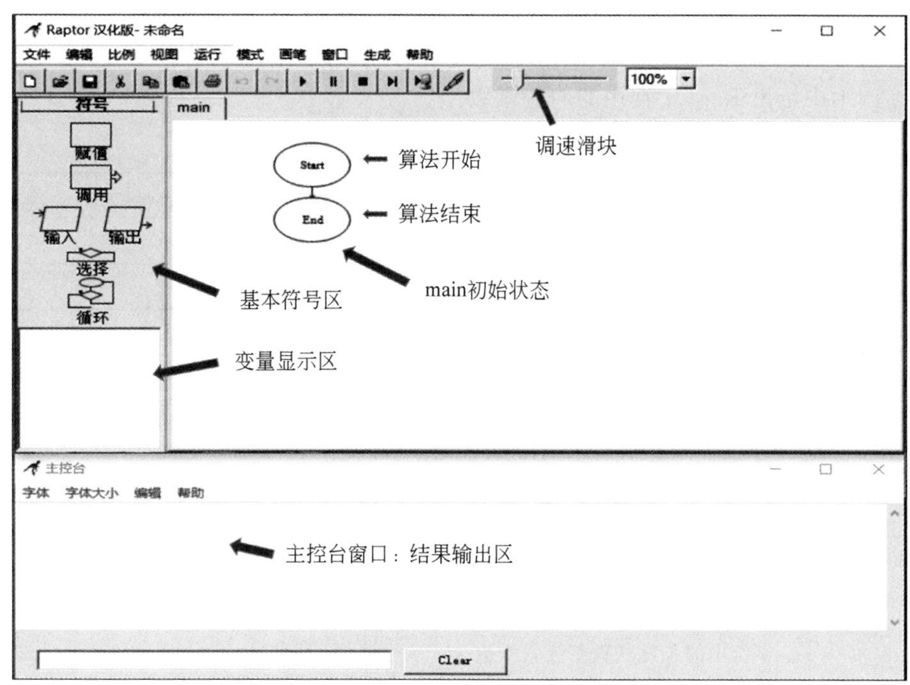

图 11.1　Raptor 操作界面

3. 变量

变量表示的是计算机内存中的位置，用于保存数据值，算法执行过程中，变量的值可以改变或者重新赋值，在任何时候一个变量只能容纳一个数据值。

变量的类型有 3 种，即数值型(Number)、字符型(Character)、字符串型(String)。其中，字符型变量存储一个字符且用单引号括起来，字符串型变量用双引号括起来。

Raptor 变量设置的基本原则。

- 变量名必须以字母开头，可以包含字母、数字、下画线。
- 任何变量在被引用前必须存在并被赋值。
- 变量的类型由最初的赋值语句所给的数据决定。
- 可以通过调用过程的返回值赋值。

4. 基本运算

Raptor 基本运算包括以下四大类。

- 数学运算：+、-、*、/、^或**、mod(加、减、乘、除、乘方、求余)。
- 字符运算：+(字符串连接)。
- 关系运算符：>、>=、<、<=、=、!=或/=。
- 逻辑运算：and、or、not(与、或、非)。

5. 常用函数

表 11.1 中给出 Raptor 常用的内置函数。

表 11.1 Raptor 常用的内置函数

函数名	含　义	范　例
abs	绝对值	abs(－8)＝8
ceiling	向上取整	ceiling(5.9)＝6,ceiling(－5.9)＝－5
floor	向下取整	floor(5.9)＝5,floor(－5.9)＝－6
sqrt	平方根	sqrt(9)＝3
log	自然对数(以 e 为底)	log(e)＝1
max	最大数	max(5,8)＝8
min	最小数	min(5,8)＝5
random	生成一个[0,1)之间的随机数	random * 100,生成 0～99.9999 的随机数
length_of	字符串的长度或数组元素个数	str＝"Hello World" length_of(str)＝11 arra[8]＝99 length_of(arra)＝8

此外,Raptor 还有类型检测函数:Is_Character()、Is_Number()、Is_String()、Is_Array()等,在此不多做介绍。关于 Raptor 函数的全部细节,可以查阅 Raptor 帮助文档。

6. 数组变量

数组是有序数据的集合。数组命名约定:一个变量名用方括号中的数字(大于零的整数)结尾,如 scores[1],scores[2],scores[3]…。一般数组中的每个元素都属于同一数据类型(数值、字符、字符串),但 Raptor 并不强求数组中每个元素必须具有相同的数据类型。使用数组的最大好处是,用统一的数组名和下标(Index)来唯一确定某个数组变量中的元素,而且通过下标值可以对数组元素进行遍历访问。

数组变量必须在使用之前创建,而且创建的数组大小由赋值语句中给定的最大下标来决定。例如:scores[5]＝85,结果为

```
scores[1]=0,scores[2]=0,scores[3]=0,scores[4]=0,scores[5]=85
```

11.2　算法的控制结构

控制结构就是指各操作之间的某种执行顺序。算法的基本控制结构包括顺序结构、选择结构和循环结构。

Raptor 流程图控制符号除了 Start 和 End 符号外,包括赋值、调用、输入、输出、选择及循环 6 种基本符号。流程图各个基本符号及代表的含义、功能,如表 11.2 所示。

表 11.2 流程图基本符号及功能

符号	名称	功能
赋值 调用 输入 输出 选择 循环	赋值 (Assignment)	赋值操作：使用某些运算来更改变量的值
	调用 (Call)	调用操作：调用系统自带的子程序或用户定义的子图等程序块
	输入 (Input)	输入操作：输入数据给一个变量
	输出 (Output)	输出操作：用于显示变量的值
	选择 (Selection)	选择结构：根据条件判断在两种路径中选择走向
	循环 (Loop)	循环结构：重复执行一个或多个语句，直到给定的条件为真

11.2.1 Raptor 顺序结构实验

算法程序解决问题的基本框架是 IPO：Input，输入程序所需要的数据；Process，对数据进行处理或计算；Output，对数据结果进行输出。顺序结构本质上就是按照控制符号的先后顺序依次执行，因此顺序结构可以解决简单的算法问题。

1. 实验目的

(1) 熟悉 Raptor 可视化工具基本环境。

(2) 掌握 Raptor 输入、输出和赋值符号的使用。

(3) 掌握顺序结构的流程图实现。

2. 实验内容

(1) 假设活期存款的年利率为 2.8%，根据输入的存款额，计算一年后存款所得本息和。

分析：这个问题需要输入存款额，用变量 x 表示，已知的年利率用 r 表示，一年后存款所得本息和计算式：y=x*(1+r)。利用顺序结构控制流程实现。

V11.1 存款本息和

打开 Raptor，如图 11.2 所示，绘制算法流程图，运行过程中按要求输入数据，运行结果的输出如图 11.3 所示。完成后以文件名 deposit.rap 保存。

(2) 分别给变量 a、b 赋值，完成两个变量值的交换，输出 a、b。自行绘制 Raptor 流程图，完成后以文件名 change.rap 保存。

提示：完成两个变量值的交换，需要借助第三个临时变量。

(3) 根据给定的圆半径，计算对应的圆面积。自行绘制 Raptor 流程图，完成后以文

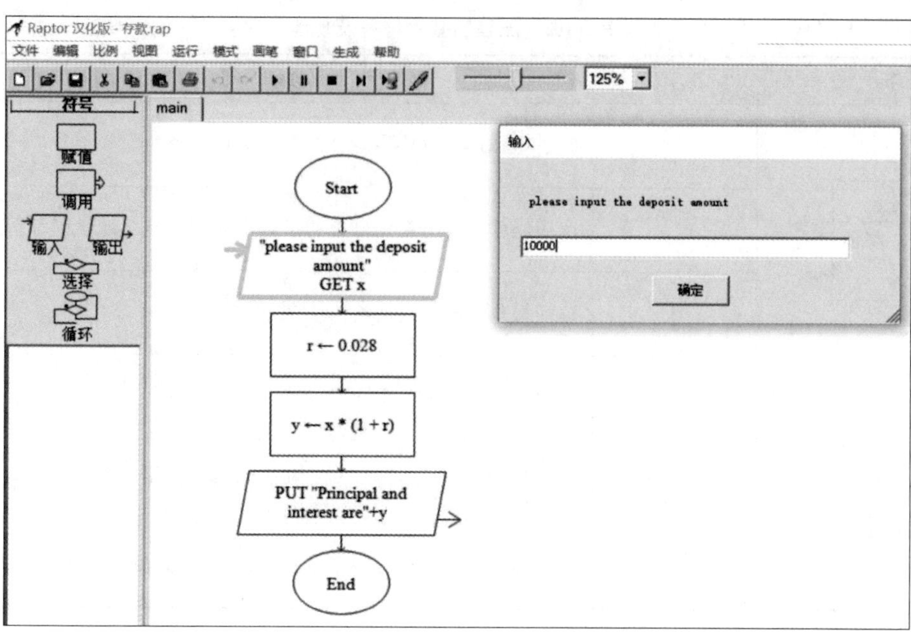

图 11.2 算法流程图及运行过程数据输入

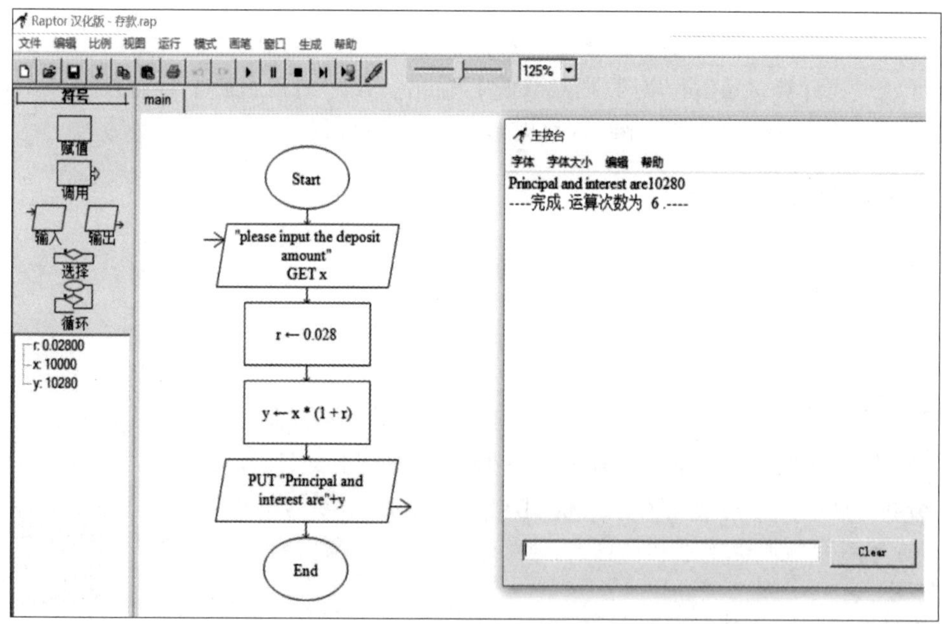

图 11.3 流程图及运行结果输出

件名 area.rap 保存。

11.2.2 Raptor 选择结构实验

Raptor 选择结构使用一个菱形符号表示,对其中的条件进行判断,以此选择解决问题的执行走向。

1. 实验目的

(1) 掌握 Raptor 选择符号的使用。

(2) 掌握选择结构的算法流程图实现。

2. 实验内容

(1) 根据给定的成绩,判定成绩等级(成绩 85 分及以上为 good,60 分及以上为 pass,否则为 fail)。

打开 Raptor,利用选择控制,绘制如图 11.4 所示 Raptor 算法流程图,完成后以文件名 grade.rap 保存。

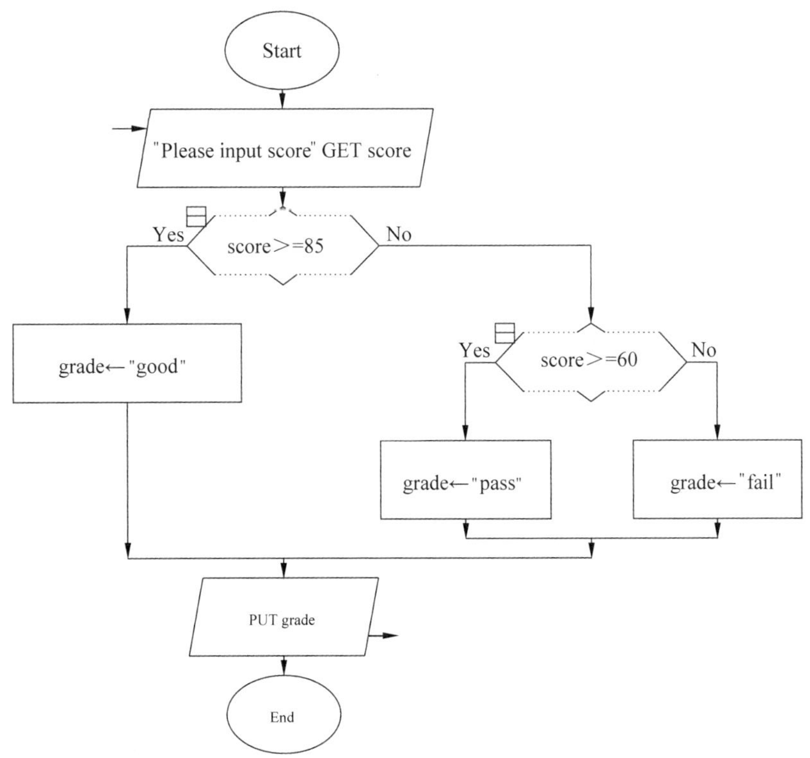

图 11.4　判定成绩等级 Raptor 算法流程图

(2) 根据输入的年份,判断该年份是否为闰年(能被 4 整除但不能被 100 整除,或者可以被 400 整除的年份为闰年)。绘制 Raptor 算法流程图,完成后以文件名 leap.rap 保存。

V11.2 判定成绩的等级

(3) 出租车的收费标准采用分段方式:起步不超过 3 千米 12 元;超过 3 千米,但在 20 千米以内的部分,每千米 2.6 元;超过 20 千米的部分,则再加收 20%。请根据输入的里程 km,计算车费 fare。绘制 Raptor 算法流程图,完成后以文件名 fare.rap 保存。

11.2.3 Raptor 循环结构实验

循环结构实现重复执行若干的操作。Raptor 使用椭圆形和菱形符号表示循环结构，由菱形符号中的条件表达式控制循环的执行或结束。

1. 实验目的

(1) 掌握 Raptor 循环符号的使用。

(2) 掌握循环结构的算法流程图实现。

2. 实验内容

(1) 实现计算 sum=1+2+3+…+n 的累加和。n 从键盘输入，绘制 Raptor 算法流程图，完成后以文件名 sum.rap 保存。

分析：利用循环控制结构，Raptor 算法流程图如图 11.5 所示。

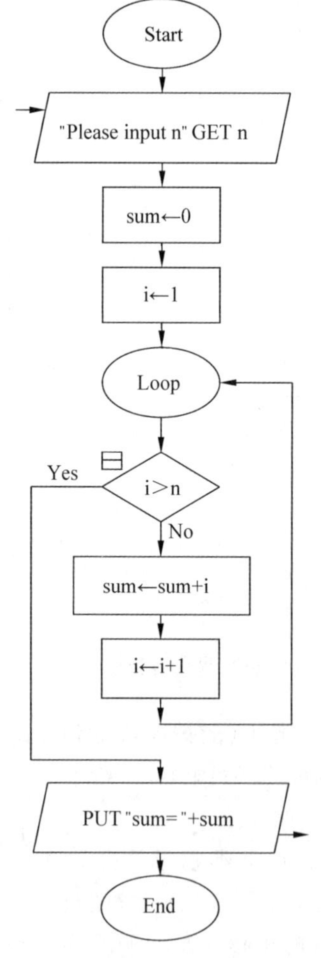

图 11.5 累加和 Raptor 算法流程图

V11.3 累加和

(2) 依次输入班上 10 个同学的计算机考试成绩,分别统计及格和不及格的学生人数,并且计算这 10 个同学的平均成绩。绘制 Raptor 算法流程图,完成后以文件名 count.rap 保存。

分析:可以通过循环依次输入各个学生的成绩,并利用数组 scores[10]存放,Raptor 算法流程图如图 11.6 所示。

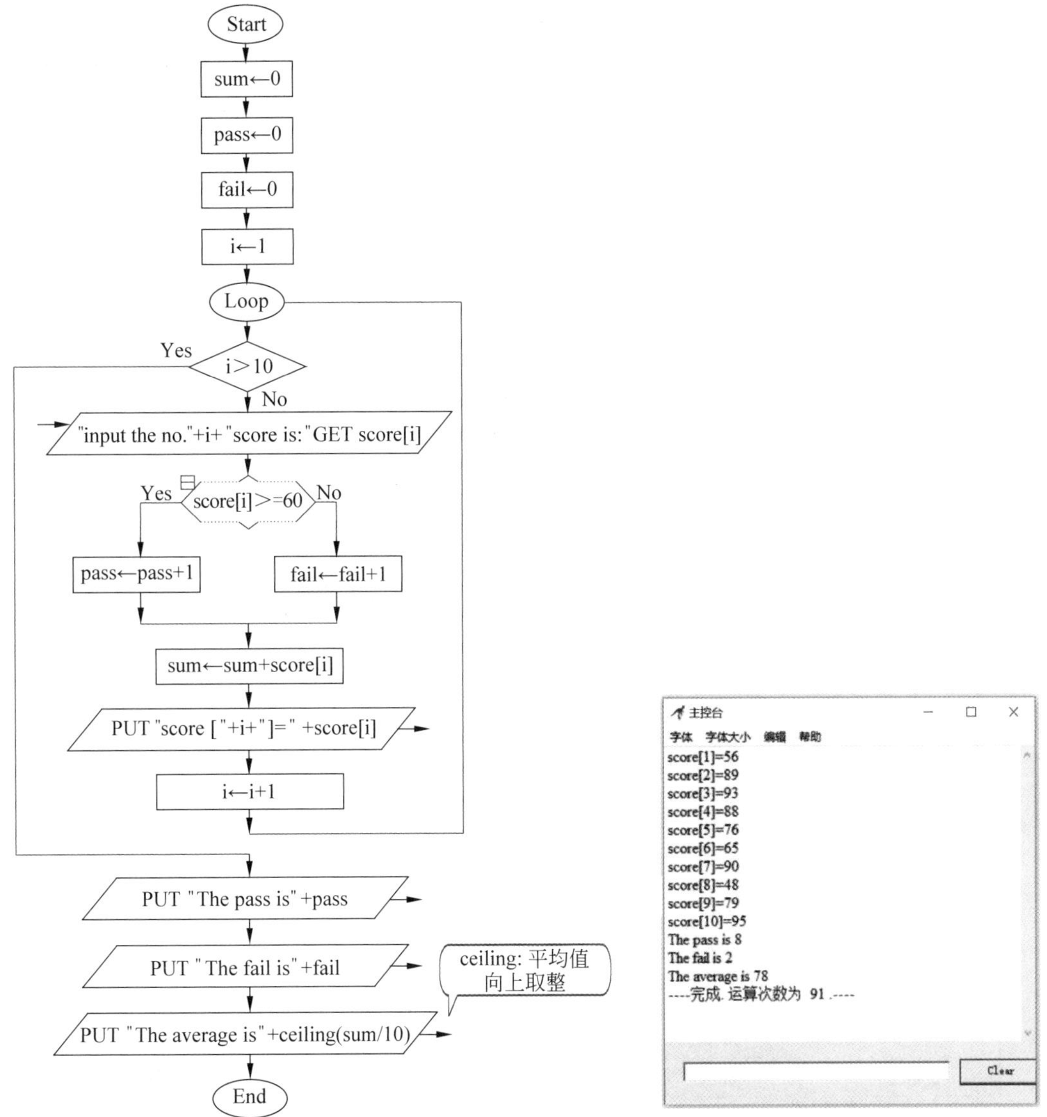

图 11.6 统计及格和不及格学生人数 Raptor 算法流程图

(3) 输入一个数,判断该数是否为素数。自行绘制流程图,完成后以文件名 prime.rap 保存。

提示:素数是指除了 1 和它本身以外,不能被任何整数整除的数(如 17)。因此判断一个整数 n 是否是素数,只需把 n 被 2～n－1 的每个整数去除,如果都不能被整除,那么

n 就是一个素数。

11.3 利用子程序实现模块化

11.3.1 子程序的定义和调用

子程序是负责完成某项特定任务,具备相对独立性的一段程序代码。为了简化程序,可以把一些重复的程序段单独列出,并按一定的格式编写成子程序。主程序在执行时如果需要某一子程序,通过调用语句来调用它,子程序执行完后又返回到主程序,继续执行后面的程序段。

在 Raptor 中,实现程序模块化的主要手段是子图和子程序。子图和子程序方便地将 Raptor 程序分解成逻辑块,并且予以命名,由主程序实现对其调用。这样可以避免主程序冗长,结构更加清晰。

1. 创建子程序

创建子图或子程序,在“模式”菜单中选择进入“中级”模式,然后在主图 main 标签上右击,从弹出的快捷菜单中选择“增加一个子图”或“增加一个子程序”命令,即可在新的工作区完成某项任务的子图或子程序的绘制,如图 11.7 所示。

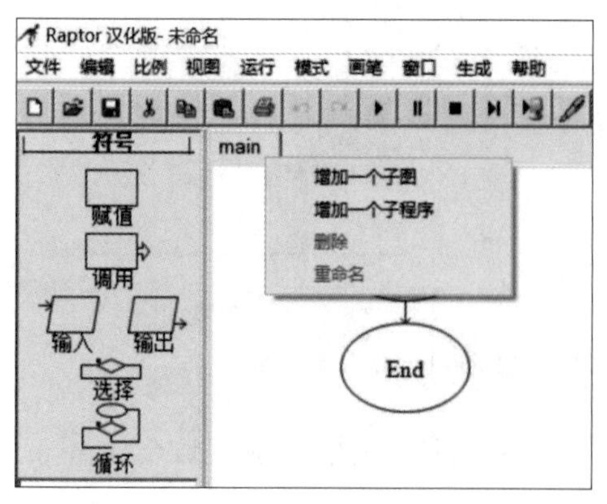

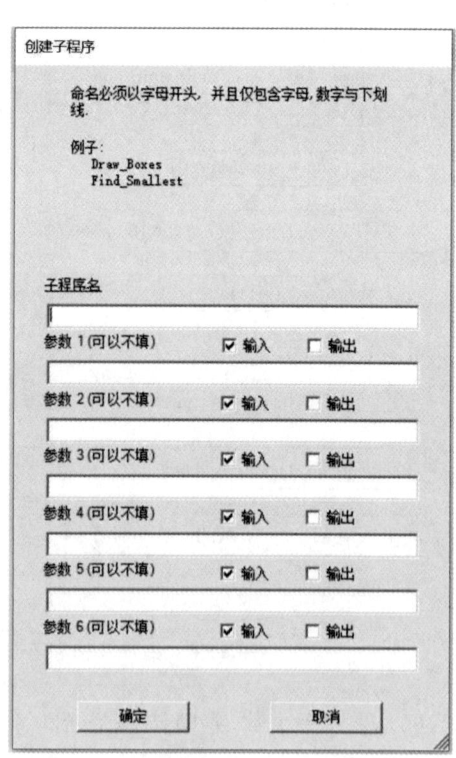

图 11.7 创建子程序

子图无须设置参数，而子程序需要设置参数，以实现参数的传递调用。参数分为形式参数和实际参数：在主图 main 中调用子程序的参数为实际参数，简称实参；在定义子程序时定义的参数为形式参数，简称形参。

参数定义形式包括以下 3 种传递方式。

(1) 输入(Input)：将实参赋给形参，即参数从调用向被调用过程单向传递。

(2) 输出(Output)：将形参赋给实参，即参数从被调用向调用过程单向传递。

(3) 输入输出(Input/Output)：双向传递，参数从调用向被调用过程双向传递。

2. 调用子程序

Raptor 在主程序 main 流程图需要时，利用图形符号中的“调用”符号，实现子程序的调用。

11.3.2　子程序的算法设计实验

1. 实验目的

(1) 理解子程序的概念。

(2) 实现子图或子程序的创建和调用。

2. 实验内容

(1) 实现 sum＝1!＋2!＋3!＋…＋n!的求解，n 可从键盘输入任意正整数。完成后以文件名 Fsum.rap 保存。

V11.4　1!＋2!＋3!＋…＋n!求解

分析：依据题意要求，可以创建一个子程序，名为 factorial，循环实现求解 n!功能。主程序则利用调用子程序，以实现各数阶乘的累加和，流程图如图 11.8 所示。

注意：*参数的传递过程。主程序从调用语句转向被调子程序时，同时将实参 i 的值传递给子程序的形参 n，子程序运行结束，又将形参 p 结果值返回主程序的实参 fact。*

(2) 随机生成 10 个 100 以内的正整数，存入数组 a 中，以顺序查找算法思想实现给定数的查找。完成后以文件名 search.rap 保存。

分析：由子图(命名为 seq_search)完成顺序查找功能，main 程序生成随机数组成的数组 a，通过调用子图，实现关键字 key 的顺序查找。main 程序和 seq_search 子图如图 11.9 所示。

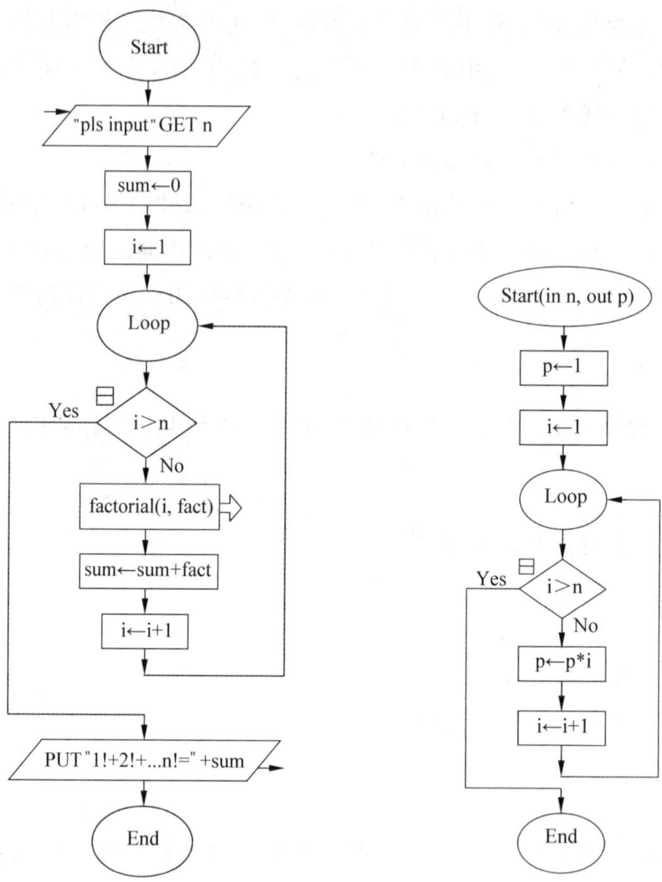

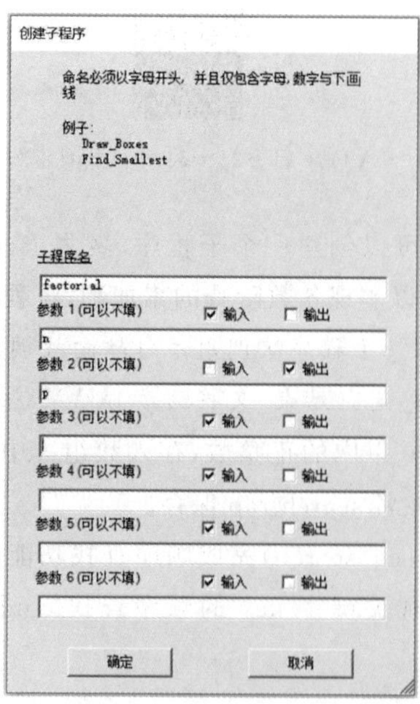

图 11.8　main 主程序及调用的 factorial 子程序

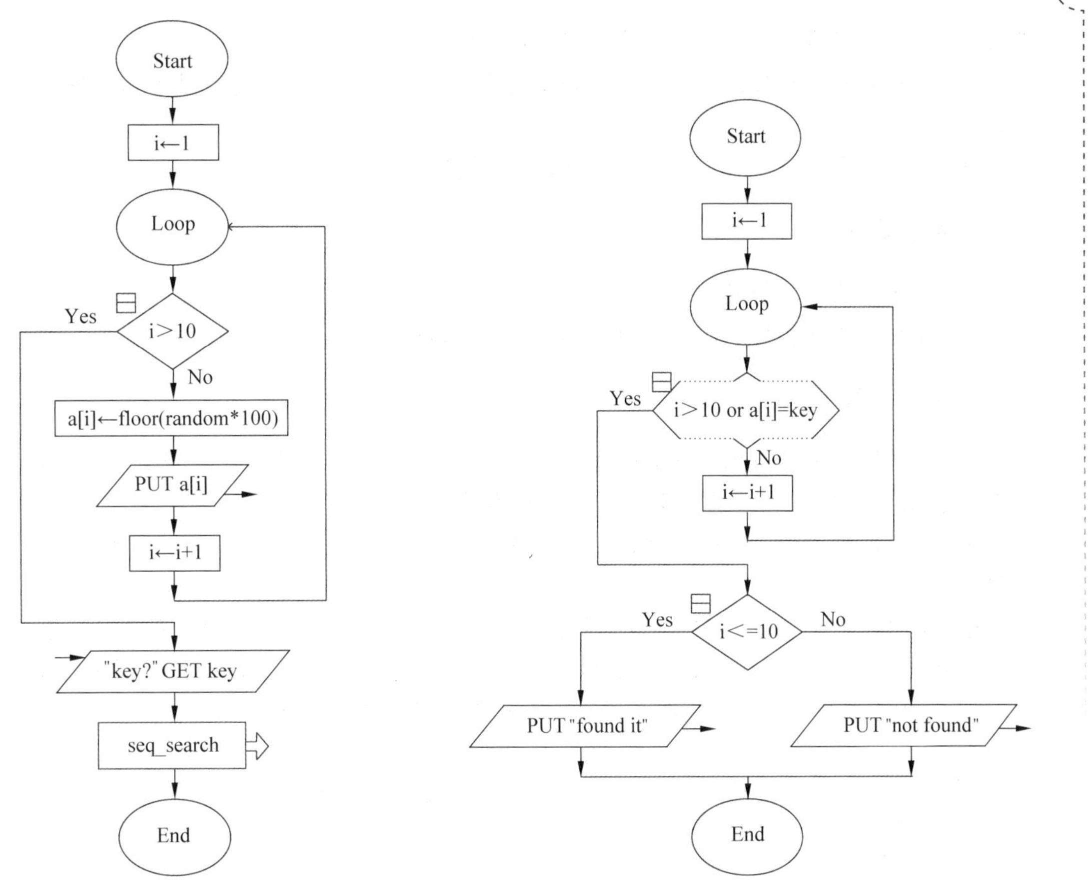

图 11.9　main 程序和 seq_search 子图

11.4　Raptor 基本算法设计

利用计算机需要解决的问题千差万别，而且同一个问题可以用不同的算法实现。常见的算法设计方法有迭代算法、递归算法、枚举算法、回溯算法、贪婪算法、分治算法等。这里主要介绍迭代算法、枚举算法和递归算法 3 种常用的基本算法。

11.4.1　迭代算法实验

迭代(Iteration)算法也称辗转法或递推算法，是一种不断用变量的旧值递推出新值的求解问题方法。例如，11.2.3 节的累加和计算就是迭代算法应用的典型实例。

迭代是利用问题本身所具有的一种递推关系求解问题的方法。利用迭代算法解决问题，主要有 3 方面的设计考量。

(1) 确定迭代变量。至少存在一个直接或间接地不断由旧值递推出新值的迭代变量。

(2) 建立迭代关系式。指如何从变量的前一个值推出其下一个值的公式(或关系)。

迭代关系式的建立是解决迭代问题的关键,可以顺推或者倒推的方式完成。

(3) 迭代过程进行控制。在什么情况结束迭代过程,不能让迭代过程无休止地重复执行。

下面通过实例的学习,进一步体会和掌握迭代算法的应用。

1. 实验目的

(1) 理解迭代算法的基本思想。

(2) 掌握应用迭代算法求解问题的 Raptor 流程图实现。

2. 实验内容

(1) 计算斐波那契数列(Fibonacci Sequence)的第 n 项值。根据以下分析和伪代码,绘制 Raptor 流程图。完成后以文件名 fib.rap 保存。

说明:斐波那契数列,第 1 项和第 2 项为 1,从第 3 项开始,每项均等于它前两项之和。

分析:这是一个典型的顺推问题,从前两项已知的 $f_1=1$,$f_2=1$ 出发,依次可顺推计算得到第 3 项、第 4 项……。在 $n>2$,f_n 总可以由 $f_{n-1}+f_{n-2}$ 得到。假设前一项用变量 a 表示,后一项用变量 b 表示,要求的项用变量 c 表示,算法伪代码表示如下:

```
begin
    input n
    a, b=1
    i=3
    while i<=n
        c=a+b
        a=b
        b=c
        i=i+1
    output b
end
```

(2) 键盘输入任意一个十进制整数,要求使用迭代算法转换成二进制整数。绘制 Raptor 流程图。完成后以文件名 dtob.rap 保存。

11.4.2 枚举算法实验

枚举算法也是使用非常普遍的思维算法,它是依据给定的条件,遍历所有可能的情况,从中找出满足条件的正确答案。

利用枚举算法解决问题,通常从两方面进行算法设计。

(1) 找出枚举范围:分析问题所涉及的各种情况。

(2) 找出约束条件:分析问题的解需要满足的条件,并用逻辑表达式表示。

1. 实验目的

(1) 理解枚举算法的基本思想。

(2) 掌握应用枚举算法求解问题的 Raptor 流程图实现。

2. 实验内容

(1) 百鸡问题。今有鸡翁一,值钱五,鸡母一,值钱三,鸡雏三,值钱一,百钱买百鸡,问翁、母、雏各几何? 请根据问题分析和伪代码绘制 Raptor 流程图,完成后以文件名 chickens.rap 保存。

题意:公鸡 5 元 1 只,母鸡 3 元 1 只,小鸡 3 只 1 元,花 100 元买 100 只鸡,那么可买公鸡、母鸡和小鸡各多少只?

分析:先假设每种鸡至少买 1 只,公鸡、母鸡、小鸡可买只数分别用 x、y、z 表示。这样买公鸡的钱数为 5 * x,买母鸡的钱数为 3 * y,买小鸡的钱数为 z/3。根据题意可列出代数方程:

$$x + y + z = 100$$

$$5x + 3y + (1/3)z = 100$$

有两个方程式,3 个未知量,是典型的不定方程组,应该有多种解。这类问题可以用枚举算法实现,算法伪代码表示如下:

```
x=1
while x<=19
    y=1
    while y<=33
        z=100-x-y
        if 5 * x+3 * y+z/3=100 then
            output x, y, z
        y=y+1
    x=x+1
```

(2) 找出所有 3 位的水仙花数(一个 3 位数,它每位上数字的 3 次幂之和等于它本身即为水仙花数。例如:$1^3+5^3+3^3=153$)。绘制 Raptor 流程图,完成后以文件名 flower.rap 保存。

11.4.3 递归算法实验

递归算法是一种直接或间接地调用自身算法的过程。

实现递归定义的两个要素。

(1) 递归出口。递归过程必须有一个明确的递归结束条件、结束值。

(2) 递归公式。过程或函数自身调用的等价关系式,且能向结束条件发展。

1. 实验目的

(1) 理解递归算法的基本思想。

(2) 掌握应用递归算法求解问题的 Raptor 流程图实现。

2. 实验内容

(1) 使用递归算法,计算斐波那契数列的第 n 项。根据下面的算法分析和提示,绘制 Raptor 流程图,完成后以文件名 fibR.rap 保存。

分析:依据对斐波那契数列的定义,斐波那契数列 fib(1)=1,fib(2)=1,fib(n)=fib(n−1)+fib(n−2)。递归的关系式如下

$$\begin{cases} fib(n)=1 & (n=1,n=2) \\ fib(n)=fib(n-1)+fib(n-2) & (n>2) \end{cases}$$

伪代码表示递归算法如下:

```
def fib(n)
    if n=1 or n=2
        return 1
    else
        return fib(n-1)+fib(n-2)
```

在 Raptor 环境下,主图 main 用于输入 n,调用子程序,然后输出结果。

子程序 fib 在 n=1 or n=2 成立时,返回结果值 1;不成立时,通过对自身子过程的再次调用,以得到后面 n−1 和 n−2 项,两项再求和返回结果值。主图 main 及子程序 fib 算法流程图,如图 11.10 所示。

V11.5 递归算法计算斐波那契数列第 n 项

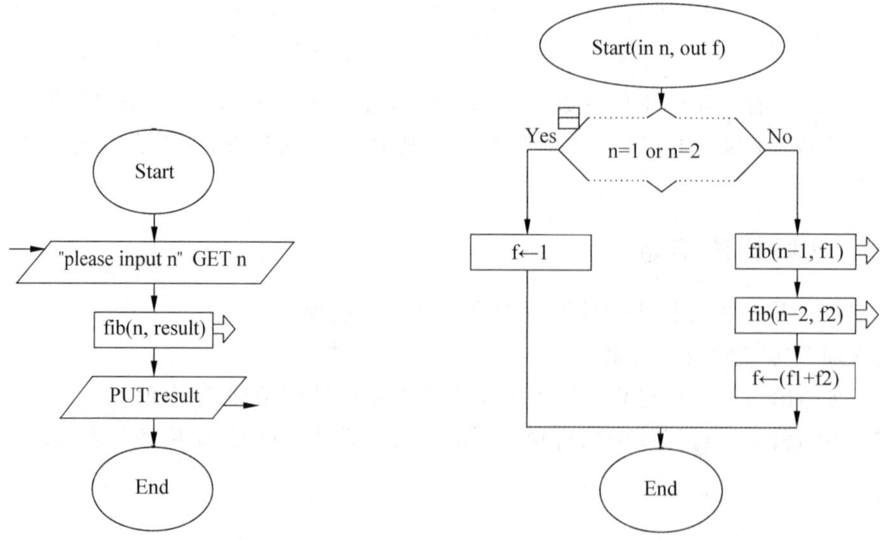

图 11.10 主图 main 及子程序 fib 算法流程图

(2) 使用递归算法，计算阶乘 n!。n 的值从键盘输入，根据下面的算法分析，绘制 Raptor 流程图，完成后以文件名 factorial.rap 保存。

分析：计算阶乘，以递归方法定义关系式。

$$\begin{cases} fac(n)=1 & (n=0) \\ fac(n)=n*fac(n-1) & (n>0) \end{cases}$$

11.5　辅助阅读资料

Raptor 官网：https://raptor.martincarlisle.com。

第12章

Python 数据处理

在第 11 章中，我们已经熟悉了算法的概念以及一些常见问题的算法设计思想。计算机作为数据处理工具，最终需要运用某种程序设计语言具体实现。本章利用 Python 程序设计语言，希望通过丰富的实验案例，将第 11 章的算法流程图具体地编程实现。以便帮助读者了解和掌握 Python 语言知识点，更好地让读者在实践中获得编程的乐趣和培养编程的能力。

12.1 Python 编程基础

Python 是一种跨平台的计算机程序设计语言，是一个结合了解释性、面向对象、动态数据类型 3 方面的脚本语言。Python 简单易学，具有强大的数据处理能力，既适合作为程序设计的入门语言，也适合作为解决数据分析等各类问题的通用工具。

12.1.1 程序设计基本步骤

程序设计反映了利用计算机解决问题的全过程。对于初学者，首先要了解程序设计过程中的基本步骤。程序设计过程包括下面 4 个基本步骤。

1. 分析需求

要清楚程序应实现的功能，需要对任务认真分析，从给定条件出发，分析经过哪些处理可以解决问题。

2. 算法设计

根据所需的功能理清思路，设计解题的方法和具体步骤，其中每步都应当是有效的且明确的。

3. 编写程序

根据前一步设计的算法，选择某种具体的程序设计语言，编写符合规则的程序代码。

4. 运行调试

编写程序后，通过上机运行和调试程序，发现并纠正程序中可能出现的错误，对运行结果进行分析，直至得到合理的结果。

在开始学习 Python 程序设计语言之前，首先需要熟悉如何安装和配置一个简单的编程开发环境。

12.1.2　Python 数据类型

1. Python 标识符与变量

1）标识符

在 Python 语言中，用于对变量、函数等数据对象命名的有效字符串序列统称为标识符。Python 规定标识符只能由字母、数字和下画线组成，且第一个字符必须为字母或下画线。标识符区分大小写。

2）变量

变量是指其值可以改变的量，每个变量有一个变量名，对应计算机内存中具有特定属性的一个存储单元。变量通过变量名访问，变量的命名必须遵循标识符的命名规则。

Python 每个变量在使用前都必须赋值，变量赋值以后该变量才会被创建。

Python 用等号(=)来给变量赋值，例如：

```
count=1
```

还允许同时为多个变量赋值，例如：

```
a=b=c=1
x, y, z=1, 2, 3
```

2. 基本的数据类型及运算

Python 3 中有 6 个标准的数据类型：数字(Number)、字符串(String)、列表(List)、元组(Tuple)、集合(Set)、字典(Dictionary)。

1）数字

Python 支持包括布尔型、整型、浮点型、复数型的数字类型。

(1) 布尔型(boolean)只有两个值：True 或 False。在数学运算中，True 和 False 分别对应于 1 和 0。

(2) 整型(int)一般以十进制表示。int()是整型的转换函数，可以将其他数据类型转换为整型。

(3) 浮点型(float)也称小数。float()是浮点型的转换函数，可以将其他数据类型转换为浮点型。

2) 字符串

字符串是字符的有序序列,字符串中的字符按顺序排列。字符串可以用单引号、双引号或三引号括起,但必须配对,其中三引号既可以是三个单引号,也可以是三个双引号。例如:

```
str=  "Python"
```

字符串通过索引获取字符串中字符。例如:print(str[0]),输出字符串第一个字符p。通过切片截取字符串中的一部分,并遵循左闭右开原则。

语法格式:

```
变量[头下标:尾下标:步长]
```

例如 print(str[2:5]),输出从第 3 个开始到第 5 个的字符 tho。

3) 列表

列表是 Python 中重要的内置数据类型,是一个数据的有序序列,列表中的数据元素类型可以各不相同。列表中的元素用一对方括号([])括起来,元素之间用逗号分隔。元素在列表中的序号也称下标或索引。例如 list=[1,2,3,'my',' Python']。列表也和字符串一样,可以进行索引和切片操作。

3. 基本运算

Python 中的运算符主要分为算术运算符、比较(关系)运算符、逻辑运算符、成员运算符、身份运算符、赋值运算符和位运算符共 7 类,运算符之间是有优先级的,下面具体介绍常用的运算符。

(1) 算术运算符。Python 的算术运算符共有 7 个,详见表 12.1。

表 12.1 算术运算符

运算符	功能
+	两个数相加或两个字符串(或列表)连接
-	两个数相减
*	两个数相乘或字符串(或列表)重复若干次
/	两个数相除,结果为浮点数
//	两个数整除的结果
%	两个数相除的余数
**	幂运算,乘方结果

(2) 比较运算符。Python 的比较(关系)运算符共 6 个,详见表 12.2。

表 12.2　比较运算符

运算符	功　能
＝＝	比较两个对象是否相等，例如 x＝＝y
!＝	比较两个对象是否不相等，例如 x!＝y
＞	大于比较，例如 x＞y
＜	小于比较，例如 x＜y
＞＝	大于或等于比较，例如 x＞＝y
＜＝	小于或等于比较，例如 x＜＝y

(3) 逻辑运算符。Python 的逻辑运算符共 3 个，详见表 12.3。

表 12.3　逻辑运算符

运算符	功　能
and	返回两个变量“与”运算的结果
or	返回两个变量“或”运算的结果
not	返回对变量“非”运算的结果

(4) 成员运算符。Python 的成员运算符共两个，用于判断一个元素是否在某个序列中，详见表 12.4。测试实例中包含了一系列的成员，实例包括字符串、列表。

表 12.4　成员运算符

运算符	功　能
in	在指定的序列中找到值时返回 True，否则返回 False
not in	在指定的序列中没有找到值时返回 True，否则返回 False

(5) 身份运算符。Python 的身份运算符共两个，用于比较两个对象的存储单元，详见表 12.5。

表 12.5　身份运算符

运算符	功　能
is	判断两个标识符是否引自同一个对象，若是返回 True，否则返回 False
is not	判断两个标识符是否引自不同的对象，若不是返回 True，否则返回 False

4. 常用内置函数

Python 解释器内置了很多的常用函数以及标准函数库，供用户在需要时使用。常用的数学、字符串及列表相关函数和方法，如表 12.6～表 12.10 所示。

表 12.6 数学常用函数

函　　数	功　　能
max(x1,x2,…)	返回给定参数的最大值
min(x1,x2,…)	返回给定参数的最小值
round(x [,n])	返回浮点数 x 四舍五入的值,n 为保留小数位数
int(x)	x 转换为整数
float(x)	x 转换为浮点数
math.pi	圆周率 π
math.ceil(x)	返回 x 的上入整数,如 math.ceil(4.1)返回 5
math.floor(x)	返回 x 的下舍整数,如 math.floor(4.9)返回 4
math.sqrt(x)	返回数字 x 的平方根

表 12.7 字符串常用函数

函　　数	功　　能
len(str)	返回字符串 str 的长度
str(x)	转换 x 为字符串类型
max(str)	返回字符串 str 中最大的字母
min(str)	返回字符串 str 中最小的字母
chr(x)	返回 Unicode 编码值 x 的字符
ord(char)	返回字符 char 的 Unicode 编码值

表 12.8 字符串常用方法

方　　法	功　　能
string.count(str)	返回 str 在 string 中出现的次数
string.lower()	转换 string 中所有字母都为小写
string.upper()	转换 string 中所有字母都为大写
string.islower()	string 中所有字符都是小写返回 True,否则返回 False
string.isupper()	string 中所有字符都是大写返回 True,否则返回 False
string.isnumeric()	string 中只包含数字字符返回 True,否则返回 False
string.isalpha()	stringr 中所有字符都是字母返回 True,否则返回 False
string.split(char)	以 char 为分隔符,将 string 分隔成列表
char.join(seq)	以 char 为分隔符,将 seq 中所有元素合并为新字符串

表 12.9　列表常用函数

函　　数	功　　能
len(list)	返回列表中元素的个数
max(list)	返回列表中的最大元素
min(list)	返回列表中的最小元素
sum(list)	返回列表中元素的和

表 12.10　列表常用方法

方　　法	功　　能
list.append(obj)	在列表末尾添加新的对象
list.count(obj)	统计某个元素在列表中出现的次数
list.index(obj)	从列表中找出某个值第一个匹配项的索引位置
list.insert(index,obj)	将对象插入列表
list.pop([index])	移除列表中的一个元素(默认最后元素)且返回该元素值
list.remove(obj)	移除列表中某个值的第一个匹配项
list.sort(reverse=False)	对原列表进行排序

12.1.3　Python 数据输入输出

输入输出,简单来说就是从标准输入中获取数据和将数据打印到标准输出,常用于交互式环境中。Python 提供了内置函数 input()用于输入标准数据,print()函数用于实现标准输出。

1. 输入函数 input()

input()函数的功能是提示用户输入数据,并将该数据以字符串返回给指定的变量。基本格式如下:

```
变量= input("提示字符串")
```

其中,变量和提示字符串均可省略。如果需要输入整数或小数,则需要使用 eval、int 或 float 函数进行转换。

2. 输出函数 print()

Python 使用 print()函数完成基本输出操作,该函数用于显示一行内容。基本格式如下:

```
print([obj1, obj2, …])
```

其中,[obj1,obj2,…]为逗号分隔的若干输出项。

12.1.4 Python 程序的运行方式

Python 语言目前已支持所有主流操作系统,如 Windows、Linux、UNIX、macOS 等。在官方网址 https://www.python.org/downloads/选择相应版本下载安装。

V12.1 安装 Python

安装好 Python,可使用 Python 自带的、轻量级的集成开发环境 IDLE。IDLE 支持运行 Python 程序的两种基本方式:交互执行方式和文件执行方式。

1. 交互执行方式

在 Windows 系统"开始"菜单中,找到 Python 目录下的 IDLE(Python 3.9 64-bit),进入 IDLE 交互式窗口。

用户在>>>提示符后,输入 print("Life is short,you need Python."),按 Enter 键可以看到解释器如实地显示我们希望 Python 输出的结果。

2. 文件执行方式

在 IDLE 交互式窗口下,按 Ctrl+N 键或者单击 File→New File 命令,进入文件编辑器窗口。在其中输入 Python 程序代码 print("Life is short,you need Python."),保存文件为 one.py,按 F5 键,或者单击 Run→Run Module 命令运行该文件,可以看到 Python 程序成功执行了。

12.1.5 编写简单程序实验

1. 实验目的

(1) 掌握 Python 数据的表示方式。
(2) 掌握 Python 基本运算符的功能和使用。
(3) 了解 Python 语句的书写规则。
(4) 掌握数据基本的输入输出方法。
(5) 熟悉和学会 Python 程序代码编写的基本过程。

2. 实验内容

(1) 在 IDLE 的 Shell 交互环境中,输入以下程序代码,在右侧观察和记录运行结果。

```
>>>  print(10//3)                  ______________________
>>>  print(10%3)                   ______________________
>>>  print(6.0 !=6)                ______________________
>>>  print(6 in [2,4,6,8])         ______________________
>>>  print(ord("A"))               ______________________
```

```
>>> print(1<2<3)                ____________________
>>> print(1<2 and 2<3)          ____________________
>>> s1="you need"               ____________________
>>> s2="Python"                 ____________________
>>> print(s1+s2)                ____________________
>>> print(3 * s2)               ____________________
>>> print(s2[2:4])              ____________________
>>> print(len(s2))              ____________________
>>> print("you" in s1)
```

(2) 假设活期存款的年利率为 2.8%,根据输入的存款额,计算一年后存款所得本息和。编写程序,完成后以文件名 deposit.py 保存。

参考程序代码如下:

```
x=float(input("请输入存款额: "))
r=0.028
y=x * (1+r)
print("一年后本息和: ",y)
```

(3) 分别给变量 a、b 赋值,完成两变量中值的交换,输出 a、b。编写程序,完成后以文件名 change.py 保存。

(4) 根据输入的圆半径,计算相应的圆面积。编写程序,完成后以文件名 area.py 保存。

(5) 输入一个 3 位整数,要求输出这个 3 位数的反序数(如 345,反序后为 543)。编写程序,完成后以文件名 reverse.py 保存。

12.2 Python 程序流程控制

12.2.1 程序控制结构

在程序设计过程中,往往要根据问题的求解需要来控制程序执行的流程,程序控制结构是编程的核心基础。Python 和其他编程语言一样,程序控制结构有 3 种: 顺序结构、选择结构和循环结构。

1. 顺序结构

顺序结构程序的特点是程序自始至终依照代码序列的排列顺序逐条执行,并返回相应的结果。顺序结构较为简单,易于理解,都是从第 1 行代码向后顺序执行。

2. 选择结构

为了实现更多的逻辑,程序执行需要更多地选择流程控制。Python 提供了 3 类选择结构,它们分别是单分支结构、双分支结构和多分支结构。

(1) 单分支结构。

语法格式:

```
if<条件表达式>:
    <语句序列>
```

(2) 双分支结构。

语法格式:

```
if<条件表达式>:
    <语句序列 1>
else:
    <语句序列 2>
```

(3) 多分支结构。

语法格式:

```
if<条件表达式 1>:
    <语句序列 1>
elif<条件表达式 2>:
    <语句序列 2>
…
elif<条件表达式 n>:
    <语句序列 n>
else:
    <语句序列 n+1>
```

3. 循环结构

在程序中,若某些操作需要重复执行多次,可以使用循环实现。Python 提供了两类循环结构,它们分别是 while 循环结构和 for 循环结构。

(1) while 循环结构。

语法格式:

```
while<条件表达式>:
    <循环体>
```

运行机制:计算条件表达式的值,当条件表达式的值为 True 时,重复执行循环体,直到条件表达式的值为 False 为止。

(2) for 循环结构。

语法格式:

```
for 变量 in 序列:
    <循环体>
```

运行机制：序列是一系列元素的集合，例如一个字符串或一个列表。循环开始时，变量初值取序列中第一个元素的值，并执行循环体，以后每执行完一次循环后，通过迭代自动获取序列中下一个元素的值。当遍历完序列中的所有元素后，循环终止。

(3) 循环辅助控制。

Python 在循环结构中，还可以通过跳转控制语句来控制程序的执行流程，常用的有 break 和 continue。

break 语句：使流程跳出当前的循环体，结束循环。

continue 语句：结束本次循环，即跳过当前循环中余下的语句，进行下一次循环。

12.2.2　选择结构实验

1. 实验目的

(1) 掌握 Python 程序关系运算符的使用。

(2) 掌握 Python 程序逻辑运算符的使用。

(3) 学会运用 if 语句实现选择结构中单选、多选的用法。

2. 实验内容

(1) 根据给定的成绩，判定成绩等级(成绩 85 分及以上为 good，60 分及以上为 pass，否则为 fail)。编写程序，完成后以文件名 grade.py 保存。参考程序代码如下：

```
score=eval(input("请输入成绩:"))
if score>=85:
    grade='good'
elif score>=60:
    grade='pass'
else:
    grade='fail'
print(grade)
```

(2) 出租车的收费标准采用分段方式：起步不超过 3 千米 12 元；超过 3 千米，但在 20 千米以内的部分，每千米 2.6 元；超过 20 千米的部分，则再加收 20%。请输入里程 km，计算车费 fare(保留两位小数)。编写程序，完成后以文件名 fare.py 保存。

(3) 根据输入的年份，判断该年份是否为闰年(能被 4 整除但不能被 100 整除，或者可以被 400 整除的年份为闰年)。编写程序，完成后以文件名 leap.py 保存。

(4) 输入 3 个整数，找出 3 个数中的最大值。编写程序，完成后以文件名 max3.py 保存。(要求利用选择结构以及 max()函数完成)

12.2.3 循环结构实验

1. 实验目的

(1) 掌握 Python 中 for 循环的使用方法。
(2) 掌握 Python 中 while 循环的使用方法。
(3) 学会列表数据类型的基本使用。

2. 实验内容

(1) 实现计算 sum＝1＋2＋3＋…＋n 的累加和。n 从键盘输入,编写程序,完成后以文件名 sum.py 保存。参考程序代码如下:

① 方法:for 循环实现。

```
sum=0                         #存放累加结果
n=int(input("请输入 n 的值:"))
for i in range(1,n+1):
    sum=sum+i                 #将数值累加
print("累加结果=",sum)      #输出累加结果
```

② 方法:while 循环实现。

```
sum=0                         #存放累加结果
i=1
n=int(input("请输入 n 的值:"))
while i<=n:
    sum=sum+i                 #将数值累加
    i=i+1
print("累加结果=",sum)      #输出累加结果
```

(2) 计算斐波那契数列的第 n 项值。编写程序,完成后以文件名 fib.py 保存。

说明:斐波那契数列,第 1 项和第 2 项为 1,从第 3 项开始,每项均等于它前两项之和。参考程序代码如下:

① 方法:for 循环实现。

```
a=b=1
n=int(input("请输入 n 的值: "))
for i in range(3, n+1):
    c=a+b
    a=b
    b=c
print("该项的值: ",c)
```

② 方法：while 循环实现。

```
a,b,i=1,1,3
n=int(input("请输入 n 的值："))
while i<=n:
    c=a+b
    a=b
    b=c
    i=i+1
print("该项的值：",c)
```

(3) 依次输入班上 10 个同学的计算机考试成绩，分别统计及格和不及格的学生人数，并且计算这 10 个同学的平均成绩。编写程序，以文件名 count.py 保存。参考程序代码如下：

```
score=[]
pass_count=fail_count=0
for i in range(10):
    n=int(input("please input No."+str(i+1)+" score:"))
    score.append(n)
    if score[i]>=60:
        pass_count=pass_count+1
    else:
        fail_count=fail_count+1
print(score)
avg=sum(score)/len(score)
print("及格人数",pass_count,"不及格人数",fail_count)
print("平均分",avg)
```

(4) 键盘输入任意一个十进制整数，编写程序，实现将其转换成二进制整数的过程。以文件名 dtob.py 保存。

(5) 读书问题：爱读书的王同学第 1 天读完了全书的一半多 1 页，第 2 天读了剩下的一半多 1 页，以后每天如此，到第 6 天读完了最后的 5 页。问全书有多少页？编写程序，以文件名 book.py 保存。

(6) 编写程序找出所有 3 位的水仙花数(一个 3 位数，它每位上数字的 3 次幂之和等于它本身即为水仙花数，例如 $1^3+5^3+3^3=153$)。完成后以文件名 flower.py 保存。

(7) 百鸡问题。今有鸡翁一，值钱五，鸡母一，值钱三，鸡雏三，值钱一，百钱买百鸡，问翁、母、雏各几何？编写程序，以文件名 chickens.py 保存。

提示：假设每种鸡至少买 1 只，公鸡、母鸡、小鸡可买只数分别用 x、y、z 表示。

(8) 歌手大奖赛上有 10 位评委为每位歌手打分，现要求计算歌手的最后得分。计算规则：去掉一个最高分和一个最低分，取其余评委所打分的平均分，要求结果保留两位小数。编写程序，以文件名 singer.py 保存。

提示：10 位评委的打分如 score=[8,10,9,8,9,7,6,9,10,8]，可利用循环实现输入

并追加存放到列表 score 中。

12.3 Python 函数与模块

12.3.1 函数与模块的概念

1. 函数

函数是实现某种特定功能的一组相对独立的程序代码。函数将可能需要反复执行的代码进行封装,通过完成定义,可在需要该功能时调用该函数。从而可减小代码量,有利于代码的编写和调试。

Python 将一些最常用的操作已预先定义为内置函数,这些函数可以直接调用,如 print()函数。Python 还允许用户自定义程序自身所需的函数,为编写程序提供方便手段,这种函数称为用户自定义函数。

自定义函数的基本格式如下:

```
def<函数名>([<形参列表>]):
    <语句序列>
    [return<表达式>]
```

说明:

(1) def:自定义函数的关键字。缩进的语句序列称为函数体。

(2) 如果函数定义时有形参,则在函数调用时要为其提供对应个数的实参。若无参数,形参两旁的圆括号也不能省略。

(3) return 语句的作用为函数提供返回值。若缺少该语句,相当于返回 None。

函数调用与 Python 内置函数一样,在表达式或语句中只需指定函数名和相应参数,形式如下:

```
<函数名>([<实参列表>])
```

2. 模块

模块是函数功能的扩展。Python 为用户提供了众多的模块,而且一个模块中往往包含了许多的功能函数。用户若要使用这些模块中的函数,需要先通过“import 模块名”,将模块导入,再使用其中的函数。例如,在 Python 标准库中,包括了 math 模块函数和 random 模块函数等。

12.3.2 函数与模块实验

1. 实验目的

(1) 掌握 Python 函数的定义和调用方法。

（2）理解函数使用中形参和实参的区别。

（3）掌握递归函数的定义方法。

（4）掌握模块的导入和使用方法。

2. 实验内容

V12.2 自定义函数求解 n!

（1）编写程序，实现 sum＝1!＋2!＋3!＋⋯＋n!的求解。n 可从键盘输入任意正整数，以文件名 Fsum.py 保存。

要求使用迭代和递归两种算法，自定义函数求解 n!。主程序通过调用函数，实现最终 sum 的求解。

参考程序代码如下：

```
def fact1(n):                    #定义函数求 n 的阶乘(迭代算法)
    p=1
    for i in range(1,n+1):
        p=p*i
    return p
def fact2(n):                    #定义函数求 n 的阶乘(递归算法)
    if n==1:
        return 1
    else:
        return n*fact2(n-1)
#主程序:
sum=0
n=int(input("请输入一个正整数: "))
for i in range(1,n+1):
    sum=sum+fact1(i)        #调用 fact1 或 fact2 函数
print("1!+2!+…+{}!=".format(n),sum)
```

（2）使用迭代和递归两种算法自定义函数，计算斐波那契数列的第 n 项值。主程序通过调用函数，输出前 20 项斐波那契数，完成后以文件名 fib_def.py 保存。

（3）自定义函数，判断一个数是否为素数（素数是指一个除了 1 和它本身以外，不能被任何整数整除的数，如 17）。主程序输出 100 以内的所有素数。

（4）随机生成 10 个 100 以内的正整数，存入列表 a 中，自定义顺序查找函数，实现对列表 a 中给定关键字的查找，完成后以文件名 seq_Search.py 保存。

（5）随机生成 10 个 100 以内的正整数，存入列表 a 中，自定义二分查找函数，实现对列表 a 中给定关键字的查找，完成后以文件名 bin_Search.py 保存。

12.4　Python 爬虫

Python 爬虫是指使用 Python 代码从网络上爬取数据，可以实现从一个网页上爬取多个数据项或者批量从多个网页中爬取数据，爬取的数据通常以结构化的形式存储。

12.4.1 爬虫原理

爬虫是模拟用户在浏览器或者 App 上的操作,模拟操作的过程,实现自动化的程序。大部分爬虫都是按"发送请求—获得页面—解析页面—抽取并存储内容"的流程进行,这其实也模拟了我们使用浏览器获取网页信息的过程。简单来说,我们向服务器发送请求后,会得到返回的页面,通过解析页面之后,可以抽取我们想要的那部分信息,并存储在指定的文档或数据库中。使用 requests 库,爬虫大致可以分为以下 4 个基本流程。

(1) 发送请求。通过超文本传送协议(Hypertext Transfer Protocol,HTTP)库向目标站点发送请求,也就是发送一个 Requests 请求。请求可以包含额外的 header 等信息,等待服务器响应,发起请求等同于用户打开浏览器、输入网址。

(2) 获取页面。如果服务器能正常响应,会得到一个 Response,Response 的内容便是所要获取的页面内容,类型可能是 HTML、JSON 字符串,二进制数据(图片或者视频)等。

(3) 解析页面。得到的内容可能是 HTML,可以用正则表达式、页面解析库进行解析;可能是 JSON,可以直接转换为 JSON 对象解析;可能是二进制数据,可以做保存或者进一步的处理。对于用户而言,就是寻找自己需要的信息。

(4) 抽取并存储内容。保存形式多样,可以存为文本,也可以保存到数据库,或者保存特定格式的文件。数据类型主要包括以下 3 种。

① 网页文本:如 HTML、JSON 格式文本等。

② 图片:获取的都是二进制文件,保存为图片格式。

③ 视频:获取的也是二进制文件,保存为视频格式。

学会 requests 和 lxml 库,就可以入门爬虫。爬虫时需要简单了解 HTTP 及网页基础知识,如 POST/GET、HTML、CSS、JS 等内容。理论上讲,只要是网页上可以看到的内容,基本上都是可以爬取的。

12.4.2 常用爬虫库

使用 Python 进行数据获取时,首先要获取网页地址、获取页面内容、解析页面元素、转化为 Python 数据结构类型,然后才能对爬取的数据进行分析、存储、可视化等处理。本节基于 Python 数据爬取的流程,通过例子介绍常见的 5 个 Python 爬虫相关的库。

(1) 爬虫库 requests:可以爬取整个网页。

(2) 正则表达式库 re:根据网址规则,批量生成网页地址。

(3) 页面文档解析库 lxml:解析文档中的元素。

(4) 数据交换格式库 json:用于格式转化,如实现字符串和 Python 数据类型(字典、列表等)之间的转换。

(5) 爬虫库 BeautifulSoup:支持文档解析和爬取。

1. requests 库

requests 是一个 Python 第三方库，用于发出各种类型的 HTTP 请求，例如 GET、POST 等。requests 简单易用，是 Web 爬取最基本但必不可少的库。但是，requests 请求库不会解析检索到的 HTML 数据。如果需要解析，还需要结合 lxml 和 BeautifulSoup 之类的库一起使用，requests 常用方法如表 12.11 所示。

表 12.11　requests 常用方法

方　法	说　明
requests.request()	构造一个请求，支撑以下各方法的基础方法
requests.get()	获取 HTML 网页的主要方法，对应于 HTTP 的 GET
requests.head()	获取 HTML 网页头信息的方法，对应于 HTTP 的 HEAD
requests.post()	向 HTML 网页提交 POST 请求的方法，对应于 HTTP 的 POST
requests.put()	向 HTML 网页提交 PUT 请求的方法，对应于 HTTP 的 PUT
requests.patch()	向 HTML 网页提交局部修改请求，对应于 HTTP 的 PATCH
requests.delete()	向 HTML 网页提交删除请求，对应于 HTTP 的 DELETE

2. re 库

re 库是 Python 的标准库，主要用于字符串匹配，re 库是用来实现正则表达式操作的。正则表达式是一个特殊的字符序列，能检查一个字符串是否与某种模式匹配。

re 库使得 Python 拥有全部的正则表达式功能，在爬虫自动化程序中，re 库充当信息提取的角色，通过 re 库可以从源代码中批量精确匹配到想要的信息。re 库通常用于 URL 链接的获取，常见的库函数有以下 7 种。

（1）re.search()：在一个字符串中搜索正则表达式的第一个位置，返回 match 对象。

（2）re.match()：从一个字符串的开始位置起匹配正则表达式，返回 match 对象。

（3）re.findall()：搜索字符串，以列表类型返回全部能匹配的子串。

（4）re.split()：将一个字符串按照正则表达式匹配结果进行分割，返回列表类型。

（5）re.finditer()：搜索字符串，返回一个匹配结果的迭代类型，每个迭代元素是 match 对象。

（6）re.sub()：在一个字符串中替换所有匹配正则表达式的子串，返回替换后的字符串。

V12.3 例 12.1 re.sub()函数代码解析

【例 12.1】 re.sub()函数举例，批量替换百度贴吧地址中的数字，能够实现批量获取网页地址，具体代码如下：

```
url='https://tieba.baidu.com/f?kw=%E6%9A%A8%E5%8D%97%E5%A4%A7%E5%AD%B8&ie
=utf-8&pn=50'
i=2
new_url=re.sub('&pn=\d+', '&pn=%d' %(i * 50), url)
print(new_url)
```

运行结果如下:

```
https://tieba.baidu.com/f?kw=%E6%9A%A8%E5%8D%97%E5%A4%A7%E5%AD%B8&ie=utf-
8&pn=100
```

把 url 变量中"&pn="替换成"'&pn=%d' % (i * 50)",其中 i 是一个变量,值为 2。这样可以实现翻页爬取。

3. lxml 库

lxml 是 Python 的一个解析库,支持 HTML、XML、XPath 解析方式,而且解析效率非常高。XPath 全称 XML Path Language,即 XML 路径语言,它是一门在 XML 文档中查找信息的语言,它最初用于搜寻 XML 文档,但是它同样适用于 HTML 文档的搜索。XPath 的选择功能十分强大,提供了非常简明的路径选择表达式;另外,它还提供了超过 100 个内建函数,用于字符串、数值、时间的匹配以及节点、序列的处理等。几乎所有我们想要定位的节点,都可以用 XPath 来选择。XPath 常用规则如表 12.12 所示。

表 12.12 XPath 常用规则

表达式	描述
nodename	选取此节点的所有子节点
/	从当前节点选取直接子节点
//	从当前节点选取子孙节点
.	选取当前节点
..	选取当前节点的父节点
@	选取属性
*	通配符,选择所有元素节点与元素名
@ *	选取所有属性
[@attrib]	选取具有给定属性的所有元素
[@attrib='value']	选取给定属性具有给定值的所有元素
[tag]	选取所有具有指定元素的直接子节点
[tag='text']	选取所有具有指定元素并且文本内容是 text 节点

【例 12.2】 从“李白的诗.htm”网页文件中爬取数据，页面源代码(爬虫代码中的 text 值)如下：

```
<ul>
  <li><strong><a href="https://www.shicimingju.com/chaxun/list/3316.html"
target="_blank">《黄鹤楼送孟浩然之广陵》</a></strong></li>
</ul>
<p align="left">故人西辞黄鹤楼，烟花三月下扬州。<br />
  孤帆远影碧空尽，唯见长江天际流。</p>
<ul>
  <li><strong><a href="https://www.shicimingju.com/chaxun/list/3501.html"
target="_blank">《静夜思》</a></strong></li>
</ul>
<p align="left">床前明月光，疑是地上霜。<br />
  举头望明月，低头思故乡。</p>
<ul>
  <li><strong><a href="https://www.shicimingju.com/chaxun/list/2875.html"
target="_blank">《望庐山瀑布》</a></strong></li>
</ul>
<p align="left">日照香炉生紫烟，遥看瀑布挂前川。<br />
  飞流直下三千尺，疑是银河落九天。</p>
<ul>
  <li><strong><a href="https://www.shicimingju.com/chaxun/list/3045.html"
target="_blank">《早发白帝城》</a></strong></li>
</ul>
<p align="left">朝辞白帝彩云间，千里江陵一日还。<br />
  两岸猿声啼不住，轻舟已过万重山。</p>
```

页面显示如图 12.1 所示。

V12.4 李白的诗.htm 页面分析

- **《黄鹤楼送孟浩然之广陵》**

故人西辞黄鹤楼，烟花三月下扬州。
孤帆远影碧空尽，唯见长江天际流。

- **《静夜思》**

床前明月光，疑是地上霜。
举头望明月，低头思故乡。

- **《望庐山瀑布》**

日照香炉生紫烟，遥看瀑布挂前川。
飞流直下三千尺，疑是银河落九天。

- **《早发白帝城》**

朝辞白帝彩云间，千里江陵一日还。
两岸猿声啼不住，轻舟已过万重山。

图 12.1　页面显示

使用lxml中的HTMLParser对网页源文件进行解析,可以使用xpath()函数对解析处理的各个标签进行抽取,使用XPath抽取所有的list标签中的内容和list下a标签的超级链接,具体代码如下:

```
from lxml import etree
text='''…'''#详见例12.2中HTML代码
html=etree.HTML(text,etree.HTMLParser())
#获取li下所有文本(诗名)
text=html.xpath('//li//text()')
#获取诗名的超级链接
hyperlink=html.xpath('//li//a/@href')
print(text)
print(hyperlink)
```

输出结果如下:

```
['https://www.shicimingju.com/chaxun/list/3316.html', 'https://www.shicimingju.com/chaxun/list/3501.html', 'https://www.shicimingju.com/chaxun/list/2875.html', 'https://www.shicimingju.com/chaxun/list/3045.html']
['《黄鹤楼送孟浩然之广陵》', '《静夜思》', '《望庐山瀑布》', '《早发白帝城》']
```

4. json库

V12.5 json函数使用

JSON(JavaScript Object Notation)是一种轻量级的数据交换格式,易于阅读和编写,常用函数有dumps和loads,如表12.13所示。使用json函数需要导入json库:import json。

表12.13 json库常用函数

函　　数	描　　述
json.dumps()	将Python对象编码成JSON字符串
json.loads()	将已编码的JSON字符串解码为Python对象

【例12.3】 json函数使用举例,具体代码如下:

```
import json
data=[{'univer':'暨南大学','Birthyear':1906},
    {'univer':'武汉大学','Birthyear':1893}]
jsonStr=json.dumps(data)
print(jsonStr)
print(jsonStr[0:10])
jsonObj=json.loads(jsonStr)
```

```
print(jsonObj)
print(jsonObj[0])
```

运行结果如下：

```
[{"univer": "\u66a8\u5357\u5927\u5b66", "Birthyear": 1906}, {"univer": "\
u6b66\u6c49\u5927\u5b66", "Birthyear": 1893}]
[{"univer"
[{'univer': '暨南大学', 'Birthyear': 1906}, {'univer': '武汉大学', 'Birthyear
': 1893}]
{'univer': '暨南大学', 'Birthyear': 1906}
```

5. BeautifulSoup 库

BeautifulSoup 是 Web 爬取中使用最广泛的 Python 库。它创建了一个解析树，用于解析 HTML 和 XML 文档。还会自动将传入文档转换为 Unicode，将传出文档转换为 utf-8。BeautifulSoup 库经常与 requests 库或者其他解析器（如 lxml 库）组合在一起使用。BeautifulSoup 易于使用并且非常适合初学者，12.4.3 节会讲到具体的例子。

除前面介绍的 5 个 Python 爬虫使用到的库之外，还有高速爬取对应网站的内容的 Crawley 库、可视化爬取网页内容的 Portia 库、提取新闻、文章和内容分析的 newspaper 库、网页解析库、MySQL 数据处理 pymysql 库、MongoDB 数据 pymongo 库、redis 非关系数据库、在线记事本 jupyter 库等。Python 网络爬虫库中的每个库都是针对不同的使用场景设计的，没有哪个最好，只有哪个更适合，在使用过程中需要综合考虑使用场景。

12.4.3 爬虫实例

V12.6 中国科学院官网爬虫过程

1. 中国科学院官网数据爬取

【例 12.4】 中国科学院官网“科学研究”专栏“科技奖励”相关信息爬取。使用 BeautifulSoup 爬虫库和 lxml 解析器，将爬取的内容进行解析，找到<ul class="gl_list2 gl_list_qk">标签，提取其中的 title 和 href 属性值，放入 Excel 文件中。具体代码如下：

```
#-*-coding: utf-8 -*-
"""Created on Sun May 23 16:50:06 2021 @author: liu"""
import pandas as pd
import requests
from bs4 import BeautifulSoup
request=requests.get('https://www.cas.cn/kxyj/kj/')
#构造一个向服务器请求资源的 url 对象
request.encoding=request.apparent_encoding  #解决中文乱码问题
```

```
soup=BeautifulSoup(request.text,"lxml")    #构造 bs 对象的 lxml 解释器
rew_list=soup.find('ul',class_='gl_list2 gl_list_qk').find_all('li')
pdr=pd.DataFrame()
i=0
for m,n in enumerate(rew_list):
    #获取 title 的内容
    pdr.loc[i,'奖励名称']=rew_list[m].find('a').attrs['title']
    #获取 href 的内容
    pdr.loc[i,'url']='https://www.cas.cn'+rew_list[m].find('a').
attrs['href']
    i=i+1
pdr.to_excel("reward.xlsx")
```

2. 暨南大学贴吧数据爬取

V12.7 暨南大学贴吧爬虫过程

【例 12.5】 爬取暨南大学贴吧前 50 页中所有的标题,并将结果输出。除了 requests 库,还用到了 lxml 和 re 库,分别用于解析爬取的数据、批量设置爬虫链接。具体代码如下:

```
#-*-coding: utf-8 -*-
from lxml import etree
import requests
import re
url='https://tieba.baidu.com/f?kw=%E6%9A%A8%E5%8D%97%E5%A4%A7%E5%AD%B8&ie=
utf-8&pn=50'
html=requests.get(url)
for i in range(0, 1):
    new_url=re.sub('&pn=\d+', '&pn=%d' %(i*50), url)
    html=requests.get(new_url)
    xpath='//*[@class="threadlist_title pull_left j_th_tit "]/a/text()'
    pages=etree.HTML(html.content)
    #etree.HTML(text) 将字符串格式的 HTML 片段解析成 HTML 文档
    title=pages.xpath(xpath)
    #pages.xpath 代表 pages 下查找节点为 xpath 的所有元素
    for each in title:
        print(each)
```

12.5 Python 与 Excel

用 Excel 存储测试数据以及测试结果是很常见的,Python 中有好多专门处理 Excel 文件的库,常用的如表 12.14 所示。

表 12.14 Python 常用的能处理 Excel 文件的库

库 名	作 用
xlrd	从 Excel 中读取数据，支持 XLS、XLSX 格式
xlwt	从 Excel 进行修改操作，不支持对 XLSX 格式的修改
xlutils	在 xlrd 和 xlwt 中，对一个已存在的文件进行修改
openpyxl	针对 XLSX 格式的 Excel 进行读取和编辑
pandas	可对 CSV 格式进行操作，主要用于大数据分析

12.5.1 pandas 库

V12.8 pandas 库读取文件

pandas 库为 Python 带来了两种新的数据结构：Series 和 DataFrame。借助这两种数据结构，便能够轻松直观地处理带标签数据和关系数据。Excel 是最常用的数据存储和管理工具，pandas 库读取和写入 Excel 文件都非常容易，这里主要展示如何使用 DataFrame 来读写 Excel 文件。

【例 12.6】 使用 pandas 库读取 Excel 的数据，并写入 CSV 文件，具体代码如下：

```
import pandas as pd
#接收 Excel 文件，建立 Excel 文件对象
in_file=pd.ExcelFile('spending.xlsx')
#parse 将工作表转换成 Dataframe
df=in_file.parse('Sheet1')
df.to_csv('spending.csv')
```

输入（Excel 文件）如图 12.2 所示。

输出（CSV 文件）如图 12.3 所示。

week	num
Mon	21
Tue	30
Wed	26
Thu	19
Fri	33
Sat	38
Sun	42

图 12.2 输入（Excel 文件）

	week	num
0	Mon	21
1	Tue	30
2	Wed	26
3	Thu	19
4	Fri	33
5	Sat	38
6	Sun	42

图 12.3 输出（CSV 文件）

【例 12.7】 使用 pandas 修改 Excel 的数据，并将结果写入 Excel 文件。首先在 Excel 中写入 3 行学生成绩，然后删除 age 列以及数学或计算机不及格的学生，具体代码如下：

```
import pandas as pd
out_writer=pd.ExcelWriter('score5.xlsx',engine='xlsxwriter')
df=pd.DataFrame([['Kate',17,89,90],['Mike',17,67,38],
                 ['Lily',18,78,91]],
                 columns=['name','age','computer','math'])
#修改前写入 Excel 文件
df.to_excel(out_writer,'before')
#删除 age 列
df.drop('age',axis=1, inplace=True)
#删除任何一科不及格的同学信息
df=df.drop(df[(df.computer<60) | (df.math<60)].index)
#修改后写入 Excel 文件
df.to_excel(out_writer,'after')
out_writer.save()
```

上述代码用于将 score5.xlsx 中 before 工作表中的数据进行处理,删除 Mike 行和 age 列,将结果放入 after 工作表中。图 12.4 展示的是代码执行前后,Excel 文件中的内容。

A	B	C	D	E
	name	age	computer	math
0	Kate	17	89	90
1	Mike	17	67	38
2	Lily	18	78	91

before　after

(a) 执行前

A	B	C	D
	name	computer	math
0	Kate	89	90
2	Lily	78	91

before　after

(b) 执行后

图 12.4　使用 pandas 库修改 Excel 数据前后数据对比

12.5.2　openpyxl 库

V12.9 使用 openpyxl 库修改 Excel 日程表

openpyxl 是 Python 的第三方库,用于对 Excel 文件操作,例如读写 Excel 的 XLSX/XLSM/XLTX/XLTM 文件,可以实现创建、读取、更新、删除工作表等操作。

【例 12.8】 使用 openpyxl 库修改个人日程表,手工输入事项,自动根据当前日期添加事项至 Excel 工作表,具体代码如下:

```
import datetime
import openpyxl
#打开 Excel 文件
wb=openpyxl.load_workbook('myschedule.xlsx')
ws=wb.active
Time=datetime.datetime.now().strftime("%Y-%m-%d")
myItem=input("My item is ")
```

```
row_max=ws.max_row
ws.append([Time, myItem])
#保存文件
wb.save('myschedule.xlsx')
```

执行结果如图 12.5 所示。

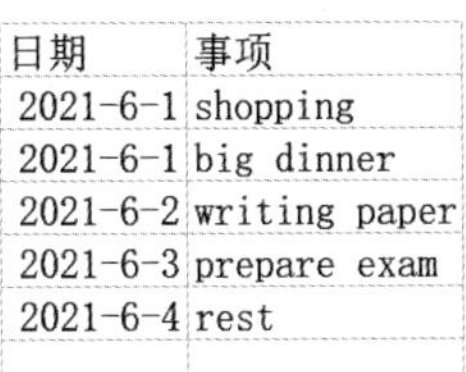

日期	事项
2021-6-1	shopping
2021-6-1	big dinner
2021-6-2	writing paper
2021-6-3	prepare exam
2021-6-4	rest

图 12.5　例 12.8 执行结果

【提醒】　每执行一次，添加一行。

12.6　Python 可视化

Python 可视化的视图种类较多，包括了散点图、折线图、直方图、条形图、箱线图、饼图、热力图等。Python 常见的数据可视化库包括 matplotlib、seaborn、bokeh、pygal、pyecharts，如表 12.15 所示。

表 12.15　Python 可视化库简介

库　名	说　　明
matplotlib	Python 中众多数据可视化库的鼻祖，其包含多种类型的 API，可以采用多种方式绘制图表并对图表进行定制
seaborn	基于 matplotlib 进行高级封装的可视化库，支持交互式界面
bokeh	一个交互式的可视化库，它支持使用 Web 浏览器展示，可使用快速简单的方式将大型数据集转换成高性能的、可交互的、结构简单的图表
pygal	一个可缩放矢量图表库，用于生成可在浏览器中打开的 SVG 格式的图表，这种图表能够在不同比例的屏幕上自动缩放，方便用户交互
pyecharts	一个生成 ECharts(商业产品图表)的库，它生成的 ECharts 凭借良好的交互性、精巧的设计得到了众多开发者的认可

12.6.1　基本图表制作

matplotlib 是 Python 最著名的绘图库，它提供了一整套和 MATLAB 相似的命令 API，十分适合交互式图表制作。matplotlib 实际上是一套面向对象的绘图库，它所绘制的图表中的每个绘图元素，如线条 Line2D、文字 Text、刻度等在内存中都有一个对象与之对应。使用 matplotlib 库能很轻松地画一些或简单或复杂的图形，几行代码即可生成线图、直方图、功率谱、条形图、散点图等。

【例 12.9】 制作成绩直方图。给定分数,统计各个分数段的人数,以直方图显示,展示效果如图 12.6 所示,具体代码如下:

```
import matplotlib.pyplot as plt
#统计成绩,统计每个分数段的人数
scores=[71,73,41,67,50,56,30,68,90,62,74,87,65,70,86,
        0,62,78,71,80,66,61,74,61,75,62,79,78,77,84]
stat=[0 for i in range(0,10)]
for i in scores:
    stat[(int)(i/10)]+=1;
#增加一个纵坐标
xaxis=np.arange(0,100,10)
#直方图的设置分
plt.bar(xaxis,stat,alpha=0.9, width=8, facecolor='g')
plt.show()
```

V12.10 直方图制作

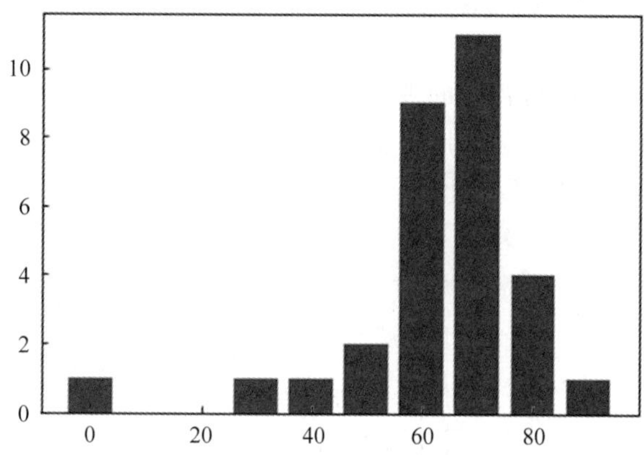

图 12.6 直方图(各个分数段人数)

12.6.2 Excel 中数据的图表制作

V12.11 使用 matplotlib 生成图表

【例 12.10】 从 Excel 文件中读取数据,基于 matplotlib 和 xlrd 库生成图表,其中,xlrd 是 Python 语言中用于读取 Excel 表格内容的库(xlwt 库的作用则是写入表格),具体代码如下:

```
import matplotlib.pyplot as plt
import xlrd
#打开一个 workbook
workbook=xlrd.open_workbook(r'xyk.xlsx')
mySheet=workbook.sheet_by_name(u'Sheet1')
```

```
#get datas
times=mySheet.col_values(0)
yueall=mySheet.col(1)
yue=[float(x.value) for x in yueall]
fig=plt.figure(1)
plt.plot(times,yue,c='g',marker='o',mec='r',mfc='w')
plt.title('Consumption in a week')
plt.ylabel('Spending')
plt.show()
```

使用 xlrd 中的函数读取两列数据，作为绘图函数 pyplot 的输入参数，输入数据如图 12.7(a)所示，输出结果如图 12.7(b)所示。

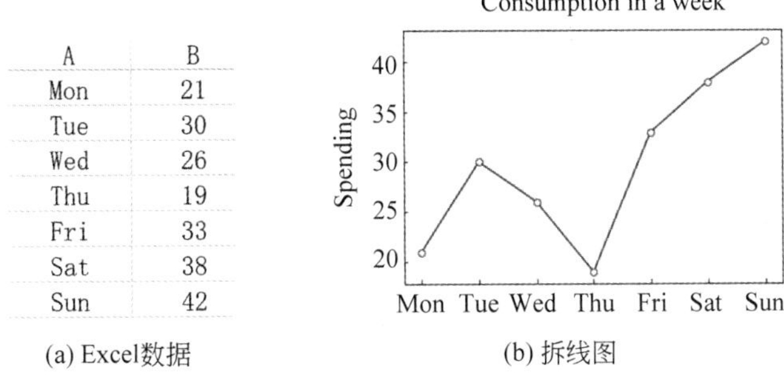

A	B
Mon	21
Tue	30
Wed	26
Thu	19
Fri	33
Sat	38
Sun	42

(a) Excel数据　　(b) 折线图

图 12.7　pyplot 函数生成的折线图及原始数据

12.6.3　使用 pandas 库生成图表

【例 12.11】　使用 pandas 库的绘图函数生成图表。

V12.12 使用 pandas 库生成图表

使用 pandas 库处理半结构化数据非常方便，pandas. dataframe 也提供了绘图函数，相对 matplotlib 绘图，语法更加简洁。pandas 库提供了 plot()方法可以快速方便地将 Series 和 DataFrame 中的数据进行可视化，它是 matplotlib.axes.Axes.plot 的封装。dataframe.plot()通过修改 kind 参数的值来改变绘图类型，matplotlib.pyplot 使用不同的方法来改变绘图类型。例如，对给定的字典类型的数据，使用 pandas 库进行分解，并生成图表，具体代码如下：

```
#-*-coding: utf-8 -*-
import matplotlib
import xlrd
import pandas as pd
dic={
    '城市':['北京', '上海','广州', '深圳'],
    'GDP(亿元)':[16872.42,13777.9,10604.48,9510.91],
    '人口(万)':[2189.3,2487,1867.66,1756.01],}
```

```
df=pd.DataFrame(dic)
df=df.set_index('城市')          #重新设定城市名称为行索引
print(df['GDP(亿元)'])
print(df['人口(万)'])
matplotlib.rcParams['font.family']='SimHei'
#绘制 GDP 及人口柱形图
df.plot(kind='bar', title='2020 年 GDP 及人口')
df.plot(kind='bar', title='2020 年人口',y="人口(万)")
df.plot(kind='bar', title='2020 年 GDP 及人口',secondary_y=['人口(万)'])
```

上述代码输出的结果,如图 12.8 所示。

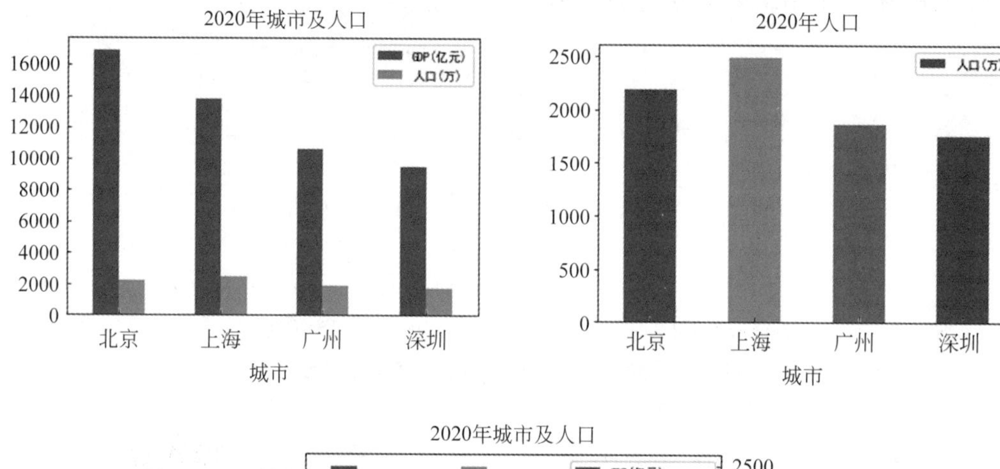

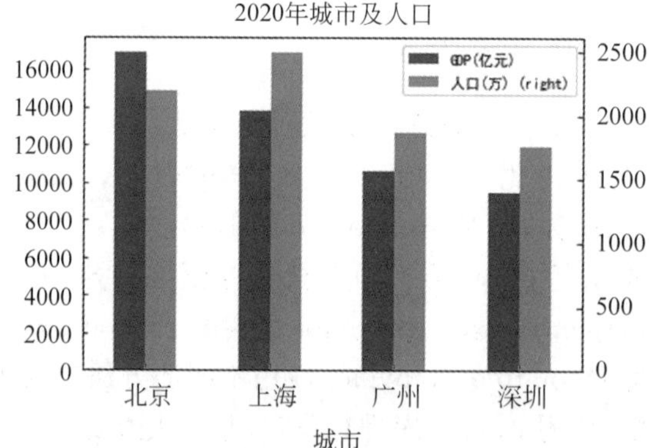

图 12.8 使用 pandas 库生成不同柱形图

12.6.4 词云制作

词云就是数据可视化的一种形式,通过形成关键词云层或关键词渲染,对网络文本中出现频率较高的关键词进行视觉上的突出。词云图过滤掉大量的文本信息,使网页浏览者只要一眼扫过文本就可以知道文本的主旨。

wordcloud 是功能强大的词云展示第三方库,它把词云当作一个对象,可以将文本中词语出现的频率作为一个参数绘制词云，而词云的大小、颜色、形状等都是可以设定的。使用 wordcloud 生成词云文件包括 4 步(见表 12.16)：①导入库；②配置对象参数；③加载词云文本；④输出词云文件(如果不加说明默认生成分辨率为 400×200 的图片)。

表 12.16　wordcloud 使用步骤

步　　骤	代　　码
①导入库	from wordcloud import WordCloud
②配置对象参数	wc=WordCloud(background_color="white")
③加载词云文本	wc.generate("life is like a box of chocolate")
④输出词云文件	wc.to_file('pic.png')

【例 12.12】 生成英文词云。对 Hamlet 文件生成心形词云，为了便于即时验证图形，使用 matplotlib 库在控制台进行输出，除此之外还用到了图形库 PIL 和科学计算库 numpy 对心形底图进行数字转换，具体代码如下：

V12.13 Hamlet 心形词云

```
#导入所需库
from wordcloud import WordCloud
from PIL import Image
import matplotlib.pyplot as plt
import numpy as np
f=open(r'hamlet.txt','r').read()
images=Image.open('heart.png')
maskImages=np.array(images) #把图片转化成数字的方式
#width、height、margin 是图片属性,mask 是底图,这里是心形图片
#generate 可以对全部文本进行自动分词,但是对中文支持不好
#可以使用 font_path 参数来设置字体集
#background_color 参数设置背景颜色,默认颜色为黑色
wordcloud=WordCloud(background_color="white",width=1000,height=860,max_
words=30,mask=maskImages,margin=1).generate(f)
#在控制台显示词云图片
plt.imshow(wordcloud)
plt.axis("off")
plt.show()
#保存图片,图片大小将会按照 mask 保存
wordcloud.to_file('hamheart.png')
```

图 12.9 显示的是词云输出的结果，字体最大的单词是出现频率最高的。

【例 12.13】 生成中文词云。对知乎爬取的暨南大学贴吧数据，生成词云图，默认生成方形图片，具体代码如下：

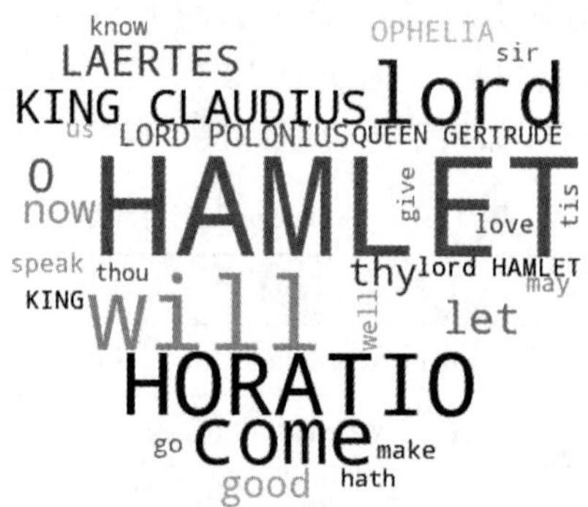

图 12.9 哈姆雷特生成的心形词云图

```
#-*-coding: utf-8 -*-
import requests
import re
from lxml import etree
import jieba
import jieba.analyse
url='https://tieba.baidu.com/f?kw=%E6%9A%A8%E5%8D%97%E5%A4%A7%E5%AD%B8&ie
=utf-8&pn=50'
html=requests.get(url)
stri=''
for i in range(0, 1):
    new_url=re.sub('&pn=\d+', '&pn=%d' %(i*50), url)
    html=requests.get(new_url)
    xpath='//*[class="threadlist_title pull_left j_th_tit "]/a/text()'
    pages=etree.HTML(html.content)
    #etree.HTML(text) 将字符串格式的 HTML 片段解析成 HTML 文档
    title=pages.xpath(xpath)
    #pages.xpath 代表 pages 下查找节点为 xpath 的所有元素
    for each in title:
        print(each)
        stri=stri+each
from wordcloud import WordCloud
font="C:\\Windows\\Fonts\\STXINGKA.TTF"                #词云的中文字体所在路径
words=jieba.cut(stri)
jieba_txt=" ".join(words)
wordcloud=WordCloud(font_path=font,background_color="white",width=1000,
height=860,max_words=30,margin=1).generate(jieba_txt)
#保存图片,图片大小将会按照 mask 保存
wordcloud.to_file('E://jnutb.png')
```

图 12.10 是暨南大学贴吧数据产生的词云图,这里使用的词典是 jieba 库默认的词

典，用户也可以自定义词典，然后通过 jieba.load_userdict("dic.txt")，使用用户自定义词典，可以尝试删除语气词、助词等。

V12.14 暨南大学贴吧词云分析

图 12.10　暨南大学贴吧数据产生的词云图

12.7　综合实验及要求

本节给出了一个综合实验的例子，演示了数据的爬取和展示，给出了综合实验要求，希望读者按照实验要求来完成。

12.7.1　房地产指数爬取实验

1. 房地产指数数据爬取

【例 12.14】　爬取 10 个大型城市 20 年房地产指数，将结果放入 CSV 文件中，具体代码如下：

V12.15 房地产指数 URL 分析

V12.16 房地产指数爬取

```
import requests
import csv
from lxml import etree
import json
first_row=['月份','城市', '指数', '环比(%)', '指数', '环比(%)', '指数', '环比(%)',
'指数', '环比(%)']
```

```
with open('./XF_index_20ys.csv', mode='w', encoding='mbcs', newline='') as
file_obj:
    file_obj=csv.writer(file_obj)
    file_obj.writerow(first_row)          #首行标签
    for i in range(2020,2000,-1):         #2020—2000年降序
        years=str(i)                      #转成字符串格式
        for k in range(12, 0, -1):        #11—1月降序
            month=str(k).zfill(2)         #单数月份补0
            #接口
            url='https://fdc.fang.com/index/XinFangIndex.aspx?action=
                month&month='+years+'%25u5E74'+month+'%25u6708'
            title=str(years)+'年'+str(month)+'月'
            response=requests.get(url)#请求页面的值
            html=json.loads(response.text)['data']
            tree=etree.HTML(html)
            #找到每个tr
            tr_list=tree.xpath('//tr')
            for i in range(len(tr_list)):
                td=tr_list[i].xpath('.//td')
                #获取每个td的值
                row=[title]
                for j in range(len(td)):
                    row.append(td[j].xpath('string(.)').strip())
                file_obj.writerow(row)
```

2. 双轴坐标图表生成

V12.17 双轴坐标图表制作

【例 12.15】 对爬取的20年的房地产数据进行可视化展示,输入两个城市的序号,展示两个城市房地产指数的折线图,具体代码如下:

```
#!/usr/bin/python
import pandas as pd
import matplotlib.pyplot as plt
import numpy as np
def zhexian(ax,amarker,acolor):
    i=eval(input("请选择一个城市:"))
    city_name="北京上海天津重庆深圳广州杭州南京武汉成都"[i*2-2:i*2]
    print(city_name)
```

```
    dataframe=pd.read_csv('./XF_index_10ys.csv',encoding='gbk')
    gz_zhishu=[]
    dataframe=dataframe[['月份','城市','指数']]
    loc=dataframe.loc[dataframe.城市==city_name]
    for i in loc['指数']:
        gz_zhishu.append(i)
    years=[i for i in range(2020,2000,-1)]
    year_zs=[]
    zhishu,yeari=0, 0
    for j in range(2020,2000,-1):
        for k in range(yeari,yeari+12):
            zhishu=zhishu+int(gz_zhishu[k])
        yeari=yeari+1
        year_zs.append(zhishu//12)
        zhishu=0
    ax.plot(years, year_zs,marker=amarker,label=city_name,color=acolor)
    return(city_name)
if __name__=='__main__':
    #设置运行配置参数
    plt.rcParams['font.sans-serif']=['SimHei']         #用来显示中文标签
    plt.rcParams['axes.unicode_minus']=False           #用来显示负号
    fig=plt.figure(figsize=(10,7))
    ax1=fig.add_subplot(1,1,1)                         #添加子图
    ax2=ax1.twinx()
    plt.title('城市指数折线图')
    plt.xlim((2000, 2021))
    my_x_ticks=np.arange(2001, 2021, 2)
    ax1.set_xticks(my_x_ticks)
    print("输入城市序号【1:北京,2:上海,3:天津,4:重庆,5:深圳,6:广州,7:杭州,8:南
京,9:武汉,10:成都】")
    n1=zhexian(ax1,'o','orange')
    n2=zhexian(ax2,'v','green')
    ax1.set_ylabel(n1)
    ax2.set_ylabel(n2)
    ax1.legend(loc=1)
    ax2.legend(loc=2)
    plt.savefig(fname="城市指数折线图_双轴.png",dpi=400)
    plt.show()
```

这里使用双轴坐标展示，如图 12.11 显示了广州和深圳的指数，广州的指数范围是 5200 以上，深圳的指数范围是 3300 以下，如果用单轴坐标，折线斜率不明显，如图 12.11(a)所示，使用双轴坐标如图 12.11(b)，展示效果明显好转。

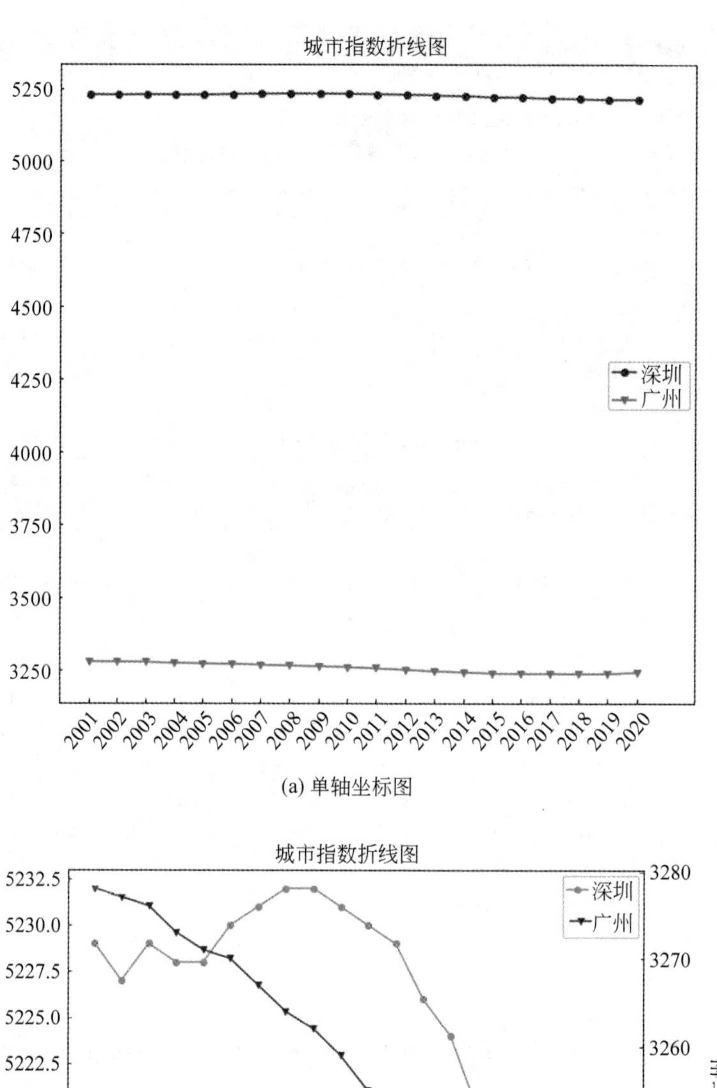

(a) 单轴坐标图

(b) 双轴坐标图

图 12.11 单轴坐标图与双轴坐标图对比

12.7.2 数据的收集和整理实验要求

针对自己感兴趣的领域或者是本专业的某方向使用 Python 进行数据的收集和整理,具体要求如下。

(1) 数据获取。使用 Python 爬虫爬取数据放入 Excel 文件(或者 CSV、JSON 格式都可以),命名为 Ch12×××原文件.xlsx(其中×代表文件内容),要求每个表中的数据不少于 100 行、4 列。

(2) 数据清洗。如果使用 Python 的文件处理方法或者 2.4 节中的数据清洗方法对数据进行整理,命名为 Ch12×××清洗后.xlsx",使用 Word 对比清洗前后的文件,并截屏记录清洗过程。

(3) 数据展示。对数据进行可视化展示,生成图表或者词云图,要求图片精致、内容丰富(使用一个表展示多类数据内容)。

12.8 辅助阅读资料

(1) Python 官网：https://www.python.org/。

(2) requests 库：https://docs.python-requests.org/en/master/。

(3) BeautifulSoup 文档：https://beautifulsoup.readthedocs.io/zh_CN/v4.4.0。

(4) matplotlib 官网：https://matplotlib.org/。

(5) pandas 官网：https://pandas.pydata.org。

(6) pandas 实例：https://www.gairuo.com/p/pandas-tutorial。

(7) wordcloud 官网：https://pypi.org/project/wordcloud/。

(8) wordcloud 文档：http://amueller.github.io/word_cloud/。

(9) lxml 库：https://lxml.de/。

(10) openpyxl 库：https://openpyxl.readthedocs.io/。

参 考 文 献

[1] 周丽韫.新媒体网页设计与制作：Dreamweaver CS6 基础、案例、技巧实用教程[M].北京：机械工业出版社,2021.

[2] 刘小丽,杜宝荣,胡彦,等.计算机科学基础[M].北京：清华大学出版社,2020.

[3] 陈展荣,刘小丽,余宏华,等.数据科学基础实践教程[M].北京：人民邮电出版社,2020.

[4] 教育部考试中心.MS Office 高级应用与设计[M].北京：高等教育出版社,2020.

[5] 倪红军.微信小程序案例开发[M].北京：清华大学出版社,2020.

[6] 杜春涛.微信小程序开发案例教程[M].北京：中国铁道出版社,2019.

[7] 上海市教育委员会.数字媒体基础与实践[M].上海：华东师范大学出版社,2019.

[8] 徐宁生.Word/Excel/PPT 2016 应用大全[M].北京：清华大学出版社,2018.

[9] 李文奎.微信小程序开发与运营[M].北京：北京理工大学出版社,2018.

[10] 赵增敏.移动网页设计[M].北京：电子工业出版社,2017.